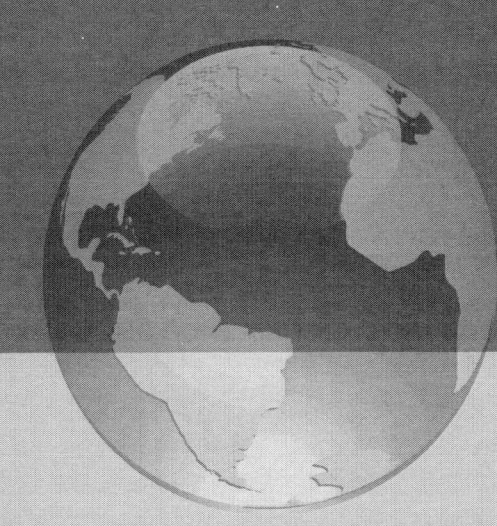

市場營銷學

(第二版)

主　編　黃浩
副主編　王山寶、鐘大輝、覃彥玲、詹華慶、揭東慧

第二版前言

　　《市場營銷學》教材自2009年2月出版以來，承蒙讀者和各高校師生厚愛，已連續三次重印，影響範圍日益擴大。在使用過程中，讀者們提出了很多建設性的修改意見和建議，也積極支持我對教材做適當修訂，使我有了編寫修訂版的動力和勇氣。但由於工作變動和一些個人原因，原編寫者已很難重新組織在一起，因此，我組織了部分長期從事市場營銷學教學和科研並承擔市場營銷學精品課程建設的教師，對《市場營銷學》進行了系統修訂。他們是（以修訂章節為序）：黃浩教授（第一、二章）、陳雲崗副教授（第三、四章）、王山寶副教授（第五、六章）、候冬梅副教授（第七、九章）、倪秋萍講師（第十章）、周靜講師（第八、十一章）。

　　本教材也參考了國內外市場營銷學界的最新研究成果和各類媒體關於市場營銷學的評論報導，在此，一併致謝。懇切希望廣大讀者能一如既往地關心本教材，對本教材的不足之處繼續提出意見和建議，以使我們能緊跟學科發展，為大家奉獻出更優質的教材。

黃　浩

前言

随著市场经济的发展，市场营销的理念与思想已经潜移默化地渗透到了许多领域，涉及社会经济生活的方方面面。可以毫不夸张地讲，生存在这个世界上的每一个人都应该懂一点营销！有关市场营销学方面的课程在高等院校中受到了广泛的重视，它不仅成为工商管理类专业的核心主干课程，而且是经济类、管理类专业的必修课程，甚至作为公共选修课为所有的专业开出，受到了许多文科和理工科专业学生的欢迎。同时，近年来，一般院校得到了迅猛发展，但适合一般本科院校教育特色的教材并不多，特别是重视应用能力培养和技能训练的市场营销学教材更少。

本书正是为适应院校教育发展的需要，结合一般院校教育的特点，精心组织了多年从事一般院校市场营销学教学和科研的专家、学者编写而成。市场营销学是一门实践性很强的学科，因此本教材博采众长，融合中西，突出应用性原则，重视理论和实际的联系，在立足市场营销学基础知识的同时，吸取了最新最前沿的营销理论和观点，并配以大量的营销案例，具有很强的应用性和实战性，重点培养学生的创新思维能力和实践能力，并使学生能够在市场营销实践中创造性地分析问题、解决问题，使本书符合一般本科院校教学需要。

本书既有对营销一般原理的理论阐述，又有具体可行的实际办法介绍。另外，为了反应营销理论和实践的发展，开阔视野和便于读者学习，我们在各章前增加了全章学习要点和开篇案例；在各章后有本章小结、思考与练习。通过这些努力，力求形成「简约、规范、科学，基本概念清楚，原理阐释有层次，方法和策略实用」的一般本科院校市场营销学教材品位和特色。

本書在編寫和出版的過程中，得到了參編者所在院系及出版社的關心、指導和支持；另外，本書還參考、借鑑了國內外營銷學界前輩和同仁的諸多教學科研成果。在此，一併表示最誠摯的謝意。同時，也希望廣大讀者能夠對本書的瑕疵之處不吝賜教，以便本書再版時修訂。

編者

目錄

第一章	市場營銷導論	1
第一節	現代市場營銷的科學內涵	2
第二節	現代市場營銷管理	6
第三節	市場營銷學	9
第二章	現代市場營銷觀念與理論	13
第一節	現代市場營銷觀念	14
第二節	現代市場營銷理論	18
第三節	網絡營銷	23
第三章	購買行為分析	31
第一節	消費者購買行為	32
第二節	消費者購買行為分析	36
第三節	生產者購買行為分析	44
第四章	市場營銷環境	50
第一節	市場營銷環境	51
第二節	宏觀市場營銷環境	53

| 第三節 | 微觀市場營銷環境 | 63 |
| 第四節 | 市場營銷環境分析與對策 | 67 |

第五章　市場營銷調研與預測　　71

第一節	市場營銷調研概述	72
第二節	市場營銷調研實務	75
第三節	市場營銷預測概述	90
第四節	市場營銷預測方法	96

第六章　市場營銷戰略規劃　　106

第一節	市場營銷戰略規劃概述	108
第二節	規劃企業使命與目標	113
第三節	規劃企業發展戰略	116
第四節	規劃企業投資組合計劃	120

第七章　目標市場戰略　　136

第一節	市場細分	138
第二節	目標市場戰略	152
第三節	市場定位	161

第八章　產品策略　　171

第一節	產品整體概念	175
第二節	產品生命週期	178
第三節	產品組合策略	182
第四節	品牌策略	187

| 第五節 | 包裝策略 | **191** |

第九章　定價策略　　**197**

第一節	影響定價的主要因素	**199**
第二節	定價的程序與方法	**203**
第三節	定價基本策略	**213**

第十章　分銷策略　　**224**

第一節	設計和管理整合營銷渠道	**225**
第二節	營銷渠道的結構	**229**
第三節	管理零售、批發和服務化物流	**235**

第十一章　促銷策略　　**251**

第一節	促銷與促銷組合	**252**
第二節	人員推銷策略	**256**
第三節	營業推廣策略	**265**
第四節	廣告	**271**
第五節	公共關係策略	**282**

第一章　市場營銷導論

学习要点

通過學習本章內容，理解市場營銷以及市場營銷管理的科學內涵；弄清市場營銷與銷售的區別與聯繫；瞭解市場營銷管理的過程，明確市場營銷管理的八大任務；瞭解市場營銷學的學科性質、產生與發展、研究方法。

开篇案例

【案例一】爸爸去哪兒：口碑依然為王

說到2013年最火的娛樂節目，除了好聲音第二季之外，莫過於橫空出世的《爸爸去哪兒》了。《爸爸去哪兒》是一檔明星親子真人秀節目，在經歷了《快樂男聲》與《中國好聲音》第二季的慘敗之後，芒果臺對於這檔節目的推廣可以稱為低調，然后誰也沒想到《爸爸去哪兒》一經推出后芒果臺收視率卻急速飆升，成為同時段電視節目收視率的第一名。

與之前不少娛樂節目在開播前大力宣傳不同，《爸爸去哪兒》在開播前幾乎很少有人知道，但在10月11日——也就是第一集開播這天，《爸爸去哪兒》在社交網絡上的討論量突然直線上升。許多觀看了這檔節目的觀眾開始跑到社交網絡上給它以好評，其他人看到這些好評后便去主動搜索，然后觀看網絡版，直至成為《爸爸去哪兒》的忠實觀眾——這便是口碑傳播的最典型表現。當然在傳播過程中，林志穎、田亮等明星在社交網絡上的討論同樣帶動了收視率的提升。《爸爸去哪兒》的收視率自開播以來可以說是直線上升，由10月11日的1.1一直飆升至12月6日

的 2.9，馬上就要破 3 了。

《爸爸去哪兒》的成功證明了在這個社會化媒體時代，內容為王這一說法並沒有過時，好內容帶動的口碑傳播依然是最好的營銷。

【案例二】恒大冰泉：借勢營銷的勝利

2013 年 11 月 9 日，在與首爾足球俱樂部（FC Seoul）的決戰開始前，廣州恒大的球員穿上了胸前印有恒大冰泉的球衣，此前恒大拒絕了三星以每年 4,000 萬元冠名球衣的合作。當晚廣州恒大如願以償捧得了亞冠獎杯，恒大冰泉則幾乎一夜成名。

恒大冰泉的橫空出世與廣州恒大在足球賽場上的表現緊密相連。2013 年廣州恒大在亞冠賽場上的勝利震驚了亞洲足壇，恒大獲得比賽的勝利便是對自身品牌的最大廣告。正如許家印算的帳：在中央電視臺打廣告，1 秒鐘大概 15 萬元。恒大一場球有 25 家電視臺現場直播，有 300 多家媒體報導，11 個運動員穿著印上了「恒大」兩個字的背心，一個半小時的直播時間，如果做廣告要多少錢？

除了品牌在賽場上的展示，恒大在微博上的表現也堪稱優秀，每場重要的比賽，官方微博都會進行同步文字直播，在重要比賽之前，恒大還會在微博上發布官方海報。11 月 9 日晚恒大「這一夜我們徵服亞洲！下一步我們走向世界！」一條帶有海報的微博獲得超過 7,000 次的轉發。

恒大的這一線上線下整合營銷的策略為其獲得了極大的曝光量和品牌價值。而當 11 月 9 日晚恒大推出恒大冰泉的時候，這一切優勢和價值便附加在了恒大冰泉身上。

雖然恒大冰泉在電視、樓宇的廣告仿佛讓我們回到了 20 世紀 90 年代那個粗暴廣告的時代，但毫無疑問越來越多的人因為廣州恒大足球隊而記住了恒大冰泉。

那麼，什麼是市場營銷呢？

第一節　現代市場營銷的科學內涵

一、市場營銷的概念表述

市場營銷是由英文 Marketing 一詞翻譯過來的，產生於美國，原意是市場上的買賣活動。隨著市場經濟的發展，人們對市場營銷的認識在不斷深化，但由於考慮問題的角度不同，便產生了對市場營銷的不同理解，從而形成了不同的概念。

美國學者梅納德（Maynard）和貝克曼（Beckman）1952 年在其所著的《市場營銷原理》一書中，給市場營銷所下的定義是：「市場營銷是影響商品交換或所有權轉移以及為商品實體分配服務的一切必要的企業活動。」1960 年，美國市場營銷

第一章 市場營銷導論

協會（American Marketing Association，簡稱 AMA）定義委員會將市場營銷定義為：「市場營銷是把產品和勞務從生產者引導到消費者或用戶所進行的企業活動。」這些定義的缺點，是把市場營銷僅僅局限在流通領域，從而容易使市場營銷與推銷產生混淆。

美國人理查德（Richard T. Hise）、彼得·吉勒（Peter L. Giller）和約翰·瑞恩斯（John K. Ryans）在其所著的《市場營銷原理與決策》一書中，把市場營銷定義為「確定市場需求，並使提供的商品和服務能滿足這些需求」。這一定義的優點，是把市場營銷研究超出了流通領域，從而把營銷與推銷區別開來；其缺點是沒有超出企業的界限，認識不到市場營銷對整個國民經濟發展的重要意義。

1985 年，美國市場營銷協會定義委員會重新給市場營銷下了定義：「市場營銷是（個人和組織）對思想、產品和服務的構思、定價、促銷和分銷的計劃和執行過程，以創造達到個人和組織的目標的交換。」同其他定義相比，該定義在內涵上豐富得多，從而更符合社會的實際情況。其發展主要體現在五個方面：①把市場營銷主體從企業擴展到整個社會；②把市場營銷客體從產品擴展到思想、服務的領域；③強調了市場營銷的核心功能是交換；④指明市場營銷的指導思想是顧客導向；⑤說明市場營銷活動是一個過程，而不是某一個階段。

儘管上述定義從理論上講得完善，但表述上顯得拖沓，因此，中國學者多數喜歡採用美國市場營銷學專家菲利普·科特勒（Philip Kotler）的定義：市場營銷是個人和群體通過創造並同他人交換產品和價值以滿足需求和慾望的一種社會和管理過程。

二、現代市場營銷的科學內涵

菲利普·科特勒的定義科學、準確、概括性強，但較為抽象。若要深刻揭示現代市場營銷的科學內涵，則需由淺入深、由表及裡地弄清以下幾個問題：

（一）市場營銷的實質是一種社會性的經營管理活動

市場營銷從實質上來說，是一種社會活動，確切地說應該是一種經營管理活動。由於它廣泛存在於各種內容、各種形式、各種主體之間的交換活動中，因此，它是一種社會性的經營管理活動。

（二）市場營銷的本質是商品交換

市場營銷本質上是一種商品交換活動，因而可以說市場營銷適用於存在交換關係的所有領域。

人們（包括自然人與法人）為了滿足自己的需要，必須獲得能滿足這種需要的產品。人們獲得能滿足自己需要的產品可以通過四種方式，即自行生產、強制取得、乞討及交換。當人們決定以交換方式來滿足需要或慾望時，就存在市場營銷了。市場營銷就是以滿足人們各種需要和慾望為目的，變潛在交換為現實交換的一系列管

理活動。我們把在尋求交換時表現得更積極、更主動的一方稱為市場營銷者，而將不積極的另一方稱作目標顧客或潛在顧客。可見，市場營銷者既可以是買方，也可以是賣方。但是，由於買方市場在市場經濟體制下較為普遍且長期存在，因此，我們所研究的市場營銷一般就是從賣方的角度來說的。

（三）市場營銷的主體是個人或組織，最典型的是企業

市場營銷是在個人與個人、組織與組織、組織與個人之間進行的一種交換活動。組織既包括工商企業、交通運輸企業、服務業企業等營利性組織，也包括學校、公益組織、政府機關等非營利性組織。政府部門、企業、事業單位、社會團體等組織和個人作為市場主體都可以開展市場營銷活動。但是，最典型的營銷主體還是企業，因此，在對市場營銷基本理論與方法的闡述中，主要以企業為例展開，其基本思想對其他類型組織及個人仍然適用。市場營銷就是企業積極主動尋找、創造交換機會，滿足交換各方需要和慾望的社會性經營管理活動過程。

（四）市場營銷的客體（對象）是市場

站在不同的角度，人們對市場有著不同的解釋。對有形市場來說，人們一般把它概括為商品交換的場所或地點；對於涵蓋有形市場和無形市場的市場概念，人們一般把它概括為商品交換關係的總和。對於賣方來說，他們所說的市場一般就是指人們對某種或某類商品具有的現實或潛在需求的總和；對於買方來說，他們所說的市場一般就是指人們對某種或某類商品具有的現實或潛在供給的總和。從某種或某類商品供求力量對比的格局的角度來看，市場有買方市場、賣方市場和均衡市場之分。買方市場是指供給大於需求，買方占主導的市場格局；賣方市場是指供給小於需求，賣方占主導的市場格局；而均衡市場則是供給與需求實現平衡的市場。

（五）市場營銷的目的是滿足交換各方需要

市場營銷學的本質是一種交換活動，從供給和需求兩方面分析，同時滿足自己需要和他人需要的唯一途徑是商品交換，只有同時滿足交換各方需要的交換活動才是市場營銷，不滿足任何一方或僅僅滿足其中一方需要的市場活動都不是真正的市場營銷。

（六）市場營銷的總體原則是等價交換

價值規律是商品經濟的普遍的客觀經濟規律，只要存在商品生產與商品交換，價值規律就必然存在並發生作用。市場營銷也是遵循價值規律、依照等價交換原則、體現等價交換機理、實現等價交換效果的商品交換活動。那種認為市場營銷就是通過靈活定價、精美包裝、廣告藝術等營銷技巧進行促銷，以坑害消費者，謀取不當利益的態度是對市場營銷的誤解；同樣，那種不遵循等價交換的市場經濟機理，欺騙或損害消費者利益的交換行為，也並非真正的市場營銷。當然，價格圍繞價值上下波動，有時格高於價值，有時低於價值的現象，也並不違背價值規律與等價交換的總體原則，而且這也是價值規律作用於市場營銷，市場營銷遵循價值規律的表現。

第一章　市場營銷導論

（七）市場營銷的宗旨是通過滿足消費者需要實現自己營利的目的

雖然市場營銷的目的是同時滿足交換各方的需要，但是，現代市場經濟條件下，買方市場長期存在，它的前提和重心卻是滿足消費者需要，是設法發現消費者現實需要和潛在需要，並通過商品交換盡力滿足它，把滿足消費者需要變成企業的營利機會，這是市場營銷的宗旨。市場營銷可以幫助企業同時考慮消費者需要和企業利潤，尋找能實現企業利潤最大化和顧客需要滿足最大化的營銷決策。交換過程能否順利進行，取決於企業創造的產品的價值滿足顧客需求的強度和交換過程管理的水平。

（八）市場營銷的手段是企業的整體性營銷活動

整體性營銷是指企業為滿足目標市場需要而開展的各項市場經營活動的總稱，包括從瞭解消費者需要，到消費者需要滿足的各階段的各種活動，包括從產品生產之前到產品售出以後全過程的所有營銷戰略與策略。整體性營銷涵蓋企業產品生產之前和售出以後的全過程，所有的活動協調統一，緊密配合，而且不斷循環往復。

（九）市場營銷的媒體是產品，包括一切可以滿足消費者需要的因素

作為商品交換活動媒體的產品包括所有能傳送產品價值到消費者的載體，既包括具有實物形態的有形產品，也包括不具有實物形態的無形產品。可以說，產品包括一切可以滿足消費者需要的因素，如貨物、服務、思想、知識、信息、技術、娛樂等種種有形和無形的因素。

營銷實踐中，有許多企業過於重視有形產品而忽視伴隨而來的售前、售中和售後服務，忘記了顧客購買是為了滿足需求而不是為了得到某種物體，集中注意力於產品實體而忽視顧客需求等表現，營銷學界稱其為「市場營銷近視症」。企業只有真正認識到並深刻領會產品只是傳遞滿足消費者需求的效用或價值的載體，才能有效克服這種市場營銷近視症。

（十）現代市場營銷的特徵是適應現代市場經濟要求，遵循現代營銷理念，面向全球市場，實施現代營銷管理，運用現代營銷技術，滿足現代消費者需求

市場營銷有傳統市場營銷與現代市場營銷之分。現代市場營銷就是適應現代市場營銷環境，特別是適應21世紀網絡經濟的營銷環境，按照現代市場營銷管理哲學與現代市場營銷理論組織管理市場營銷活動，努力運用現代科學技術，積極創新營銷方式，面向全球市場，積極實施全球營銷戰略，通過滿足現代消費者需要實現企業營利目的的營銷活動。

第二節 現代市場營銷管理

一、現代市場營銷管理的概念

美國市場營銷協會 1985 年將市場營銷管理定義為：規劃和實施理念、商務的設計、定價、分銷與促銷，為滿足顧客需要和組織目標而創造交換過程。

按照亨利·法約爾的一般管理理論，管理活動具有計劃、組織、指揮、協調五大職能。那麼，市場營銷管理也是一個包括分析計劃、組織實施、調和監督控製的過程，它涵蓋了理念、有形商品和服務等領域，其目標是滿足交換各方的需要。因此，市場營銷管理是指企業為實現其目標，創造、建立並保持與目標市場之間的互利交換關係而進行的分析、計劃、執行與控製過程。

二、現代市場營銷管理的任務

企業在開展市場營銷活動過程中，通常會預計一個要實現的需求水平，但是，現實中需求是受多種因素影響的，現實的需求水平也會經常與企業預期水平發生偏差，即實際需求水平可能低於、等於或高於這個預期的需求水平。為此企業必須重視市場營銷管理。市場營銷管理的總任務就是調節需求的時間、性質和水平，以實現企業的營銷目標。在不同的需求狀況下，市場營銷應承擔不同的任務。由此可見，市場營銷管理的實質是需求管理。

根據需求水平、時間和性質的不同，可歸納出八種不同的需求狀況。在不同的需求狀況下，市場營銷管理的任務有所不同。

（一）否定需求

否定需求是指全部或多數消費者對某些產品（或服務）不但不產生需求，反而對其持迴避或拒絕的態度。這可能是由於消費者對某種產品（或服務）存在誤解，或該產品（或服務）本身的確不適宜消費者。例如，工業品使用者對於某些可靠性差或維持費用高的產品拒絕使用；糖尿病人迴避含糖量高的食品，高血脂患者迴避高脂肪食品；特定地區或種族的人由於宗教禁忌或風俗習慣而對某些特定產品或服務持拒絕態度等。針對否定需求，企業應進行改善性或扭轉性營銷，也就是在充分進行市場調研，瞭解消費者對產品的意見、消費者的信念、價值觀及其真正需要的基礎上，採取各種辦法消除使消費者產生厭惡和迴避的因素，使否定需求變為肯定需求；或者乾脆放棄不適宜的商品。其實質是認真分析顧客的需求特點，然後採取措施，將顧客真正需要的產品送到顧客手中。

（二）無需求

無需求不同於否定需求，不是由於消費者對產品產生厭惡或反感情緒而對產品

第一章　市場營銷導論

採取否定態度，而是由於消費者對產品還缺乏瞭解或缺乏使用條件，因而對產品不感興趣或漠不關心，既無正感覺，也無負感覺。

針對上述情況，市場營銷任務是設法使無需求變成有需求，要採取促進或刺激性營銷的策略。通常可用的方法是，努力將產品或勞務與市場上現有的需求結合起來。如結合建築的需要，研究和宣傳利用爐渣製作新型建築材料；改變市場環境，創造新的需求；積極贊助和推動山區有關部門修建水庫，發展旅遊業以形成對遊船的需求；加強宣傳，大做廣告，促使顧客認識產品的優點，瞭解產品能給顧客所帶來的好處，以激發人們的購買動機。

（三）潛在需求

潛在需求是指市場上消費者已對某種產品或服務有了明確的需求慾望，而這種產品尚未研製出來，服務尚未有人開展；或指在一定市場環境下，市場需求的最高限量中扣除現實需求後的那一部分需求。如許多人都想擁有一種性能更好、更安全舒適、省油、污染少的汽車；新一代高效抗病強身藥物的問世定會適應人們希望健康長壽的需求……隨著科技的發展和人們消費水平的提高，潛在需求的內容和層次將更加豐富。善於發現和瞭解市場的潛在需求不僅是工商企業的任務，更是其發展壯大的機會，是保證企業開發新產品，開闢新市場，增強企業生存能力和競爭發展能力的最可靠的源泉。因此，企業的高層領導，特別是具有戰略眼光的企業家，應該把主要注意力集中在研究市場潛在需求這個問題上，進而領導企業展開開發性或引導性營銷活動。也就是說，企業應針對需求的緊迫性，結合企業的條件，果斷決策，銳意開發新產品，並積極引導消費者使用和購買新產品，將顧客的潛在需求化為現實的需求。

【案例】：在國外廣泛流傳著這樣一個故事：

一次，英美兩國的兩家皮鞋廠都試圖在太平洋的某個島嶼上開闢新的市場，於是各自派一名推銷員來到這個島嶼，兩個推銷員來到該島後的第二天，便向國內發出了內容截然相反的電報。英國推銷員的電文為：「本島無人穿鞋，我於明日乘首班飛機回去。」而美國推銷員卻大喜過望，發回的電文為：「好極了！該島無人穿鞋，是一個潛力甚大的市場，我將長駐此地。」

結果，美國這家皮鞋廠的銷售量當年就增加了17%，而英國那家皮鞋廠生意十分清淡，當年就倒閉了。

兩個推銷員何以得出如此截然相反的判斷和採取截然相反的行動呢？其中很重要的一點，就是思維方式的不同。英國推銷員傳統、保守，不知道如何去創造需求，他認為不穿鞋的人是永遠不會買鞋的；而美國推銷員卻善於創造需求，從這個島嶼中發現了一個潛在的市場，對於沒有穿鞋習慣的人，可以通過適當的方式，讓他們改變這一習慣，從而開拓市場。

市場營銷學

小資料：義大利商人吉諾·包羅西說過，要讓消費者選購你的商品，你必須先給他一個選購的理由，讓他們非買你的商品不可，因為你所創造的產品是其他廠商沒有的，任何一個生產經營者都不要做與別人完全相同的東西，要保持自己產品的特色，並要隨時隨地問自己：「哪些東西是人們想要而現在還沒有在市面上出現的？」

（四）下降需求

下降需求是指市場上對某種產品或服務的需求逐漸減少，出現了動搖或退卻的現象。這種情況多是由於新的產品或服務的加入和衝擊造成的。例如，由於彩色電視機的問世，人們對黑白電視機的需求產生動搖。由於產品和服務都有一定的市場生命週期，當其上市一段時間後，需求經歷了上升和高漲之後必然會趨於衰退。然而，通過營銷努力，企業可以在相當程度上扭轉或緩和這種局面，從而延長已退卻產品的市場壽命。解決這一問題的主要途徑是進行重複性營銷。例如，實行改變市場的策略，開拓和尋找新市場或進行市場轉移；實行產品改進策略和改進營銷手段的策略。其目的是通過尋找新市場，開發潛在市場，刺激更多的顧客對該產品產生需求，或使現有的顧客增加使用頻率等，努力使開始退卻的產品重新煥發新的生命力。當然，任何產品和服務最終必然會趨向衰退。因此，有計劃地進行資源的戰略轉移，主動地用新產品取代老產品，實行產品的更新換代，不斷創新，才是企業的根本出路。

（五）不規則需求

不規則需求是指市場需求量和供應能力之間在時間上或地點上不吻合或不均衡，表現為時超時負、此超彼負的現象。一般地說，產品的供給受企業生產能力變化的限制，往往是較均衡的，即與市場需求的平均水平大致相當。但市場需求則是比較活躍的，因此往往是不均衡的，在不同的時期、地點往往表現出較大的差別。許多季節性商品和旅遊產品的供求關係都表現出這種規律性。又如醫院裡外科手術室在每週的開始幾天常常是需求大於供給；公共汽車在上下班時間出現客流量的高峰等，這些都屬於需求的不規則性。針對這種情況，企業應該設法採取各種同步性（調節性）市場營銷手段調整供給與需求，使兩者實現適當的同步變化。例如，企業可增加合理的產品庫存，以應付旺季的需要，加強淡季的廣告宣傳，鼓勵淡季購買或消費；調整季節差價，旺季適當提價，淡季合理降價；調整付款方式，實行預銷售或提前銷售或分期付款等。

（六）充分需求

充分需求是指市場上的需求水平和需求時間與企業預期的需求水平和時間基本上一致，供需之間大致趨於平衡。這是市場營銷的理想狀態，但這種情況的出現往往是相對的或短暫的。由於產品需求受多種因素影響，而客觀環境在不斷變化，再加上競爭的存在，供求水平協調平衡的現象隨時可能被打破，從而出現新的不平

衡情況。特別是產品更新換代的加速和消費者興趣點的增多,使得任何一種產品的暢銷都只能是短時期的現象。所以,企業經營者面對飽和需求決不能滿足現狀,掉以輕心,應該居安思危,自覺地採用各種營銷手段和策略,積極進取,以保持和穩定甚至進一步擴大需求。這叫維持性營銷,其主要途徑有嚴格控制成本,保證產品質量,靈活調整價格;穩定銷售渠道,維持必要的銷售量;保持優良的銷售服務;增加提示性廣告宣傳,進行各種非價格競爭等。

(七) 過量需求

過量需求是指市場需求超過了企業的供應能力,呈現供不應求的現象。一般以緊俏商品或暫時缺貨的商品較多。企業面臨超飽和需求,等於自己的產品市場出現了「空檔」,如果不能及時補充,則根據市場競爭規律,別的企業就會瞅準機會打進來,甚至最終取而代之。為避免這種情況出現,企業可採取兩種方式:①在市場預測的基礎上,有計劃、有步驟地迅速擴大生產規模,增加供應量,即採取增長性營銷方案。②如果企業一時難以擴大供應量,可以暫時採取降低性營銷策略限制需求,主要途徑有暫時提高價格,減少服務內容,降低促銷和推廣努力,目的是使消費者暫時降低需求水平,但絕不是杜絕需求。

(八) 有害需求

有害需求是指那些無論是從消費者利益、社會利益甚至生產者利益來看,都只會給人們帶來危害的需求。例如,產品中包含了過量的某種對人有害的物質;假冒偽劣商品;有毒及霉爛食品及其他損害公眾利益的商品(賭具、毒品、黃色書刊等)。由於上述產品的特殊性質,對它們的任何需求都被認為是過分的,將引起有組織地抵制消費的活動。企業對於這種產品及其需求,必須進行反擊性營銷。其任務是指出該種產品及需求的危害性,促進消費者自動放棄對這些產品的需求。一般地說,保護消費者、生產者和社會公眾利益的任何宣傳、法律及組織行動都屬於反擊性營銷的內容。

第三節 市場營銷學

一、市場營銷學的學科性質

市場營銷學是建立在經濟科學、行為科學和現代經營管理理論基礎之上的一門交叉學科、應用學科。從學科內容上來說,它具有交叉性、綜合性、應用性、實踐性、基礎性、原理性、管理性、經營性等特點。

市場營銷學之所以是一門交叉學科、應用學科、經營管理類學科、基礎性學科與原理性學科,是因為:第一,它研究的內容要涉及經濟學、人口學、社會學、心理學、組織行為學、管理學、決策學、商品學、價格學、法學、廣告學、公共關係

市場營銷學

學、審計學、會計學、金融學、美學等學科的理論與知識；第二，它是一門能夠直接指導企業市場經營實踐的應用性學科，具有較強的實踐性與可操作性；第三，從學科歸屬上來說，它屬於廣義的管理類學科，而更確切地說，它則屬於經營學的範疇，與偏重於企業內部管理的狹義的管理學最本質的區別是其市場經營性；第四，市場營銷學中所介紹的內容主要涉及一些反應一般規律，解決一般問題，並具有普遍指導意義的基本知識、基本概念與基本方法。由於凡是產生交換關係的領域，就會有市場營銷學的運用，因而市場營銷學覆蓋的領域十分廣泛。但不同的領域又有不同的特點，由此就逐步又建立起一些以市場營銷學為基礎的專業市場營銷分支學科。因此，學習市場營銷學，在解決一些具體的專業性問題時，還需要進一步深入學習一些專業的市場營銷理論。

從市場營銷的實踐來說，市場營銷是企業在激烈的市場競爭中求生存、求發展的一門科學、一種技術和一門藝術，它具有科學性、藝術性、技術性的特點。一方面，市場營銷是有規律可以遵循的，是可以熟練掌握與操作的；另一方面，它又具有很強的藝術性，並非將營銷知識背誦得「滾瓜爛熟」，就一定可以取得好的營銷業績。

二、市場營銷學的產生與發展

市場營銷學於20世紀初創建於美國，后來流傳到歐洲、日本和其他國家，在實踐中得到不斷完善和發展。

人類的市場經營活動，早在市場出現就開始了，但直到21世紀之前，市場營銷尚未形成一門獨立的學科。19世紀末20世紀初，美國開始從自由資本主義向壟斷資本主義過渡，社會環境發生了深刻的變化。工業生產飛速發展，專業化程度日益提高，人口急遽增長，個人收入上升，日益擴大的新市場為創新提供了良好的機會，產業界對市場的態度開始發生轉變，所有這些因素都有力地促進了市場營銷思想的產生和市場營銷理論的發展。1902—1905年，美國的密執安、加州、伊里諾斯和俄亥俄等大學相繼開設了市場營銷課程。執教於威斯康星大學的巴特勒教授於1910年出版了《市場營銷方法》一書，首先使用市場營銷作為學科名稱。因此，市場營銷學從產生發展至今，大概經歷了四個階段，每一階段受其所處政治經濟條件的限制，呈現出不同特點。

第一階段：19世紀末到20世紀初，為市場營銷學的初始階段。這一階段由於工業革命的爆發，資本主義世界經濟迅速發展，需求膨脹。市場總勢態是供不應求的賣方市場。在這個階段，市場營銷學的研究特點是：①著重推銷術和廣告術，至於現代市場營銷的理論、概念、原則還沒有出現；②研究活動基本上局限於大學的課堂，還沒有得到社會和企業界的重視。

第二階段：從20世紀30年代到第二次世界大戰結束，為市場營銷學的應用時

第一章　市場營銷導論

期。1929—1933 年資本主義世界爆發了空前的經濟危機，經濟出現大蕭條、大萎縮，社會購買力急遽下降，市場問題空前尖銳。危機對整個資本主義經濟打擊很大，使資本主義世界的工業生產總值下降了44%，貿易總額下降了66%。這個階段，市場營銷學的研究特點是：①並沒有脫離產品推銷這一狹窄的概念；②在更深更廣的基礎上研究推銷術和廣告術；③研究有利於推銷的企業組織機構設置；④市場營銷理論研究開始走向社會，被廣大企業界所重視。

第三階段：20 世紀 50 年代至 80 年代初，為市場營銷學的繁榮發展時期。第二次世界大戰結束以後，各國經濟由戰時經濟轉入民用經濟。戰后經濟的恢復及科學技術革命的發展，促進了西方國家經濟迅速發展。這個時期，市場營銷學的主要特點是：①市場營銷學的研究從流通領域進入生產領域，形成了「以需定產」的經營指導思想；②由靜態研究轉變為動態研究，強調供給和需求之間的整體協調活動；③市場營銷學由指導流通的銷售過程發展為參與企業經營決策的一門管理科學。

第四階段：20 世紀 80 年代至今，為市場營銷學的創新發展階段。市場營銷理論在指導企業的市場營銷實踐中做出了重要貢獻。但 20 世紀 80 年代以後，隨著國際競爭的日益加劇，營銷環境複雜多變，對某些特殊複雜的營銷環境而言，常規的市場營銷理論及方法已顯露出某種局限和不足。

1984 年，科特勒提出了「大市場營銷」（Megmarketing）理論，他認為在以往的營銷組合中，必須加上兩個新的重要因素，即權力（Power）和公共關係（Public Relations）。這兩個新的營銷戰略手段的目標，在於打開被封閉或被保護的市場。大市場營銷理論是 20 世紀 80 年代市場營銷戰略思想的又一新發展。這一理論，為企業應付更複雜的環境與競爭，打破各種封閉市場的「壁壘」，成功地開展市場營銷提供了有力的武器。

為適應世界市場經濟貿易日益全球化和一體化的重大變化和發展趨勢，全球營銷管理（Global Marketing Management）理論應運而生。全球營銷理論在審視世界市場時，其角度與視野都發生了某些本質上的變化。它突破了國界的概念，從世界市場範圍來考慮公司營銷戰略的發展，以求取得企業的綜合競爭優勢，其理論研究的起點和側重點都是以上述核心理論為基礎的。因此，其理論體系和研究的整體框架都有很多新意，主要是在全球營銷的視野和框架下，對常規的營銷模式與方法進行討論，並在許多方面賦予市場營銷新的內涵。全球營銷理論的形成與發展，使國際營銷管理不僅在理論上更加成熟，而且在更大的規模和更廣泛的意義上拓展了國際化企業在全球市場上開展營銷活動的戰略思想。

本章小結

　　市場營銷是個人和群體通過創造並同他人交換產品和價值以滿足需求和慾望的一種社會和管理過程。其任務就是調節需求的時間、性質和水平，以實現企業的營銷目標。市場營銷管理的實質是需求管理。根據需求水平、時間和性質的不同，可歸納出八種不同的需求狀況。在不同的需求狀況下，市場營銷管理的任務有所不同。

　　市場營銷學是建立在經濟科學、行為科學和現代經營管理理論基礎之上的一門交叉學科、應用學科。這門學科於20世紀初創建於美國，后來流傳到歐洲、日本和其他國家，在實踐中得到不斷完善和發展。從產生發展至今，市場營銷學大概經歷了四個階段，每一階段受其所處政治經濟條件的限制，呈現出不同特點。

 思考与练习

1. 什麼是市場營銷？
2. 簡述市場營銷的含義。
3. 簡述市場營銷對企業的重要意義。
4. 市場營銷學產生的條件有哪些？它有哪些新發展？
5. 列舉中國企業市場營銷過程中的「營銷近視症」現象，並分析其原因和危害性。

第二章　現代市場營銷觀念與理論

 学习要点

通過學習本章內容，掌握市場營銷觀念在企業實踐過程中的演進與發展；理解現代市場營銷觀念與傳統市場營銷觀念的區別；瞭解直復營銷、整合營銷、定制營銷、關係營銷和客戶關係管理（CRM）理論以及網絡營銷的基本概念、網絡營銷策略。

 开篇案例

可口可樂昵稱瓶：整合營銷的力量

2013年的夏天，仿照在澳大利亞的營銷動作，可口可樂在中國推出可口可樂昵稱瓶，昵稱瓶在每瓶可口可樂瓶子上都寫著「分享這瓶可口可樂，與你的_____。」這些昵稱有白富美、天然呆、高富帥、鄰家女孩、大咔、純爺們、有為青年、文藝青年、小蘿莉等。這種昵稱瓶迎合了中國的網絡文化，使廣大網民喜聞樂見，於是幾乎所有喜歡可口可樂的人都開始去尋找專屬於自己的可樂。

可口可樂昵稱瓶的成功顯示了線上線下整合營銷的成功，品牌在社交媒體上傳播，網友在線下參與購買屬於自己昵稱的可樂，然後再到社交媒體上討論，這一連貫過程使得品牌實現了立體式傳播。當然，作為一個獲得了2013年艾菲獎全場大獎的創意，可口可樂昵稱瓶更重要的意義在於——它證明了在品牌傳播中，社交媒體不只是廣告活動（Campaign）的配合者，也可以成為廣告活動的核心。

第一節　現代市場營銷觀念

一、營銷觀念的概念

營銷觀念（Marketing Concept）是以消費者為中心的觀念。營銷觀念認為，企業的一切計劃與策略要以消費者為中心，正確確定目標市場的需求與慾望，比競爭者更有效地滿足顧客需求。企業主張「顧客需要什麼，我們就生產提供什麼」。市場營銷觀念有四個支柱：目標市場、整合營銷、顧客滿意和持續盈利。樹立並全面貫徹市場營銷觀念，建立真正面向市場的企業，是企業在市場經濟條件下成功經營的關鍵。

通過滿足顧客需求達到顧客滿意，最終實現包括利潤在內的企業目標，是現代市場營銷的本質。這一觀念的更新及其在企業管理中的應用，曾經帶來美國等西方國家在20世紀60年代的商業繁榮和促使一批富可敵國的跨國公司的成長。所謂顧客滿意，是指顧客對某產品或服務滿足其需求的績效與其預期之間比較所形成的感覺狀態。若顧客購買後所感覺到實際績效大於預期，顧客就會滿意。顧客預期的形成取決於顧客以往的經驗、親友同事的影響以及營銷者和競爭者的信息與承諾。

二、典型的五種營銷觀念

企業經營管理哲學是指企業在經營活動過程中所確立和遵循的價值觀、理念和行為準則。市場營銷管理哲學是指企業對其營銷活動及其管理的基本指導思想，核心是如何處理企業、顧客和社會三者之間的利益。近百年來，隨著生產和交換向縱深發展，社會、經濟與市場環境的變遷和企業市場營銷經驗的累積，市場營銷觀念發生了深刻的變化。變化的軌跡是由企業利益導向轉變為顧客導向，再發展到社會利益導向，如圖2-1所示。市場營銷管理哲學的演進經歷了三個階段五種觀念。

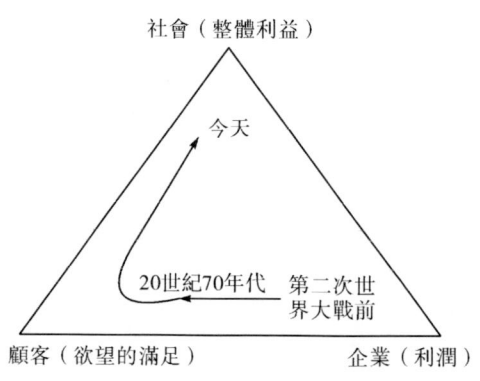

圖2-1　企業營銷管理觀念的變化趨勢

第二章　現代市場營銷觀念與理論

（一）以企業為中心的觀念

生產觀念（Production Concept）認為顧客喜歡那些隨處買得到的、價格低廉的產品。商業哲學強調生產效率，在西方盛行於 19 世紀末 20 世紀初。當時，資本主義國家處於工業化初期，市場需求旺盛，企業只要提高產量、降低成本，就能獲得豐厚的利潤。生產觀念一般適用於商品稀缺、供不應求的市場狀態。奉行生產觀念的典型企業如美國福特汽車公司。

產品觀念（Product Concept）認為消費者喜歡高質量、多功能和具有特色的產品。因此，企業管理的中心是致力於生產優質產品，並不斷精益求精。商業哲學強調產品種類和質量。公司技術人員常常迷戀自己的產品，在設計產品時重技術而很少讓消費者介入。這樣過分重視產品而忽視消費者需求，最終有可能導致「營銷近似症」（指企業只是致力於生產和產品改進，而忽視市場需求，結果是產品被新技術替代，導致企業經營陷入困境）。1927 年，美國通用汽車公司正是因產品觀念超越了奉行生產觀念的福特汽車公司。

推銷觀念（Selling Concept）認為消費者通常有一種購買惰性或抗衡心理，如果順其自然，消費者就不會大量購買本企業的產品，所以營銷管理的中心是積極推銷和大力促銷。執行推銷觀念的企業，稱為推銷導向企業。企業的主張是「我們賣什麼，就讓人們買什麼」。商業哲學強調銷售現有產品。該觀念盛行於 20 世紀 40 年代。在這一時期，堆積如山的貨物賣不出去，許多企業倒閉。現實使企業家們認識到，企業不能只顧生產，即使產品物美價廉，也要努力推銷才能保證有人購買。於是大批推銷專家出現，誇大產品好處，大做廣告宣傳，對消費者進行信息轟炸，迫使人們購買。

（二）以消費者為中心的觀念

以消費者為中心的觀念，即市場營銷觀念，從本質上理解就是西方式的全心全意為目標顧客服務。商業哲學強調顧客需求和願望。20 世紀 50 年代創造了一個消費時代，收入和支出是資本主義的雙生支持者。第二次世界大戰後，隨著第三次科技革命的興起，西方發達國家更加重視研究和開發，大量軍工企業轉向民品生產，使得新產品層出不窮，市場競爭進一步加劇。同時，西方各國政府相繼推行高福利、高工資、高消費政策，消費者有較多的可支配收入和閒暇時間，對生活質量的要求提高，消費者需求更加多樣化，購買選擇更加精明苛刻。這就迫使企業改變以賣方為中心的思維方式，轉向認真研究消費者需求，正確選擇目標市場，努力使產品和服務滿足目標顧客的需要。市場營銷觀念應運而生。1954 年，彼得·德魯克在《管理的實踐》一書中指出：「關於企業的目的，只有一個有效定義：創造消費者。市場不是由上帝、自然或經濟力量創造的，而是由商人創造的。他們滿足的需求可能在消費者獲得滿足前已經被消費者感覺到。事實上，人的需求（例如飢餓時對食物的需求）支配著消費者的生活並充斥著他清醒的每時每刻。但這只是理論上的需求，只有當商人的行為使之成為有效需求時，消費者和市場才真正存在。」第二次世

市場營銷學

界大戰結束之后，逐漸有一些企業開始從過去的推銷觀念轉向奉行市場營銷觀念，以求得企業在日趨激烈的市場競爭中的持續發展。

（三）以社會長遠利益為中心的觀念

以社會長遠利益為中心的觀念即社會市場營銷觀念（Societal Marketing Concept），認為企業和組織應該確定目標市場的需要、慾望和利益，然后向顧客提供超值的產品和服務，以維護與增進顧客和社會的福利。商業哲學注重顧客與社會的長期利益。社會市場營銷觀念是對市場營銷觀念的補充和修正。從20世紀70年代起，隨著全球環境破壞、資源短缺、人口爆炸、通貨膨脹和忽視社會公共服務等問題日益嚴重，要求企業顧及消費者整體與長遠利益的呼聲越來越高。西方市場營銷學界提出了一系列新的觀念，如人類觀念、理智消費觀念和生態準則觀念，可以統稱為社會市場營銷觀念，認為企業生產經營不僅要考慮消費者的需要，而且要顧及消費者和社會的長遠利益。現代市場營銷觀念包括市場營銷觀念和社會市場營銷觀念。

三、現代市場營銷觀念與傳統市場營銷觀念的區別

傳統市場營銷觀念包括生產觀念、產品觀念和推銷觀念，都是以企業為中心，以產定銷，立足於企業本位，而不是滿足消費者的真正需求。現代市場營銷觀念包括市場營銷觀念和社會市場營銷觀念，都是以顧客為中心，是一種從外到內的營銷視角。兩者產生於不同的發展時期和市場環境，管理的目標、中心、出發點、手段都有著本質上的差別。1960年，哈佛商學院的特德·西奧多·萊維特（Ted Theodore Levitt）發表了《營銷近視》，對比分析了推銷觀念與市場營銷觀念的不同之處，如圖2-2所示。他寫道：「銷售關心的是讓人們用現金換你產品的技巧。他不關心交換雙方的價值。它不如營銷那樣始終如一地將整個經營過程視為發現、創造、喚起和滿足顧客需求的努力的緊密結合。」

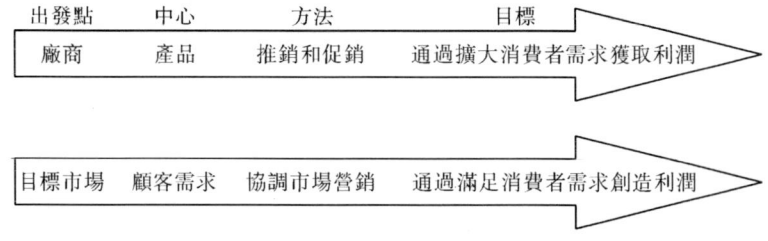

圖2-2 推銷觀念和市場營銷觀念的對比

20世紀50年代到70年代，是西方發達國家營銷觀念發生變化最大的歷史時期，是眾多重要的營銷觀念產生的年代，同時也是市場營銷學發生變革的一個重要階段。1950年，哈佛大學的尼爾·H.伯頓首次提出了「市場營銷組合」理論，確定了包括產品、價格和銷售在內的12個營銷組合要素。在這一年，美國學者喬爾·迪安

第二章　現代市場營銷觀念與理論

在他的「有效定價政策」的論述中提出了「產品生命週期」的概念。1955年，西德尼·萊維提出了「品牌形象」概念，被廣告、公關以及營銷策劃人員廣泛應用。1956年美國溫德爾·斯密便提出了「市場細分」這個重要的概念，強調了顧客需求的差異化，引導企業從重視產品轉向重視顧客需求。這個概念被看成市場營銷學發展進程中，繼以消費者為中心觀念之後的一次質的飛躍。1960年，美國密歇根大學教授杰羅姆·麥卡錫提出了著名的4P's組合，美國西北大學教授菲利普·科特勒將營銷組合定義為「企業為追求目標市場的營銷目標而使用的一組營銷工具」。

四、現代市場營銷觀念的新發展

進入20世紀80年代以後，隨著科技進步、市場需求多元化和行業競爭日益加劇，市場營銷理論得到了快速而深刻的發展。美國等發達國家營銷學界先後提出了許多新的理論。下面就其中影響深遠的營銷理論進行簡述。

1980年，哈佛商學院教授羅伯特·海斯（Robert Hayes）和威廉·阿伯內西（William J. Abernathy）提出「關注企業長遠發展」思想。該思想的核心觀點是，美國管理者們歷來將財務控製、企業組合管理和市場驅動奉為至寶。他們忽視了物極必反的道理。企業得以生存和持續發展得益於投資、創新、領先和創造新的價值。成功的企業管理者不僅僅是充當控製者或者分析家。

1986年，菲利普·科特勒提出了「大營銷」概念，旨在解決跨國公司如何克服國際市場進入壁壘的問題。他認為，優質產品和完美營銷方案，不足以順利地進入某些特定區域，可能面臨各種政治壁壘和公眾輿論方面的障礙，因此，企業必須要借助各種關係，尤其是政治技巧和公共關係技巧，才能在全球市場上有效地開展市場營銷。

「共生營銷」概念是美國學者艾德勒在1986年首次提出的。「共生營銷」就是兩個或者兩個以上的企業聯合開發一個營銷機會，通過強強聯手、資源互補和優勢互用的營銷策略，增加企業在競爭中獲勝的可能性。企業已經進入了營銷時代，產品生命週期越來越短，研發費用不斷上升，企業走向合作已經成為必然。

1990年，美國學者羅伯特·勞特伯恩（Robert Lauterborn）首次提出顧客「4C's」概念。他指出，「4P's」已經過時了，當今的企業應將過去的營銷組合「4P's」轉變為「4C's」，即顧客問題的解決（Customer Solution）、顧客成本（Cost）、便利（Convenience）和傳播（Communication）。以顧客為中心的營銷思想優於以企業戰略為中心的思想。在市場上獲勝的必將是那些可以方便經濟地滿足顧客需求，同時能夠與顧客保持有效溝通的企業。

「平衡計分卡」概念是哈佛商學院教授羅伯特·卡普蘭（Rorbert S. Kaplan）與戴維·諾頓（Daid P. Norton）於1992年提出的。傳統的財務評價指標在工業化時代是有效的，而平衡計分卡是一套能夠使高層經理快速而全面地考查企業業績的指

標體系，通過一些驅動財務業績的因素，如客戶滿意度、內部流程以及組織的創新與學習能力等營運指標對財務指標進行補充。平衡計分卡概念建議企業管理者應當從客戶視角、財務視角、企業內部視角和創新與學習等視角來審視企業。

「服務利潤鏈」概念是1996年美國學者詹姆斯·赫斯科特等人提出的模型，集大成地發展了服務營銷思想。他們認為，利潤、增長、顧客忠誠度、顧客滿意度、員工能力、服務的價值、勞動生產率之間存在著直接、牢固的關係。那些服務成功的企業既重視顧客滿意度，也很重視員工能力發展。

「激進營銷」概念是1999年美國學者山姆·希爾（Sam Hill）和格林·里夫金（Glenn Rifkin）提出的。他們認為許多成功的企業之所以成功，不是突破了已有的營銷理論，而是積極地利用他們有限的資源，緊密貼近顧客，針對顧客需求創造了令人滿意的解決之道，從而贏得顧客的長期忠誠。

第二節　現代市場營銷理論

20世紀80年代以來，隨著市場環境變化和營銷實踐迅速發展，現代市場營銷理論也呈現出蓬勃發展之勢。關注研究市場營銷理論的新動向，並加以創造性地應用，是企業營銷創新的內在要求。本節簡要介紹直復營銷理論、整合營銷理論、定制營銷理論、關係營銷理論和客戶關係管理理論。

一、直復營銷理論

美國「直復營銷協會」將直復營銷定義為：直復市場營銷是一個與市場營銷相互作用的系統，它利用一種或多種廣告媒介對各個地區的交易及可衡量的反應施加影響。根據其所採用媒體的不同，直復營銷可分為目錄營銷、直郵營銷、電話營銷、電視營銷、網絡營銷幾種形式。直復營銷作為一種商業模式其特徵是，企業銷售的商品不一定是本企業生產的，有自己或者第三方完備的物流配送系統，具備現代化和信息化的信息處理和交換系統，建立有完整的顧客數據庫和完備的「顧客滿意服務體系」。正當多層次直銷商業模式也具有這五點特徵。直復營銷與正當多層次直銷均屬「無店鋪銷售」，但直復營銷有區別於正當多層次直銷的特徵：消費者接觸直復營銷企業商品的「橋樑」是非人員「媒體」，比如直接郵件、國際互聯網、購貨目錄和光盤等。

直復營銷簡稱直銷，最初被當作一種無店鋪銷售的零售方式而產生，於20世紀90年代初登陸中國，變身為中國式有店鋪直銷，呈現出史無前例的發展速度和影響力。作為一種新型的營銷方式，直銷存在空間、時間、商品和對象四方面的局限性，不可能完全取代適應社會分工需要的商業機構；同時，直銷具有目標市場層面上的

第二章　現代市場營銷觀念與理論

選擇性、溝通對象的個別性、溝通過程的連續性、溝通效果的可測試性等優點，隨著現代社會的發展和市場競爭的加劇顯現出巨大的營銷潛力。直銷企業採用直接郵寄、報紙營銷、電視營銷和上門推銷等銷售形式，通過減少流轉環節、降低營銷成本、完善售後服務來增加銷售利潤。直銷具有以下特點：

注重協調營銷，實現快速交貨。直銷要以消費者需要識別、需求評價、市場細分、目標市場選擇為基礎，其中產品特性包括產品的自然屬性、體積重量、標準化程度、單位價值、技術性能以及售後服務。一般地，適宜採用直銷方式的產品有易腐易變質產品，體積或重量大的產品，非標準化產品，單位價值高、技術性能強的產品，市場認知程度尚低的新產品。快速交貨體現在生產與銷售的緊密銜接上，使收集客戶信息、產品設計、生產、運輸、交貨成為一體以減少客戶訂貨後的等候時間，定制產品生產出來之后，通過第三方物流快速地將產品配送到客戶手中。

注重與網絡結合。互聯網絡的出現增加了直銷的渠道和工具。直銷本身所具有的特性決定了它與網絡技術能夠很好地結合，企業可以利用計算機技術和互聯網絡提供的便利在網絡世界中延伸其營銷戰略。個性化和互動性是直銷方式所期望達到的目標，互聯網絡的出現不僅加強了互動性，而且加強了以一對一為基礎的顧客與直銷人員之間的雙向溝通和互動。

以營銷數據庫系統為必要支撐。直銷的實質是以數據資料為基礎的營銷，事先獲得的大量信息和計算機技術的發展才是直銷的驅動力。營銷數據庫系統可以用來尋找目標顧客，建立持續良好的客戶關係，形成基本穩定的顧客網絡，滿足顧客差異性、個性化的需要，進一步培養、鞏固與顧客間長期穩定的營銷關係。一個內容完備的顧客數據庫能幫助公司預測顧客需要，能夠針對特定產品找出可能的買主並對顧客忠誠度進行評估。根據顧客數據庫提供的潛在顧客特徵數據，直銷資料只需在適當的時機較精確地發送到感興趣的顧客手中，企業就能大大提高營銷針對性和有效性，降低營銷成本。

細分顧客，實行一對一互動營銷。企業直銷的優勢在於能夠與顧客直接接觸，及時、準確地掌握顧客需求。企業為了發揮這個優勢，需要通過各種細分標準，如年齡、性別、生活方式等，來識別最可能購買公司產品的潛在顧客。市場細分可以使公司的產品更好地滿足高度個性化的顧客需求。直銷人員在開展直銷活動時根據營銷目的確定營銷標準，再根據營銷標準選擇適合本次直銷活動的顧客群。直銷通過各種媒體，如平面印刷廣告、直接信函、電話、電視、個人電腦等與消費者溝通，並向消費者提供回應工具，如免費電話、回信卡、訂購單等，讓消費者產生直接的回復反應。在直銷行業中，消費者成為營銷的中心，企業通過提供高度顧客承諾等手段，與顧客保持長期穩定的夥伴關係。

直銷媒介和直銷渠道競爭。直銷活動可以到達處於不同地理位置的目標市場，空間上廣泛性的特點致使傳統營銷方式對地點的爭奪在直銷行業不再突出。直銷空間的擴大使企業能夠更有效地利用營銷資源，使每個營銷投入都有明確的歸宿，直

銷行業對地點的爭奪逐漸被直銷媒介和直銷渠道上的競爭所取代。網絡的出現進一步加強了直銷的這個特點，網絡廣告和電子郵件等網絡營銷工具可以更加低成本地向用戶開展營銷活動。

有針對性地傳遞促銷信息，將廣告、促銷融入銷售中。通常意義上的廣告採用的是大眾傳媒，缺乏對受眾的基本瞭解和認識，直銷中傳播的廣告和服務信息是根據消費者特徵，比如姓名、地址、電話號碼、電子郵件等，採用合適的媒體進行有針對性的信息傳遞。在傳統的促銷組合中，廣告起著產品傳播的信息溝通作用，營業推廣起著進一步刺激消費者需求的作用，人員銷售最終完成產品的銷售。直銷工具都是有針對性地將傳遞產品服務信息，實施銷售促進和實現產品銷售的功能集成起來，將廣告、營業推廣和人員銷售等促銷工具進行有機結合。

跨國企業成為直銷行業的核心組織者。進入21世紀以來，很多跨國企業為了在當今激烈競爭的國際環境中立於不敗之地，紛紛調整生產組織和內部管理結構，和同行甚至競爭對手結成國際戰略聯盟，呈現全球一體化趨勢，引領直銷行業發展潮流。美國戴爾憑藉其直銷模式在經營上取得巨大成功，成為全球增長最快的計算機公司。直銷在全球範圍內已經成為備受關注的商業模式，對於未來市場發展具有重要意義。

二、整合營銷理論

菲利普·科特勒認為，企業所有部門為服務於顧客利益共同工作時，其結果就是整合營銷。整合營銷發生在兩個層次：一是營銷部門內部不同的營銷職能（銷售、廣告、產品管理、市場研究等）必須協同工作；二是營銷部門必須與企業的其他部門相協調。營銷組合概念強調將市場營銷中各種要素組合起來的重要性；整合營銷則更為強調各種要素之間的關聯性，要求將它們統一成為有機整體。整合營銷觀念改變了將營銷活動視為企業經營管理的一項職能的觀點，重視企業與顧客之間互動的關係和影響，努力發現潛在市場和拓展新市場，具有整體性和動態性特徵。企業將與顧客之間的交流、對話和溝通放在重要位置，是營銷觀念的發展與變革。

美國西北大學教授唐·舒爾茨（Tang Schultz）是整合營銷傳播理論的開創者。20世紀90年代末，他在《整合營銷傳播》一書中提出了戰略性整合營銷傳播理論，該理論成為20世紀後半葉最重要的營銷理論之一。舒爾茨的「4R's」理論認為，一個企業生存與發展的終極目標仍然是獲得利潤，因而成功的營銷者會將企業的產品與顧客的需求緊密結合，尋找兩者之間的關聯性（Relevance）、及時追蹤顧客反應（Reaction）、與顧客建立良好互動關係（Relationship），從而獲得更多的顧客回報（Return）。

整合營銷理論提出了 4C 觀念和整合營銷溝通（IMC）觀念。4C 即消費者、成本、便利和溝通。整合營銷溝通就是以消費者為核心重視企業行為和市場行為，綜

第二章　現代市場營銷觀念與理論

合協調地採用多種形式的傳播方式，以統一的目標和統一的傳播形象，傳播一致的產品信息，實現與消費者的雙向溝通，迅速樹立產品品牌在消費者心目中的地位，建立與消費者長期密切的關係，更有效地達到廣告傳播和產品營銷目的。

三、定制營銷理論

定制營銷（Customization Marketing）是指在大規模生產的基礎上，將市場細分到極限程度，將每位顧客視為一個潛在的細分市場，並根據每一位顧客的特定要求，單獨設計、生產產品並迅捷交貨的營銷方式。核心目標是以顧客願意支付的價格並以能獲得一定利潤的成本高效率地進行產品定制。菲利普·科特勒將定制營銷譽為21世紀市場營銷最新領域之一。在全新的網絡環境下，興起了一大批像戴爾（Dell）、亞馬遜（Amazon.com）、寶潔（P&G）等為客戶提供完全定制服務的企業。定制營銷已經在時裝、鞋類、箱包、首飾、家具、室內裝修、家電、餐飲旅遊、汽車等許多行業得到了運用。例如埃克森石油公司生產的適用於管樹等方面的聚乙烯、聚丙烯產品，每種數量有限，但種類卻極繁多，適用於不同消費者的需要，該公司形容這種生產數量為「只夠老鼠喝的一日牛奶」。寶潔的 Reflect.com 網站能夠生產一種定制的皮膚護理或頭髮護理產品以滿足顧客的需要。

與傳統的營銷方式相比，定制營銷具有明顯的競爭優勢。首先，定制營銷能體現以顧客為中心的營銷觀念。企業從顧客需要出發，與每一位顧客建立良好關係，並為其開展差異性服務，實施一對一的營銷，最大程度滿足用戶的個性化需求，提高了企業的競爭力。企業注重產品設計創新與特殊化，個性化服務管理與經營效率，實現了市場的快速形成和裂變發展。在這種營銷模式中，消費者需要的產品由消費者自己來設計，企業則根據消費者提出的要求來進行大規模定制。其次，定制營銷實現了以銷定產，降低了成本。在大規模定制下，企業的生產營運受客戶的需求驅動，以客戶訂單為依據來安排定制產品的生產與採購，使企業庫存達到最小化，降低了企業成本。因此，它的目的是把大規模生產模式的低成本和定制生產以客戶為中心這兩種生產模式的優勢結合起來，在未犧牲經濟效益的前提下，瞭解並滿足單個客戶的需求。可以這樣說，它將確定和滿足客戶的個性化需求放在企業的首要位置，同時又不犧牲效率，它的基本任務是以客戶願意支付的價格並以能獲得一定的利潤的成本高效率地進行產品定制。最後，定制營銷在一定程度上減少了企業新產品開發和決策的風險。

四、關係營銷理論

所謂關係營銷，是將營銷活動看成一個企業與消費者、供應商、分銷商、競爭者、政府機構及其他公眾發生互動作用的過程，核心是建立和發展與這些公眾的良好關係。關係營銷以系統論為基本思想，將企業置身於社會經濟大環境中來考查。

市場營銷學

關係營銷的本質特徵是雙向信息溝通、戰略過程協同、營銷活動互利以及信息反饋及時,主要目標就是在留住現有顧客的基礎上,吸引新顧客,更為注重維繫現有顧客。企業失去老顧客就等於失去利潤來源,不得不以更高的成本去彌補過失或者吸引新的顧客。一般而言,企業爭取新顧客的成本(資金和時間等)至少是保持老顧客成本的五倍以上。所以有些企業推行「零顧客背離」(Zero Defection)計劃,即採取及時掌握顧客信息、與顧客保持緊密聯繫、分析顧客產生滿意感和忠誠度的根本原因,主動培養顧客對企業的積極的態度與偏好,建立持久的顧客關係,從而將顧客流失降到最低程度。

關係營銷的市場模型概括了市場活動範圍,包括供應商市場、內部市場、競爭者市場、分銷商市場、顧客市場和影響者市場。發現市場需求、滿足需求並保證顧客滿意與促使顧客忠誠,構成了關係營銷的三部曲,核心問題是如何獲得顧客忠誠。關係營銷可以分為三個梯次推進。一級關係營銷是建立在財務層次上,利用價格刺激增加目標顧客財務利益的頻繁市場營銷;二級關係營銷則是在社會層次上,採用同時增加顧客財務利益和顧客社會利益的方法,通過加強企業與顧客的社會聯繫來獲得顧客忠誠;三級關係營銷是建立在結構層次之上,指企業與顧客建立結構性紐帶關係,同時附加財務利益和社會利益。結構性聯繫要求提供的服務對顧客有價值,通常以技術為基礎,並被設計成一個傳送系統,從而為顧客提高效率和產出。如批發企業通過數據交換系統幫助零售客戶做好訂貨、信貸、存貨管理等一系列工作;星級酒店借助其營銷信息系統(Marketing Information System,MIS)為再次光臨的顧客提供個性化定制服務。

五、客戶關係管理理論

CRM(Customer Relationship Management)就是客戶關係管理的簡稱,最早源於美國。客戶關係管理理論基礎來自關係營銷,核心思想就是為提供產品或服務的企業找到、留住並提升價值客戶,從而提高企業的盈利能力並加強競爭優勢。在1980年年初,美國就提出「接觸管理(Contact Management)」。到1990年,「接觸管理」演變成為包括電話服務中心與支持資料分析的「客戶關懷(Customer Care)」。1998年,羅伯特·韋蘭在《走進客戶的心》中首次提出「客戶關係價值」。客戶關係管理可以分為理念、技術和實施三個層面,理念是客戶關係管理成功的關鍵,它是客戶關係管理實施應用的基礎和土壤;信息系統、信息技術是客戶關係管理成功實施的手段和方法;實施則是決定客戶關係管理成功與否、效果好壞的直接因素。三者共同構成了客戶關係管理穩固的相互支撐。

客戶關係管理作為企業戰略,就是以客戶為中心指導企業全方位的管理,提高客戶滿意度和忠誠度,培育企業更強的客戶吸引力和維持能力,最大化客戶的收益

第二章　現代市場營銷觀念與理論

率；作為一種新型管理機制，實施於企業的營銷、銷售、客戶服務與支持等領域，優化資源配置，倡導企業與客戶建立學習型關係；作為軟件技術和應用系統，側重實現對營銷、銷售、客戶服務與支持和信息知識管理的優化和自動化，提高企業效率。客戶關係管理理論認為客戶關係是企業最有價值的資產之一，客戶關懷是客戶關係管理的核心，客戶的差別化管理、對客戶知識資源的整合與共享是實現客戶關係管理的基礎，通過對業務流程重構，降低企業成本，建立客戶與企業之間的學習型關係。國際商業機器公司（IBM）認為，客戶關係管理包括企業識別、挑選、獲取、發展和保持客戶的整個商業過程，管理的要點就是關係管理和流程管理。

客戶關係管理技術集合了很多當前最新的科技成果，包括網絡和電子商務、多媒體技術、數據倉庫與挖掘、專家系統和人工智能、呼叫中心等。客戶關係管理軟件不等於客戶關係管理理念，它是理念的反應與體現，吸納了最先進的軟件開發技術、企業經營管理模式、營銷理論與技巧。客戶關係管理實施是結合軟件與企業組織狀況，在調研分析的基礎上做出的解決方案。

第三節　網絡營銷

一、網絡營銷的概念

1996 年，山東青州農民李鴻儒首次在互聯網上開設「網上花店」，年銷售收入 950 萬元，客戶遍及全國，沒有推銷員；1997 年，江蘇無錫小天鵝，利用互聯網，向全球 8 家大型洗衣機生產企業發布合作生產洗碗機的信息，並通過網上洽商，確定阿里斯頓作為合作夥伴，簽訂合同 2,980 萬元；海爾集團通過互聯網將 3,000 臺冷藏冷凍冰箱遠銷愛爾蘭，並有 20% 的出口業務通過互聯網實現。阿里巴巴將中國企業網絡營銷的神話演繹到了全球。正是這些神話吸引著中國企業參與網絡營銷，中小企業希望借助網絡的力量改變命運。然而很多傳統中小企業對網絡營銷的瞭解還不深入，以為建設一個網站、做一點推廣就可以把網絡營銷做好。那麼，什麼是網絡營銷呢？

（一）網絡營銷的定義

網絡營銷是以國際互聯網絡為基礎的一種新的營銷方式，它借助新的通信技術的交互性，來輔助營銷目標實現。廣義的網絡營銷就是借助互聯網這種工具和環境開展的營銷活動。狹義的網絡營銷是指組織或個人基於開放便捷的互聯網絡，對產品、服務所做的一系列經營活動，從而達到滿足組織或個人需求的全過程。網絡營銷具有很強的實踐性特徵，即從實踐中發現網絡營銷的一般方法和規律，充分認識互聯網這種新的營銷環境，利用各種互聯網工具為企業營銷活動提供有效的支持。

(二) 網絡營銷的特性

網絡營銷是建立在互聯網基礎上的，而網絡具有互動性、虛擬性、全球性、直接性、全天候、高效率、低成本、方便性的優良特性，同時也具有不真實性以及缺乏安全性等缺點。

1. 網絡營銷的優點

(1) 市場的全球性。網絡的連通性，決定了網絡營銷的跨國性；網絡的開放性，決定了網絡營銷市場的全球性。

(2) 信息高速傳播。網絡自身的鏈式結構可以使網絡信息通過類似核反應的模式迅速被轉載傳遞出去。與報紙等傳統媒體相比，互聯網的信息的製作更為簡便快捷。

(3) 精準。企業可以利用計算機數據的處理能力加上互聯網的互動性，搜尋記錄訪問相關信息頁面的客戶信息，針對潛在客戶進行精準的信息傳遞。

(4) 全天候。網絡營銷的全天候性是建立在網絡硬件的全天候運行條件下的。網絡營銷可以全天候地收集客戶的需求，並通過網絡的互動性，由電腦完成對客戶的信息反饋。

(5) 成本低廉。網絡營銷無店面庫存租金成本，可以幫助企業降低經營成本。國際互聯網覆蓋全球市場，價格透明，企業可方便快捷地瞭解國際市場動態，開拓國際市場，減少交通費以及電話費。網絡廣告效果容易測評，受眾準確，並可以針對每次點擊付費，也減少了費用。

2. 網絡營銷的缺點

(1) 缺乏信任感。人們仍然信奉眼見為實，買東西要親眼瞧、親手摸才放心。網絡營銷的企業只能提供視頻、圖片、文字信息。人們看不到實物，產品沒有質感。

(2) 缺乏購物的樂趣。網絡營銷無法滿足消費者個人社交的心理需要。網上購物、查詢產品，面對的是機器，沒有商場裡優雅舒適的環境氛圍，缺乏逛街和討價還價的樂趣。

(3) 各種網絡安全問題。網絡技術是一門新生技術，還在不斷發展更新。在網絡技術逐漸成熟的過程中，會產生各種問題，其相應的法規也尚待制定完善。網絡營銷存在一些安全問題，如黑客入侵、密碼盜取、隱私洩露、網絡釣魚等。

(三) 網絡營銷與傳統營銷的關係

網絡營銷作為一種便捷的營銷方式，在一段時間內不能完全替代傳統的營銷方式。網絡營銷的特性符合顧客主導、成本低廉、使用方便、充分溝通的 4C 要求。網絡營銷與傳統營銷之間是互相支持的關係。

(四) 網絡營銷與電子商務之間的關係

電子商務（Electronic Commerce）是利用計算機技術、網絡技術和遠程通信技術，實現整個商務過程中的電子化、數字化和網絡化。電子商務包括網上營銷、線上支付、線下物流等各個環節。在整個電子商務活動中，最重要的環節就是網絡營

第二章　現代市場營銷觀念與理論

銷。網絡營銷是企業營銷的組成部分，是電子商務的基礎和核心。網絡營銷本身並不是一個完整的商業交易過程，只是促進商業交易的一種手段。

二、網絡營銷的模式

（一）根據信息的傳遞方向分類

根據信息的傳遞方向，網絡營銷分為主動和被動兩種模式。網絡上具有各種信息平臺，例如在線黃頁、行業門戶的信息平臺、企業對企業模式（B2B）、企業對消費者模式（B2C）平臺、搜索引擎平臺。主動發布信息是指企業可以付費或者免費在這些平臺上發布與自己以及產品相關的介紹信息、網站連結，等待信息需求者主動檢索企業的信息。其中產品供需信息是最重要的一塊。一般來說，各個平臺會對發布供應信息的商家收費，而對發布需求信息的商家免費。被動收集信息是指從事網絡營銷的企業通過收集網絡上的供需信息進行利用。比如四川某個地區的政府採購中心需要採購一輛轎車，那麼他會事先將汽車的型號和配置發布到省採購中心的網站上，省內的經銷商只需要每日訪問省採購中心的網站，根據自身的情況投遞標書即可。

（二）根據從事網絡營銷個體的情況分類

根據從事網絡營銷個體的情況，網絡營銷可以分為有站點以及無站點兩種模式。如圖 2-3 所示，有站點的網絡營銷實際上可以包含無站點的網絡營銷，企業不一定要有自己的站點才能從事網絡營銷。

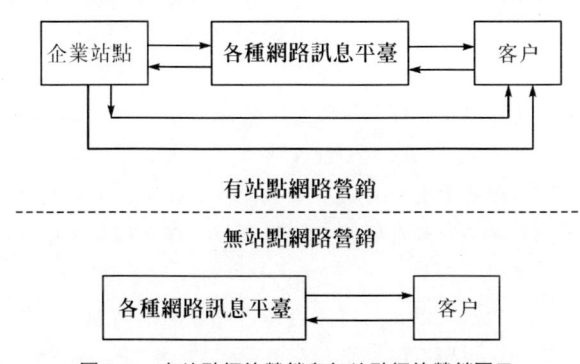

圖 2-3　有站點網絡營銷與無站點網絡營銷圖示

1. 有站點網絡營銷

站點是企業在虛擬世界的一個信息源頭。建立一個站點就意味著人力和物力的長期投入。對於中型企業和大型企業來說，設立自己的站點是很有必要的，因為大中型企業的目標是爭取引領整個行業或行業裡某一分支的發展，所以它們迫切需要在網絡世界有一個統一的口徑——站點來傳遞自己的信息。

2. 無站點網絡營銷

無站點網絡營銷通常與傳統營銷是緊密結合的，是通過收集和發布供需信息後轉換到傳統的營銷模式上。採用這類營銷方式的企業一般自身的規模較小，很多都是代理商，不具備足夠的實力來爭奪行業的話語權。這裡需要特別指出的是，隨著網絡營銷的發展，各種企業對企業、企業對消費者網站已經為這類企業設計了專門的服務，提供給中小企業在企業對企業、企業對消費者平臺下的子站點，子站點能滿足基本的企業介紹、產品介紹功能，缺點是由於採用了模塊化設計，子站點不夠個性，不能與企業的風格完美結合。不過對於正處於發展中的中小企業和代理商可以好好利用它們所提供的便利。

三、網絡營銷策略

網絡營銷是在傳統營銷的基礎上發展起來的，因此，傳統營銷中的基本營銷策略仍然適用於網絡營銷，成為網絡營銷中的基本策略，其主要包括產品、價格、渠道和促銷。因為網絡的各種優勢歸結起來就是信息優勢，用以打破傳統的信息不對稱，所以提及網絡營銷策略的時候一定要考慮信息不對稱理論。信息不對稱理論是指在市場經濟活動中，各類人員對有關信息的瞭解是有差異的。掌握信息比較充分的人員，往往處於比較有利的地位，而信息貧乏的人員，則處於比較不利的地位。

（一）產品策略

網絡營銷的產品主要包含實體產品和虛擬產品。實體產品是指具有物理性狀的物質產品；虛擬產品一般沒有具體的產品形態，或通過某些介質而間接反應出某種形態，例如信息諮詢等。這兩種產品都可以用以下的網絡營銷產品策略：①個性化產品策略。所謂個性化產品是指按照個人需求定制的產品，比如印有自己喜歡的照片的茶杯、根據客戶量身定做的服裝。個性化產品的提供不僅滿足了消費者對產品使用價值的需求，同時還給消費者提供了一次個性化體驗，大大提高了消費者重複購買的機率。除了對單個消費者提供個性化服務外，企業對工業組織市場已實行定制生產。②冷門產品策略。冷門產品是指在產品本身很稀缺，如藝術品、收藏品，或者一個區域找不到或者數量很少的實體店銷售的產品。例如，甲公司從事工業建築招標信息銷售，乙公司從事工業建築配套產品銷售，乙公司付費從甲公司的網站查詢相應產品的招標信息，即是冷門產品策略。

（二）價格策略

由於網絡的海量信息，各種企業對企業、企業對消費者、行業門戶網站具有產品價格排序以及產品性能測試對比的板塊，傳統的信息不對稱在網絡營銷的環境下越來越不具有優勢。因此，網絡營銷通常採取以下幾種價格策略：

競價拍賣策略。首先，當產品處於生命週期初期時，對於初次從事網絡營銷的商家，或者新品準備進行網絡營銷，對於產品定價拿不準的商家，可以考慮採用競

第二章　現代市場營銷觀念與理論

價拍賣的方式來測算對產品感興趣的潛在客戶數以及潛在客戶願意付出的最高價格以確定產品進行網絡營銷時的定價。其次，當產品處於生命週期末期時，越來越多的企業開始運用拍賣競價策略來提高收益。由於企業急於減少損失而不是最大化收益，因此市場中產品固定的清倉價格通常較低。通過網絡競價拍賣的方式，清倉產品真實的市場價值得到體現。實踐也證明企業通過網絡競價售出的產品的價格大都高於企業制定的清倉價，因而企業可以獲得更多的消費者剩餘。

根據誠信等級定價。網絡營銷的劣勢是誠信問題，因為網絡營銷的產品定價也需要根據銷售商的誠信級別來進行定價。例如，知名公司在自己的官方網站從事產品在線銷售時制定的價格一般與其產品的現實市場價是一樣的，因為他的目標客戶主要是在當地沒有銷售渠道的意向客戶。淘寶網等平臺有用戶對商家的信用評價，誠信高的商家一般制定在現實市場價與網絡報價最低價之間的中間價格。

輔助傳統渠道定價策略。由於網絡營銷能讓消費者在全球範圍內尋找最優惠的價格，甚至可饒過中間商直接向生產者訂貨，因而能以更低的價格實現購買。而有些產品的銷售需要經銷商個人的關係網，例如大型工業用產品。當一個公司的產品絕大部分需要通過區域經銷商的個人關係網進行銷售時，網絡營銷的定價就應該與市場價一致或者稍高來制定。

超低價策略。網絡營銷能讓企業節省出中間商利潤、鋪面費用以及各種鋪貨的資金占用成本。對於同質化產品嚴重的小企業來說，可以採用超低價策略在網上銷售。例如，國內小廠生產的皮鞋、服裝等，其網絡價格算上運費還要比市面上的產品便宜許多。

（三）渠道策略

營銷渠道是指與提供產品或服務以供使用或消費這一過程有關的一整套相互依存的機構，它涉及信息溝通、資金轉移和事物轉移等。一個完善的網上銷售渠道應有三大功能：訂貨功能、結算功能和配送功能。

由於網上銷售對象不同，以及從事網絡營銷個體的性質不同，營銷渠道主要分為以下三種模式：企業對企業、企業對消費者、消費者對消費者（C2C）。針對這三種類型的渠道策略是不同的，網絡營銷的渠道策略主要有以下三種：

網絡直銷策略。網上直銷與傳統直接分銷渠道一樣，都沒有營銷中間商。企業可以建立自己的站點，讓顧客可以直接從網站進行訂貨。企業可以與一些電子商務服務機構如網上銀行合作，通過網站直接提供支付結算功能，簡化了過去資金流轉的問題。對於配送方面，網上直銷渠道可以利用互聯網技術來構造有效的物流系統，也可以通過互聯網與一些專業物流公司進行合作，建立有效的物流體系。從事這種策略的企業一般是從事企業對企業以及企業對消費者模式的商家。

網絡代銷策略。網絡代銷是指從事網絡營銷的企業將產品訂單獲取分包給各種網絡銷售零售商，網絡銷售零售商提供訂單給企業，由企業負責貨物發送。從事這

種模式的企業一般是想開展企業對消費者模式，但是由於品牌知名度不高以及自身的技術水平、人力條件的限制，將產品的訂單獲取分派到從事消費者對消費者模式的更小企業。

網絡中間商策略。傳統中間商由於融合了互聯網技術，大大提高了中間商的交易效率、專門化程度和規模經濟效益。這種模式簡單來理解就是從事企業對企業的企業將貨品供應給從事企業對消費者的企業，由從事企業對消費者的中間商利用自己的網絡平臺進行產品的分銷。

（四）促銷策略

網上折價促銷是目前網上最常用的一種促銷方式。因為目前人們在網上購物的熱情遠低於在商場超市等傳統購物場所購物的熱情，因此網上商品的價格一般都要比傳統方式銷售時要低，以吸引顧客購買。

網上贈品促銷的優點是可以提升品牌和網站的知名度，鼓勵人們經常訪問網站以獲得更多的優惠信息，能根據消費者索取贈送品的熱情程度而總結分析營銷效果和產品本身的反應情況等。

抽獎促銷是網上應用較廣泛的促銷形式之一，是大部分網站樂意採用的促銷方式。抽獎促銷是以一個人或數人獲得超出參加活動成本的獎品為手段進行商品或服務的促銷，網上抽獎活動主要附加於調查、產品銷售、擴大用戶群、慶典、推廣某項活動等。消費者或訪問者通過填寫問卷、註冊、購買產品或參加網上活動等方式獲得抽獎機會。

積分促銷在網絡上的應用比起傳統營銷方式要簡單和易操作。網上積分活動很容易通過編程和數據庫等來實現，並且結果可信度很高，操作起來相對較為簡便。積分促銷一般設置價值較高的獎品，消費者通過多次購買或多次參加某項活動來增加積分以獲得獎品。積分促銷可以增加上網者訪問網站和參加某項活動的次數；可以增加上網者對網站的忠誠度；可以提升活動的知名度等。

四、網絡營銷常用的工具

（一）自建網站

企業建立網站是為網絡營銷各種職能的實現打下基礎，企業的網站對其品牌形象的宣傳以及提高在搜索引擎中被檢索到的機會等多個方面都有幫助。自建網站的方式有很多種，技術已經比較成熟，網站內容一般包括公司介紹、產品介紹、聯繫方式介紹、留言反饋、在線招聘等板塊。

（二）搜索引擎排名

搜索引擎排名分為競價排名和非競價排名。競價排名是一種影響在搜索引擎搜索結果列表中的位置的系統和方法，旨在使廣告商可以通過競價取得搜索引擎結果中最佳的廣告位置，讓潛在客戶能夠更方便地查詢到自己的網頁。目前國內使用較

第二章　現代市場營銷觀念與理論

多是百度、谷歌（Google）、雅虎（Yahoo）。競價排名按照給企業帶來的潛在客戶訪問數量計費，企業可以靈活控製網絡推廣投入，獲得最大回報。非競價排名指搜索引擎通過複雜的算法自動抓取關鍵詞進行用戶搜索后的備選頁面列表排名。目前的熱點搜索引擎優化（Search Engine Optimization, SEO），即通過優化企業網站，獲得更靠前的排名。搜索引擎優化主要就是通過對網站的結構、標籤、排版等各方面的優化，使谷歌等搜索引擎更容易搜索網站的內容，並且讓網站的各個網頁在谷歌等搜索引擎中獲得較高的評分，從而獲得較好的排名。

（三）企業對企業行業門戶平臺

企業對企業是電子商務網站的術語，是企業與企業之間通過互聯網進行產品、服務及信息的交換。國內知名的企業對企業平臺有阿里巴巴、惠聰網。行業門戶平臺是指本行業的信息庫，包含行業政策信息、行業產品供求信息等一系列的信息。

（四）許可電子郵件

電子郵件（Email）營銷是在用戶事先許可的前提下，通過電子郵件的方式向目標用戶傳遞有價值信息的一種網絡營銷手段。例如，當一個客戶註冊成為一個網站的會員時，需要填寫自己的興趣愛好以及是否願意收到此類信息，網站將客戶的愛好信息提供給與其愛好相符合的商家，如將愛好旅遊的客戶電子郵件提供給旅行社，商家設計相應的電子郵件發送給網站會員。

（五）第三方認證

第三方認證是伴隨網絡的虛擬性所產生的。由於從事網絡營銷的門檻低，會有形形色色的皮包公司借助網絡營銷的旗號進行詐騙。為此，有專門的第三方公司對從事網絡營銷的公司進行認證。例如，阿里巴巴的誠信通將會對公司註冊名稱、公司註冊地址、申請人姓名、申請人所在部門、申請人職位進行核實。

（六）互聯網推廣診斷工具

互聯網推廣診斷工具包括綜合考察被診斷網站的谷歌網頁級別（Google Page Rank）、主流搜索引擎的收錄頁面數、指定關鍵字排名以及反向連結和相關連結等。網頁級別（Page Rank）是谷歌用來衡量一個網站的好壞的唯一標準，它是谷歌搜索排名算法中的一個組成部分，級別從 1 到 10 級，10 級為滿分，PR 值越高說明該網頁在搜索排名中的地位越重要，表明這個網頁提供的是很重要的信息，簡單來說，在其他條件相同的情況下，PR 值高的網站在谷歌搜索結果的排名中有優先權。

本章小結

建立營銷管理的哲學觀念，核心是正確處理企業、顧客和社會三者之間的利益關係。隨著經濟的發展，企業的營銷管理觀念大致經歷了以企業為中心、以消費者為中心和以社會利益為中心三個階段，形成了生產觀念、產品觀念、推銷觀念、市場營銷觀念和社會市場營銷觀念五種營銷理念。全面貫徹現代營銷管理觀念，要求企業通過質量、服務和價值，實現顧客滿意，還要通過市場導向戰略奠定競爭基礎。

現代市場營銷理論包括直復營銷理論、整合營銷理論、定制營銷理論、關係營銷理論和客戶關係管理理論。

網絡營銷是以國際互聯網絡為基礎的一種新的營銷方式，它借助新的通信技術的交互性，來輔助營銷目標實現。網絡營銷具有很強的實踐性特徵，網絡具有互動性、虛擬性、全球性、直接性、全天候、高效率、低成本、方便性的優良特性，同時也具有不真實和安全性缺乏等缺點。

思考與練習

1. 什麼是生產觀念？
2. 什麼是市場營銷觀念？
3. 市場營銷觀念與推銷觀念的區別是什麼？
4. 什麼是社會市場營銷觀念？
5. 現代市場營銷理論主要包括哪些方面？
6. 什麼是直復營銷？舉例說明。
7. 什麼是整合營銷？舉例說明中小企業如何進行整合營銷。
8. 舉例說明什麼是關係營銷。
9. 什麼是網絡營銷？主要有哪些工具？

第三章　購買行為分析

学习要点

通過學習本章內容，理解消費者購買行為模式，瞭解影響消費者購買行為的因素和生產者市場購買行為，正確認識市場購買行為的主要類型，掌握市場購買決策的主要參與者，明確市場購買決策的具體過程，理解為促使市場購買需採取的對策。

开篇案例

購買行為特別是消費者購買行為，不僅受產品質量影響，更容易受消費者個體的心理主觀影響。某服裝企業經營中老年款式服裝，對中老年的購買行為和心理做了較為細緻的分析。該企業認為人進入中老年后，由於生理機能的老化，必然引起心理上的變化，其購買行為有區別於年輕人的獨特性。該企業有針對性地採用了以下一些營銷措施：①在廣告宣傳策略上，著重宣傳服裝的大方實用、易洗易脫、輕便、寬松；②在傳播媒體的選擇上，主選電視和報紙雜誌；③在信息溝通的方式方法上，主要是介紹、提示、理性說服，而力求避免炫耀性、誇張性廣告，不邀請名人明星；④在促銷手段上，主要運用價格折扣、展銷會等方式；⑤在銷售現場，企業派出中年促銷人員，為中老年消費者提供熱情周到的服務，為他們詳細介紹商品的特點和用途，若有需要，就送貨上門；⑥在銷售渠道的選擇上，主要選擇大商場，靠近居民區，並設立了老年專櫃或老年店中店；⑦在產品款式的選擇上，以莊重、淡雅、民族性為主，在產品價格的設計上，以中低價格為主，在產品面料的選擇上，以輕薄、柔軟為主，適當地配以福、壽等喜慶寓意的圖案；⑧在老年顧客的接待上，

廠家再三要求銷售人員在接待過程中要不急不慢，以介紹質量可靠、方便健康、經濟實用為主，在介紹品牌、包裝時注意顧客的神色、身體語言，適可而止，不硬性推銷。這八個方面的努力，基本契合了中老年消費者購買服裝時的心理和行為習慣，該企業生產的中老年服裝很快被中老年消費者接受，銷售量明顯上升，企業收到了很好的經濟效益。

第一節　消費者購買行為

一、購買行為概念

購買行為（Purchasing Behavior），是客戶主動採取的，以貨幣形式完成的獲取特定商品或服務的所有權的行為。

認識購買行為這一市場營銷基本概念，可採取三種主要角度。各種認知角度在市場營銷中各有其側重點，對不同角度瞭解得越全面，理解得越透澈，對購買行為就能分析得越科學，其營銷效果也會越明顯。

（一）經濟學角度

從經濟學角度分析購買行為，要求注重產品的價格和性能因素，強調消費者購買的經濟動機——獲取效用最大化，對購買行為的影響。但單純的經濟因素不能解釋清楚購買者行為的發生及其變化，如購買者對產品商標和牌號的偏好。為什麼一位客戶在面對幾種價格相仿，質量、性能相近的同類產品時，只選擇其中的某一種，經濟學在這方面難以準確地描述出來。

（二）傳統心理學角度

從傳統的心理學角度分析購買行為，主要採用需求驅動力模式來認識購買行為。其理論基礎是以巴甫洛夫為代表的心理學家提出的「人類教育是基於『條件反射』」而來的。該模式認為，需求促使人們產生購買行動，而需求是由驅動力引起的——原始驅動力與學習驅動力。原始驅動力是指生理的需求，是非理性因素的行為；學習驅動力是心理的需求，是后天獲得的、理性的行為。心理學強調學習驅動力來自於人們運用自己的器官，與外界事物的經常接觸，得到認識和累積經驗，從經驗中學得理性知識。為此，學習是一種聯想反射過程，人們的許多行為被聯想反射所制約，即在一定條件下，做出特定反應的行動。

從傳統心理學角度分析購買行為，要求通過各種強化力量加強聯想——反射的關係，借助創造和強化聯想誘因，使客戶產生特定反射——強大的驅動力來確立購買行為。這種理論應用於營銷活動，如促銷、廣告，能夠收到較好的效果。但傳統心理學理論對人們對商品及促銷活動的感受以及人與人之間的影響在購買行為中的作用等還不能做出令人滿意的回答。

第三章 購買行為分析

(三) 社會心理角度

從社會心理角度看，人是社會的人，應該遵從共同的大眾文化的標準及形式。人們的需求行為都要受到社會群體的壓力和影響，以至於處於同一社會階層的人們在商品需求、興趣、愛好、購買方式、購買習慣上有著許多相似之處。

從社會心理角度分析購買行為，要求營銷的主要任務是確定哪些人對哪些產品最具影響力，以使這些人在最大限度和範圍內施展其影響力。但這也有不夠完美的一面。因為個人行為肯定要受到社會的影響，但這種影響對個人許多行為並不起全部作用。即使兩個人受到同一社會影響，他們的行為仍然會有明顯的不同。這種不同是消費者個性差異造成的。購買者的個性類型與商品品牌偏好之間的關係，至今各界仍在持續探索中。

二、顧客購買讓渡價值理論

(一) 顧客讓渡價值（Customer Delivered Value）

顧客讓渡價值是菲利普・科特勒在《營銷管理》一書中提出來的，他認為，「顧客讓渡價值」是指顧客總價值與顧客總成本之間的差額。

顧客在購買產品時，總希望把有關成本包括貨幣、時間、精神和體力等降到最低限度，而同時又希望從中獲得更多的實際利益，以使自己的需要得到最大限度的滿足，因此，顧客在選購產品時，往往從價值與成本兩個方面進行比較分析，從中選擇出價值最高、成本最低，即「顧客讓渡價值」最大的產品作為優先選購的對象。

企業為在競爭中戰勝對手，吸引更多的潛在顧客，就必須向顧客提供比競爭對手具有更多「顧客讓渡價值」的產品，這樣，才能使自己的產品為消費者所注意，進而使消費者購買本企業的產品。為此，企業可從兩個方面改進自己的工作：一是通過改進產品、服務、人員與形象，提高產品的總價值；二是通過降低生產與銷售成本，減少顧客購買產品的時間、精神與體力的耗費，從而降低貨幣與非貨幣成本。

(二) 顧客購買總價值（Total Customer Value）

顧客購買總價值指顧客為購買某一產品或服務所期望獲得的一組利益，它主要包括產品價值、服務價值、人員價值和形象價值等。顧客獲得的總價值是使顧客獲得更大「顧客讓渡價值」的途徑之一，是為了增加顧客購買的總價值。顧客總價值由產品價值、服務價值、人員價值和形象價值構成，其中每一項價值因素的變化均對總價值產生影響。

1. 產品價值（Product Value）

產品價值是由產品的功能、特性、品質、品種與式樣等所產生的價值。它是顧客需要的中心內容，也是顧客選購商品的首要因素，因而一般情況下，它是決定顧客購買總價值大小的關鍵和主要因素。

2. 服務價值（Services Value）

服務價值是指伴隨產品實體的出售，企業向顧客提供的各種附加服務，包括產品介紹、送貨、安裝、調試、維修、技術培訓、產品保證等所產生的價值。服務價值是構成顧客總價值的重要因素之一。在現代的消費市場上，消費者在選購產品時，不僅注意產品本身的價值的高低，而且更注意產品附加價值的大小。特別是在同類產品質量與性質大體相同或類似的情況下，企業向顧客提供的附加服務越完備，產品的附加價值越大，顧客從中獲得的實際利益就越大，從而購買的總價值就越大；反之，則越小。因此，在提供優質產品的同時，向消費者提供完善的服務，已成為現代企業市場競爭的新焦點。

3. 人員價值（Personal Value）

人員價值是指企業員工的經營思想、知識水平、業務能力、工作效益和質量、經營作風、應變能力所產生的價值。企業員工直接決定著企業為顧客提供的產品與服務的質量，決定著顧客購買總價值的大小。一個綜合素質較高又具有顧客導向經營思想的工作人員，會比知識水平低、業務能力差、經營思想不端正的工作人員為顧客創造更高的價值，從而創造更多的滿意的顧客，進而為企業創造市場。人員價值對企業、對顧客的影響是巨大的，並且這種影響是潛移默化的。因此，高度重視對企業人員綜合素質和能力的培養，加強對員工日常工作的鼓勵、監督和管理，使其始終保持較高工作水平就顯得非常重要。

4. 形象價值（Image Value）

形象價值是指企業及其產品在社會公眾中形成的總體形象所產生的價值，包括企業的產品、技術、包裝、商標、工作場所等所構成的有形形象所產生的價值，公司及其員工的職業道德行為、經營行為、服務態度、作風等行為形象所產生的價值，以及企業的價值觀念、管理哲學等理念形象所產生的價值等。形象價值與產品價值、服務價值、人員價值密切相關，在很大程度上是上述三個方面價值綜合作用的反應和結果。形象對企業來說是寶貴的無形資產，良好的形象會對企業的產品產生巨大的支持作用，賦予產品較高的價值，使顧客的需要得到更高層次和更大限度的滿足，從而增加顧客購買的總價值。因此，企業應高度重視自身形象塑造，為企業進而為顧客帶來更大的價值。

（三）顧客購買總成本（Total Customer Cost）

顧客購買總成本，指顧客為購買某一產品所耗費的時間、精力、體力以及所支付的貨幣資金等，它包括貨幣成本、時間成本、精神成本和體力成本。

1. 貨幣成本（Monetary Cost）

一般情況下，顧客購買產品時首先要考慮貨幣成本的高低，因此，貨幣成本是構成顧客總成本高低的主要和基本因素。低價高質的產品是贏得顧客的最基本手段。企業要想贏得市場，必須嚴格控製成本，對本企業產品或服務的各個環節進行成本控製，設身處地以顧客的目光看待成本的高低和價格的可接受度。

第三章 購買行為分析

2. 時間成本（Time Cost）

在顧客總價值與其他成本一定的情況下，時間成本越低，顧客購買的總成本越低，從而「顧客讓渡價值」越大。以服務企業為例，顧客為購買餐館、旅館、銀行等服務行業所提供的服務時，常常需要等候一段時間才能進入到正式購買或消費階段，特別是在營業高峰期更是如此。在服務質量相同的情況下，顧客等候購買該項服務的時間越長，所花費的時間成本越高，購買的總成本就會越高。同時，等候時間越長，越容易引起顧客對企業的不滿意感，從而中途放棄購買的可能性亦會增大。因此，努力提高工作效率，在保證產品與服務質量的前提下，盡可能減少顧客的時間支出，降低顧客的購買成本，是為顧客創造更大的「顧客讓渡價值」、增強企業產品市場競爭能力的重要途徑。

3. 精力成本（Energy Cost）

精力成本是指顧客購買產品時，在精神、體力方面的耗費與支出。在顧客總價值與其他成本一定的情況下，精神與體力成本越低，顧客為購買產品所支出的總成本就越低，從而「顧客讓渡價值」越大，因為消費者購買產品的過程是一個從產生需求、尋找信息、判斷選擇、決定購買到實施購買以及體會購后感受的全過程。在購買過程的各個階段，消費者均需付出一定的精神與體力。如當消費者對某種產品產生了購買需求後，就需要收集該種產品的有關信息。消費者為收集信息而付出的精神與體力的多少會因購買情況的複雜程度不同而有所不同。

就複雜購買行為而言，消費者一般需要廣泛全面地收集產品信息，因此需要付出較多的精神與體力。對於這類產品，如果企業能夠通過多種渠道向潛在顧客提供全面詳盡的信息，就可以減少顧客為獲取產品情報所花費的精神與體力，從而降低顧客購買的總成本。又如，對於結構性能比較複雜、裝卸搬運不太方便的機械類、電氣類產品，如果企業能為顧客提供良好的售後服務，如送貨上門、安裝調試、定期維修、供應零配件等，就會減少顧客為此所耗費的精神和體力，從而降低精神與體力成本。因此，企業採取有效措施，對增加顧客購買的實際利益，降低購買的總成本，獲得更大的顧客讓渡價值具有重要意義。

三、購買行為分析的基本內容

在購買行為的一般細節上，營銷者需要搞清楚顧客購買行為表現出來的五個「W」和一個「H」。這是研究顧客購買行為的基本內容。

（1）「What」：瞭解客戶知道什麼、購買什麼。

（2）「Who」：瞭解客戶是哪些人，弄清購買行動中的「購買角色」問題。

（3）「Where」：瞭解客戶在哪裡購買，在哪裡使用。

（4）「When」：瞭解客戶消費和購買某類商品和服務的具體時間。

（5）「How」：瞭解客戶怎樣購買、喜歡什麼樣的促銷方式，是如何使用產

品的。

（6）「Why」：瞭解和探索客戶購買行為的動機或影響其行為的因素。

通常而言，從購買者主體出發劃分，購買行為包括兩部分：消費者購買行為和生產者購買行為。兩種購買行為，具有較大的區別，應有不同的營銷策略予以應對。下面我們分別討論不同購買主體的購買行為特徵。

第二節　消費者購買行為分析

一、什麼是消費者購買行為

消費者購買行為，指人們為了滿足個人、家庭的生活需要，購買特定的產品或服務時所表現出來的各種行為。

這一概念告訴我們，該購買行為的主體是消費者，不是生產者；目的是為了獲取生活效用，不是為了獲取生產效用；購買對象是具有生活效用的商品，而不是生產資料。

美國營銷大師菲利普·科特勒對消費者購買行為的定義，則強調指出該行為所必經的各個階段。科特勒認為，消費者購買行為是指人們為滿足需要和慾望而尋找、選擇、購買、使用、評價及處置產品、服務時介入的過程活動，包括消費者的主觀心理活動和客觀物質活動兩個方面。

消費者購買行為是複雜的，其購買行為的產生是受到其內在因素和外部環境的相互促進交互影響的。

二、消費者市場的特徵

消費者購買行為雖然複雜多變，但並不是毫無規律可言。通過經濟學、心理學、社會學與市場營銷學的共同研究，現在我們大致可以歸納出消費者購買市場的如下特徵：

（一）購買者多而分散

消費購買涉及作為自然人的每一個人和每個家庭，購買者多而分散。為此，消費者市場是一個人數眾多、幅員廣闊的市場。由於消費者所處的地理位置各不相同，閒暇時間不一致，構成了購買地點和購買時間的分散性。

（二）購買數量少，購買頻度高

消費者購買以個人和家庭為購買和使用單位，由於受到消費人數、需要量、購買力、儲藏地點、商品保質期等諸多因素的影響，消費者為了保證自身的消費需要，往往購買數量少、購買頻度高。

第三章　購買行為分析

（三）購買的差異性大

消費者購買受年齡、性別、職業、收入、文化程度、民族、宗教等影響，其需求有很大的差異性，對商品的要求也各不相同。而且隨著社會經濟的發展，消費者的消費習慣、消費觀念、消費心理不斷發生變化，從而導致消費者購買差異性大。

（四）大多屬於非專家購買

由於生產領域與消費領域的信息不對稱，絕大多數消費者購買缺乏對於商品質量、成本、效用、市場態勢等相應的專業知識，尤其是對某些技術性較強、操作比較複雜的商品，更顯得知識缺乏。在多數情況下消費者購買時往往受感性因素的影響較大。因此，消費者很容易受廣告宣傳、商品包裝、賣場裝潢價格及其他促銷方式的影響，產生購買衝動。

（五）購買的流動性大

消費者購買必然慎重選擇，加之在市場經濟比較發達的今天，人口在地區間的流動性較大，因而導致消費者購買的流動性很大，消費者購買經常在不同產品、不同地區及不同企業之間流動。

（六）購買具有一定週期性

有些商品消費者需要常年購買、均衡消費，如食品、副食品、牛奶、蔬菜等生活必需商品；有些商品消費者需要季節購買或節日購買，如一些時令服裝、節日消費品；有些商品消費者需要等商品的使用價值基本消費完畢才重新購買，如電話機與家用電器。這就表現出消費者購買具有一定的週期性。

（七）購買的時代特徵

消費者購買常常受到時代精神、社會風俗習俗的導向，從而使人們對消費購買產生一些新的需要。如近幾十年來，歷屆奧運會、足球世界杯之後，其吉祥物及關聯商品，都會成為之後一段時期的流行風尚，受到消費者的追捧；又如當前社會對健康、養生的重視，人們對健康產品的需求量增加，從而使人們對養生書籍、鍛煉器材的購買量明顯增加。這些顯示出消費購買的時代特徵。

（八）購買的發展性

隨著社會的發展和人民消費水平、生活質量的提高，消費需求也在不斷向前推進。消費者過去只要能買到商品就行了，現在則追求名牌；過去不敢問津高檔商品如汽車等，現在有人消費了；過去自己承擔家務，現在部分由家政專業人員承擔了等。這種新的需要不斷產生，而且是永無止境的，使消費者購買具有發展性特點。

認清消費者購買的特點意義十分重大，它有助於營銷者根據消費者購買特徵來制定營銷策略，規劃生產、經營活動，為市場提供消費者滿意的商品或服務，更好地開展市場營銷活動。

三、購買行為分析基礎模板

消費者購買決策隨著購買行為類型的不同而變化。較為複雜和較高資金投入的

購買決策,往往凝結著購買者的反覆權衡和眾多相關人員的參與決策。

(一)根據消費者的購買介入程度和對品牌差異的認知程度劃分的購買類型

關於消費者購買行為的分類標準比較多,最常見的是科特勒總結出來的四分法,根據消費者在購買時投入時間精力的多少(購買介入程度)和對品牌差異的認知程度,大致劃分出四種類型的消費者購買行為,如表3-1所示。

表3-1　　　　　　　　　　購買行為科特勒四分法

介入程度 品牌差異	高度介入	低度介入
品牌差異大	複雜型購買行為	多變型購買行為
品牌差異小	和諧型購買行為	習慣型購買行為

科特勒四分法於20世紀80年代初提出,為進行消費者購買行為分類提供了基本的標準和基礎,是后來時代購買行為研究的一個重要借鑑模板。

(1)複雜型購買行為。這是品牌差異大,消費者介入程度高的購買行為。當消費者初次選購價格昂貴、購買次數較少的、冒風險的和高度自我表現的商品時,則屬於高度介入購買。由於對這些產品的性能、價位缺乏瞭解,而又涉及金額較大,為慎重起見,消費者往往需要廣泛地收集有關信息,並經過認真地學習,產生對這一產品的信念,形成對品牌的態度,並慎重地做出購買決策。

對這種類型的購買行為,企業應設法幫助消費者瞭解與該產品有關的知識,並讓他們知道和確信本產品在比較重要的性能方面的特徵及優勢,使他們樹立對本產品的信任感。這期間,企業要特別注意針對購買決定者做介紹本產品特性的多種形式的廣告。

(2)和諧型購買行為。這是品牌差異小,消費者介入程度高的購買行為。消費者購買一些品牌差異不大,但價格高的商品時,雖然他們對購買行為持謹慎的態度,但他們的注意力更多地集中在品牌價格是否優惠、購買時間和地點是否便利,而不是花很多精力去收集不同品牌間的信息並進行比較,而且從產生購買動機到決定購買之間的時間較短。因而這種購買行為容易產生購后的不協調感:即消費者購買某一產品后,或因產品自身的某些方面不稱心,或得到了其他產品更好的信息,從而產生不該購買這一產品的后悔心理或心理不平衡。為了改變這樣的心理,追求心理的平衡,消費者廣泛地收集各種對已購產品的有利信息,以證明自己購買決定的正確性。為此,企業應通過調整價格和售貨網點的選擇,並向消費者提供有利的信息,幫助消費者消除不平衡心理,堅定其對所購產品的信心。

(3)多變型購買行為,又叫作尋求多樣化購買行為。這是品牌差異大,消費者介入程度低的購買行為。如果消費者購買的商品品牌間差異大,但價格低,可供選擇的品牌很多時,他們並不花太多的時間選擇品牌,專注於某一產品,而是經常變換品種。比如購買餅乾,他們上次買的是巧克力夾心,而這次想購買奶油夾心。這

第三章　購買行為分析

種品種的更換並非是對上次購買餅干的不滿意，而是想換換口味。

面對這種廣泛選擇的購買行為，當企業處於市場優勢地位時，應注意以充足的貨源占據貨架的有利位置，並通過提醒性的廣告促成消費者建立習慣性購買行為；而當企業處於非市場優勢地位時，則應以降低產品價格、免費試用、介紹新產品的獨特優勢等方式，鼓勵消費者進行多種品種的選擇和新產品的試用。

（4）習慣型購買行為。這是品牌差異小，消費者介入程度低的購買行為。消費者有時購買某一商品，並不是因為特別偏愛某一品牌，而是出於習慣。比如醋，這是一種價格低廉、品牌間差異不大的商品，消費者購買它時，大多不會關心品牌，而是靠多次購買和多次使用而形成的習慣去選定某一品牌。

針對這種購買行為，企業要特別注意給消費者留下深刻印象，企業的廣告要強調本產品的主要特點，要以鮮明的視覺標誌、巧妙的形象構思贏得消費者對本企業產品的注意和購買慣性。為此，企業的廣告要加強重複性、反覆性，以加深消費者對產品的熟悉程度。

（二）根據消費者的購買態度劃分的購買類型

（1）習慣型購買行為。這是指消費者由於對某種商品或某家商店的信賴、偏愛而產生的經常、反覆的購買行為。由於經常購買和使用，他們對這些商品十分熟悉，體驗較深，再次購買時往往不再花費時間進行比較選擇，注意力穩定、集中。

（2）理智型購買行為。這是指消費者在每次購買前對所購的商品，要進行較為仔細的研究比較。消費者購買感情色彩較少，頭腦冷靜，行為慎重，主觀性較強，不輕易相信廣告、宣傳、承諾、促銷方式以及售貨員的介紹，主要看重商品質量、款式。理智型購買行為常見於中青年男性。

（3）經濟型購買行為。這是指消費者購買時特別重視價格，對於價格的反應特別靈敏。消費者無論是選擇高檔商品，還是中低檔商品，首選的是價格，他們對「大甩賣」「清倉」「血本銷售」等低價促銷最感興趣。雖然一般來說，這類消費者集中於中低收入階層，但收入偏高的日本消費者，也是價格敏感者，以經濟型購買為主。經濟型購買態度受多種因素影響，可能存在於不同收入人群中。

（4）衝動型購買行為。這是指消費者容易受商品的外觀、包裝、商標或其他促銷努力的刺激而產生的購買行為。消費者購買一般都是以直觀感覺為主，從個人的興趣或情緒出發，喜歡新奇、新穎、時尚的產品，購買時不願做反覆的選擇比較。衝動型購買，常見於青少年、中青年婦女、藝術家等人群。

（5）疑慮型購買行為。這是指消費者具有內傾性的心理特徵，購買時小心謹慎和疑慮重重。消費者購買一般緩慢、費時多，常常是「三思而后行」，常常會猶豫不決而中斷購買，購買后還會疑心是否上當受騙。

四、影響消費者購買行為的因素

（一）影響消費者購買行為的內在因素

影響消費者購買行為的內在因素很多，主要有消費者的個體因素與心理因素。購買者的年齡、性別、經濟收入、教育程度等因素會在很大程度上影響著消費者的購買行為。這部分內容已在其他章節中的「人口環境分析」和「經濟環境分析」進行分析。在此主要分析影響消費者購買的心理因素。

消費者心理是消費者在滿足需要活動中的思想意識，它支配著消費者的購買行為。影響消費者購買的心理因素有動機、感受、態度、學習。

1. 動機

需要引起動機。需要是人們對於某種事物的要求或慾望。就消費者而言，需要表現為獲取各種物質需要和精神需要。馬斯洛提出了「需要層次理論」，指出人的需要包括生理需要、安全需要、社會需要、尊重需要和自我實現的需要。需要產生動機，消費者購買動機是消費者內在需要與外界刺激相結合使主體產生一種動力而形成的。

動機是為了使個人需要得到滿足的一種驅動和衝動。消費者購買動機是指消費者為了滿足某種需要，產生購買商品的慾望和意念。購買動機可分為以下兩類：

（1）生理性購買動機。生理性購買動機是指由人們因生理需要而產生的購買動機，如飢思食、渴思飲、寒思衣，又稱本能動機。包括：①維持生命動機；②保護生命動機；③延續和發展生命的動機。

生理動機具有經常性、習慣性和穩定性的特點。

（2）心理性購買動機。心理性購買動機是指人們由於心理需要而產生的購買動機。根據對人們心理活動的認識，以及對情感、意志等心理活動過程的研究，可將心理動機歸納為以下三類：①感情動機。這是指由於個人的情緒和情感心理方面的因素而引起的購買動機。根據感情側重點的不同，可以將其分為三種消費心理傾向：求新、求美、求榮。②理智動機。這是指消費者建立在對商品的客觀認識的基礎上，經過充分的分析比較後產生的購買動機。理智動機具有客觀性、周密性的特點。消費者在購買中表現為求實、求廉、求安全的心理。③惠顧動機。這是指消費者對特定的商品或特定的商店產生特殊的信任和偏好而形成的習慣重複光顧的購買動機。這種動機具有經常性和習慣性特點，消費者表現為嗜好心理。

人們的購買動機不同，購買行為必然是多樣的、多變的。這就要求營銷者深入細緻地分析消費者的各種需求和動機，針對不同的需求層次和購買動機設計不同的產品和服務，制定有效的營銷策略，獲得營銷成功。

2. 感受

消費者購買如何行動，還要看他對外界刺激物或情境的反應，這就是感受對消

第三章　購買行為分析

費者購買行為的影響。感受指的是人們的感覺和知覺。

所謂感覺，就是人們通過感官對外界的刺激物或情境的反應或印象。隨著感覺的深入，人們對各種感覺到的信息在頭腦中聯繫起來進行初步的分析綜合，形成對刺激物或情境的整體反應，就是知覺。知覺對消費者的購買決策、購買行為影響較大。在刺激物或情境相同的情況下，消費者有不同的知覺，他們的購買決策、購買行為就截然不同。因為消費者知覺是一個有選擇性的心理過程：①有選擇的注意。②有選擇的曲解。③有選擇的記憶。

分析感受對消費者購買影響的目的是要求企業營銷掌握這一規律，充分利用企業營銷策略，引起消費者的注意，加深消費者的記憶，正確理解廣告，影響其購買。

3. 態度

態度通常指個人對事物所持有的喜歡與否的評價、情感上的感受和行動傾向。作為消費者態度對消費者的購買行為有著很大的影響。企業營銷人員應該注重對消費者態度的研究。

消費者態度來源於：①與商品的直接接觸；②受他人直接、間接的影響；③家庭教育與本人經歷。消費者態度包含信念、情感和意向，它們對購買行為都有各自的影響。

（1）信念，指人們認為確定和真實的事物。在實際生活中，消費者不是根據知識，而常常是根據見解和信任作為他們購買的依據。

（2）情感，指商品和服務在消費者情緒上的反應，如對商品或廣告喜歡還是厭惡。情感往往受消費者本人的心理特徵與社會規範影響。

（3）意向，指消費者採取某種方式行動的傾向，如是傾向於採取購買行動，還是傾向於拒絕購買。消費者態度最終落實在購買的意向上。

研究消費者態度的目的在於企業充分利用營銷策略，讓消費者瞭解企業的商品，幫助消費者建立對本企業的正確信念，培養消費者對企業商品和服務的情感，讓本企業產品和服務盡可能適應消費者的意向，使消費者的態度向著企業的方面轉變。

4. 學習

學習是指由於經驗引起的個人行為的改變，即消費者在購買和使用商品的實踐中，逐步獲得和累積經驗，並根據經驗調整自己購買行為的過程。學習是通過驅動力、刺激物、提示物、反應和強化的相互影響、相互作用而進行的。

「驅動力」是誘發人們行動的內在刺激力量。例如，某消費者重視身分地位，尊重需要就是一種驅動力。這種驅動力被引向某種刺激物——高級名牌西服時，驅動力就變為動機。在動機支配下，消費者需要做出購買名牌西服的反應。但購買行為的發生往往取決於周圍的「提示物」的刺激，如看了有關電視廣告、商品陳列，他就會完成購買。如果穿著很滿意的話，他對這一商品的反應就會加強，以後如果再遇到相同誘因時，就會產生相同的反應，即採取購買行為。如反應被反覆強化，久之，就成為購買習慣了。這就是消費者的學習過程。

市場營銷學

企業營銷要注重消費者購買行為中「學習」這一因素的作用，通過各種途徑給消費者提供信息，如重複廣告，目的是達到加強誘因，激發驅動力，將人們的驅動力激發到馬上行動的地步。同時，企業商品和提供的服務要始終保持優質，消費者才有可能通過學習建立起對企業品牌的偏愛，形成其購買本企業商品的習慣。

（二）影響消費者購買的外在因素

1. 相關群體

相關群體是指那些影響人們的看法、意見、興趣和觀念的個人或集體。研究消費者行為可以把相關群體分為兩類：參與群體與非所屬群體。

參與群體是指消費者置身於其中的群體，有兩種類型：

（1）主要群體是指個人經常性受其影響的非正式群體，如家庭、親密朋友、同事、鄰居等。

（2）次要群體是指個人並不經常受到其影響的正式群體，如工會、職業協會等。

非所屬群體是指消費者置身事外，但對購買有影響作用的群體。有兩種情況，一種是期望群體，另一種是遊離群體。期望群體是個人希望成為其中一員或與其交往的群體，遊離群體是遭到個人拒絕或抵制，極力劃清界限的群體。

企業營銷應該重視相關群體對消費者購買行為的影響作用；利用相關群體的影響開展營銷活動；還要注意不同的商品受相關群體影響的程度不同。商品能見度越高，受相關群體影響越大。商品越特殊、購買頻率越低，受相關群體影響越大。消費者對商品越缺乏認知，受相關群體影響越大。

2. 社會階層

社會階層，指作為社會人的民眾按照一些公認或默認的參照準則而自然形成的相對穩定的不同層次。不同社會階層的人，他們的經濟狀況、價值觀念、興趣愛好、生活方式、消費特點、休閒方式、能接受的大眾傳播媒體等各不相同。這些都會直接影響他們對商品、品牌、商店的選擇以及購買習慣和購買方式。

營銷者要關注本國的社會階層結構情況，針對不同的社會階層愛好要求，通過適當的信息傳播方式，正確有效地傳遞產品信息，在適當的地點，運用適當的銷售方式，提供適當的產品和服務。

3. 家庭狀況

一家一戶組成了購買單位，中國現有 24,400 萬左右的家庭，在企業營銷中應關注家庭對購買行為的重要影響。研究家庭中不同購買角色的作用，可以利用有效營銷策略，使企業的促銷措施引起家庭購買決策者的注意，誘發主要營銷者的興趣，使決策者瞭解商品，解除顧慮，建立購買信心，使購買者購置方便。通過研究家庭生命週期對消費購買的影響，企業營銷可以根據不同的家庭生命週期階段的實踐需要，開發產品和提供服務。

第三章　購買行為分析

4. 社會文化狀況

每個消費者都是社會的一員，其購買行為必然受到社會文化因素的影響，文化因素有時對消費者購買行為起著決定性的作用，企業營銷必須予以充分的關注。

五、消費者購買決策過程

消費者購買是較複雜的決策過程，不能一概而論。但大體說來，消費購買決策過程一般可能經歷以下五個階段，營銷者可針對不同階段制定相應的營銷策略。

1. 確認需要

當消費者意識到對某種商品有需要時，購買過程就開始了。消費者需要可以由內在因素引起，也可以由外在因素引起。此階段企業必須通過市場調研，認定促使消費者認識到需要的具體因素，營銷活動應致力於做好兩項工作：①發掘消費驅動力；②規劃刺激、強化需要。

2. 尋求信息

在大多數情況下，消費者還要考慮買什麼牌號的商品，花多少錢到哪裡去買等問題，需要尋求信息，瞭解商品信息。消費者尋求的信息一般有產品質量、功能、價格、牌號、已經購買者的評價等。消費者的信息來源通常有以下四個方面：①商業來源；②個人來源；③大眾來源；④經驗來源。企業營銷的任務是設計適當的市場營銷組合，尤其是產品品牌廣告策略，宣傳產品的質量、功能、價格等，以便使消費者最終選擇本企業的品牌。

3. 比較評價

消費者進行比較評價的目的是能夠識別哪一種牌號、類型的商品最適合自己的需要。消費者對商品的比較評價，是根據收集的資料，對商品屬性做出的價值判斷。消費者對商品屬性的評價因人因時因地而異，有的評價注重價格，有的注重質量，有的注重牌號或式樣等。企業營銷首先要注意瞭解並努力提高本企業產品的知名度，使其列入消費者比較評價的範圍之內，才可能使其產品被選為購買目標。同時，企業還要調查研究人們比較評價某類商品時所考慮的主要方面，並突出進行這些方面的宣傳，從而對消費者購買選擇產生最大影響。

4. 決定購買

消費者通過對可供選擇的商品進行評價，並做出選擇後，就形成購買意圖。在正常情況下，消費者通常會購買他們最喜歡的品牌。但有時他們也會受以下兩個因素的影響而改變購買決定。

（1）他人態度。

（2）意外事件。消費者修改、推遲或取消某個購買決定，往往是受已察覺風險的影響。「察覺風險」的大小，由購買金額大小、產品性能優劣程度以及購買者自信心強弱決定。企業營銷應盡可能設法減少這種風險，以推動消費者購買。

43

5. 購后評價

消費者購買商品后，購買的決策過程還在繼續，他要評價已購買的商品。企業營銷須給予充分的重視，因為它關係到產品今后的市場和企業的信譽。判斷消費者購后行為有兩種理論：

（1）預期滿意理論。預期滿意理論認為，消費者購買產品以後的滿意程度取決於購買前期望得到實現的程度。消費者如果感受到的產品效用達到或超過購前期望，就會感到滿意，超出越多，滿意感越大；如果感受到的產品效用未達到購前期望，就會感到不滿意，差距越大，不滿意感越大。

企業在營銷過程中，對商品的宣傳應力求實事求是，不要誇大其詞，以免造成消費者在購買前的希望過高，使用后卻因存在落差而對商品產生強烈不滿。

（2）認識差距理論。消費者在購買和使用產品之後對商品的主觀評價和商品的客觀實際之間總會存在一定的差距，可分為正差距和負差距。正差距指消費者對產品的評價高於產品實際和生產者原先的預期，產生超常的滿意感。負差距指消費者對產品的評價低於產品實際和生產者原先的預期，產生不滿意感。

消費者購買商品后，都會可能產生不同程度的不滿意感。這是因為任何商品都有其優點和缺點，而消費者在購買時往往看重商品的優點，而購買后，又較多注意商品的缺點，當別的同類商品更有吸引力，消費者對所購商品的不滿意感就會越大。

營銷者在營銷過程中，應密切注意消費者的購后感受，並採取適當措施，消除不滿，提高滿意度，如經常徵求顧客意見，加強售後服務和保證，改進市場營銷工作，力求使消費者的不滿降到最低。

第三節 生產者購買行為分析

一、生產者購買行為

生產者購買行為是指一切購買產品或服務，並將之用於生產其他產品或服務，以供銷售、出租或供應給他人消費的一種決策過程。

生產者購買行為分析是提供生產資料產品的企業營銷的研究重點，只有瞭解了生產者購買行為的特點，掌握生產者購買行為的規律性，才能制定相適應的市場營銷組合策略，在滿足生產者需求的同時，實現企業自身的營銷目標。

二、生產者購買市場的特徵

生產者購買的目的是為了進行再生產並取得利潤。因此，生產者購買與消費者購買有很大的差別。生產者購買市場具有以下特徵：

第三章　購買行為分析

（一）購買者數量少，購買規模大

在生產者市場上，購買者是企業單位，購買者的數量必然比消費者市場少得多，但每個購買者的購買量都較大。在現代經濟條件下，許多行業的生產集中在少數大公司，所需原料、設備的採購也就相對集中。買者有限，但購買數量相當大。

（二）購買者區域相對集中

購買者區域上相對集中是由產業佈局的區域結構決定的。由於歷史和地域資源的原因，產業佈局結構各不相同。例如中國，東北是能源供應、重工業所在地，華東是紡織、電子、機械加工業發達地區。產業佈局形成了生產者購買較為集中的目標市場。

（三）需求受消費品市場的影響

企業對生產資料的需求，常常取決於消費品市場對其需求。對生產資料或服務的需求，被稱為「衍生需求」，是指生產者購買需求歸根究柢是從消費者對消費品的需求中衍生出來的。

（四）需求缺乏彈性

在生產者市場上，購買者對產品的需求受價格變化的影響不大。在工藝、設備、產品結構相對穩定的情況下，市場資料的需求在短期內尤其缺乏彈性。例如，在消費者對皮鞋的需求既定的情況下，在一定時期內，皮鞋製造商既不會因皮革價格上漲而減少對皮革的需求量，也不會因為皮革價格下降而增加對皮革的需求量。

（五）需求波動幅度大

生產者對於生產資料的需求比消費者對消費品的需求更容易發生較大的波動。消費者需求的少量增加能導致生產者購買的大量增加。這種現象被稱為「加速原理」。生產者購買變化很大，企業營銷往往實行多元化經營，以減少風險，增強應變能力。

（六）購買人員較為專業

生產者購買必須符合企業再生產的需要，對產品的質量、規格、型號、性能等方面都有系統的計劃和嚴格的要求，通常需由專業知識豐富、訓練有素的專業採購人員負責採購，要求企業營銷向採購員提供技術資料和特殊的服務。

（七）購買多為直接購買

購買者大多數希望直接與供應者打交道。一方面，供應商能夠保證按照購買者自己的要求提供產品，另一方面，購買者又能與供應商密切聯繫，保證在交貨期和技術規格上符合自己的需求。

（八）特殊購買方式——租賃

許多生產者是以租賃的方式取得設備的。這種方式一般適用於價值較高的機器設備、交通工具等，租賃已成為近年來生產者獲得生產資料，特別是生產設備的一種重要形式。租賃的形式主要有服務性租賃、金融租賃、綜合租賃、槓桿租賃、供貨者租賃、賣主租賃等形式。

三、生產者購買的類型

（一）直接重購

直接重購是指企業採購部門為了滿足生產活動的需要，按慣例進行訂貨的購買行為。

企業採購部門根據過去和供應商打交道的經驗，從供應商名單中選擇供貨企業，並連續訂購採購過的同類產品。這是最簡單的採購，生產者購買行為是慣例化的。

這種購買類型所購買的多是低值易耗品，花費的人力較少，無須聯合採購。面對這種採購類型，原有的供應者不必重複推銷，而應努力使產品的質量和服務保持一定的水平，減少購買者的決策時間，努力維護與客戶的良好關係，以保持現有客戶不流失。

（二）修正重購

修正重購是指企業的採購人員為了更好地完成採購任務，適當改變採購產品的規格、價格和供應商的購買行為。

這類購買情況較複雜，參與購買決策過程的人數較多。原有的供應者要清醒認識面臨的挑戰，積極改進產品規格和服務質量，大力提高生產率，降低成本，以保持現有的客戶；新的供應者要抓住機遇，積極開拓，爭取更多的業務。

（三）全新採購

全新採購是指企業為了增加新的生產項目或更新設備而第一次採購某一產品或服務的購買行為。

新購買產品的成本越高、風險越大，決策參與者的數目就越多，需收集的信息也就越多，完成決策所需時間也就越長。

「新購」是供應商營銷人員的機會，他們要採取措施，影響決策的中心人物；要通過實事求是的廣告宣傳，使購買者瞭解本產品。為了達到這一目標，供應商企業應將最優秀的推銷人員組成一支高效的營銷隊伍，以贏得採購者信任從而採取行動。

（四）系統購買

系統購買即生產者從一個銷售商那裡購買一攬子解決方案。它始於政府對重要軍火和通信系統的購買。政府不是購買設備後自己組裝，而是通過招標的方式，讓供應商提供設備，並由供應商組裝成系統。

系統銷售是供應商贏取和留住客戶的關鍵的產業營銷策略。供應商已逐步認識到購買者喜歡這種方式，並漸漸將系統銷售作為一個營銷利器，逐步採納。系統銷售的過程分為兩步：第一步，供應商賣出一組相互關聯的產品，如供應商不僅銷售膠水，也銷售塗抹器和干燥劑；第二步，供應商提供生產、庫存控製、分銷和其他服務等全套系統，來滿足購買者優化運行的要求。

第三章　購買行為分析

四、生產者購買決策過程

（一）生產者購買的參與者

生產者購買要比消費者購買複雜得多。通常，生產者購買涉及以下成員：

（1）使用者，指實際使用欲購買的某種產品的人員。使用者往往首先提出購買某種所需產品的建議，並提出購買產品的品種、規格和數量。

（2）影響者，指企業內部和外部直接或間接影響購買決策的人員。他們通常協助決策者決定購買產品的品牌、品種、規格。企業技術人員是最主要的影響者。

（3）採購者，指在企業中組織採購工作的專業人員。在較為複雜的採購工作中，採購者還包括那些參與談判的公司人員。

（4）決定者，指企業中擁有購買決定權的人。在標準品的例行採購中採購者常常是決定者；而在較複雜的採購中，企業領導人常常是決定者。

（5）信息控制者，指在企業外部和內部能控制市場信息流到決定者和使用者那裡的人員，如企業的採購代理商、技術人員和秘書等。

企業營銷必須瞭解生產者購買的具體參與者，尤其誰是主要的決策者，以便採取適當措施，影響有影響力的重要人物。

（二）影響生產者購買決策的主要因素

1. 環境因素

企業外部環境因素，包括政治、法律、文化、技術、經濟、競爭態勢和自然環境等。其中，國家的經濟形勢對購買者的影響最為深刻直接。當經濟發展前景不佳，社會有效總需求趨於萎縮，投資風險增大時，購買者會減少投資，減少原材料的採購和庫存。在這種環境中，生產者市場營銷人員在刺激總需求上作為不大，他們僅能在保持自己的市場佔有率上做些努力。

2. 組織因素

企業本身的因素，如企業的目標、政策、業務程序、組織結構、制度等，都會影響生產者購買決策。例如，有的企業以發展為目標，有的則只求保持現狀。有的企業重視質量，有的側重廉價。大企業往往從長遠利益考慮，小企業則重視中短期利益。這些因素都影響著採購者的購買行為。供應商和生產資料營銷人員應瞭解和把握這些組織因素、變化趨勢及對企業購買可能產生的影響方向與程度，並採取適當措施，加速生產者的購買決策過程。例如，有多少人參與制定購買決策、他們的評估標準如何、企業對其採購人員的政策和限制有哪些。總而言之，組織因素在生產者購買決策中具有十分重要的作用。

3. 人際因素

人際因素指採購者與上級主管之間、與相關部門之間以及與其他有關人員的實際相互關係對購買行為的影響。人際因素泛指企業內部的人事關係。一般說來，生

產者購買活動具體由企業的採購中心執行，採購中心通常又包括使用者、影響者、採購者、決定者和信息控製者。這五種成員共同參與購買決策過程，因其在組織中的地位、職權、說服力以及他們之間的關係不同而對購買決策產生不同有時甚至是微妙的影響。設法洞悉這些敏感的人際因素，有利於供應商營銷人員瞭解生產者購買過程中的群體動態及其作用，並製定恰當的營銷策略。

4. 個人因素

個人因素指採購人員的個人感情、偏好對購買行為的影響。個人因素指企業內參與生產資料購買決策的個人的年齡、工作職位、受教育程度、個性、價值觀念和風險態度等。一般說來，對工業用品的採購是一種理性化採購，採購人員的個人感情和偏好對購買行為影響較小。企業生產資料的購買實質上是採購中心成員在企業內外各種因素約束下的具體購買行為，因此，這些個人因素必然對生產者的購買決策產生潛移默化的影響，即影響各參與者對要採購的生產資料和供應商的感覺、看法，進而影響其購買決策和購買行為。

（三）生產者購買決策的主要階段

由於生產者購買類型不同，購買決策過程也有所不同。直接重購的決策階段最少。修正採購的決策階段多些。全新採購的決策階段最長，要經過以下八個階段：

（1）認識需求。需求是由兩種刺激引起的：①內部需求；②外部刺激。在新任務購買和修正續購的情況下，購買過程首先是從生產資料使用者或其他倡議者認識到需採購某種產品，以滿足企業的生產經營需要而開始的。

（2）確定需求。企業對標準品按要求採購；對複雜品，採購人員要和使用者、工程師共同研究確定所需產品的主要功效、材質、型號、規格、品牌等。

（3）說明需求。企業採購中心組織專家小組對所需品種進行價值分析，做出詳細的技術說明。目的是以最少的資源耗費，獲得最大功能，以取得最大的經濟效益。價值分析公式：

$$V = F/C$$

其中，V——價值；F——功能（指產品的用途、效用、作用）；C——成本。

企業通過價值分析在各產品生產性能、質量、價格之間進行綜合評價，有利於選擇最佳採購方案。

（4）物色供應商。全新採購需要花較多時間物色供應商。採購人員通常利用工商名錄或其他資料查詢供應商，也可向其他機構（國家相關工商管理部門、銀行、協會、其他企業等）瞭解供應商的信譽。

（5）徵求建議。採購人員可邀請供應商提出建議或提出報價單。如果採購複雜的、價值高的產品，採購人員可要求每個潛在的供應商都提交詳細的書面建議或報價單。

（6）選擇供應商。企業對供應商提出評價和選擇建議，選擇最具吸引力的供應商。企業通常從主要供應商處採購所需產品的60%，另外40%則分散給其他供應

第三章　購買行為分析

商。採購人員在採購選擇中，注意不要片面選擇報價最低的供應商，一定要結合其他要素綜合評價。

（7）正式訂貨。採購人員與供應商通過商務談判達成協議，給選定的供應商發出正式採購訂單，寫明所需產品的規格、數量、交貨時間、結算方式、退款政策、擔保條款、保修條件等。在商務活動中，對信譽可靠的保修產品，企業往往願訂立「一攬子合同」（又叫無庫存採購計劃），和該供應商建立長期供貨關係。

（8）檢查合同履行情況。企業應向使用者徵求意見，瞭解他們對購進產品是否滿意，檢查和評價各個供應商履行合同的情況，然後根據檢查和評價，決定以後是否繼續向某個供應商採購。

本章小結

　　購買行為是客戶主動採取的，以貨幣形式完成的獲取特定商品或服務的所有權的行為。通常從購買者主體出發劃分，購買行為包括兩部分：消費者購買行為和生產者購買行為。這兩種購買行為，具有較大的區別，應有不同的營銷策略予以應對。

　　消費者購買行為，指人們為了滿足個人、家庭的生活需要，購買特定的產品或服務時所表現出來的各種行為。消費者讓渡理論，較好地解釋了消費者購買行為的目的。消費者購買行為主觀性很強，應充分瞭解消費者購買行為的特點、類型、影響因素、決策過程與變化動態。消費者購買行為，是大多數企業開展市場營銷所重點研究的對象。

　　生產者購買行為是指一切購買產品或服務，並將之用於生產其他產品或服務，以供銷售、出租或供應給他人消費的一種決策過程。生產者購買行為相對理性，購買頻度小，購買數量大，屬於一定程度的專業性購買。生產者購買行為類型大致有直接重購、修正重購、全新採購、系統購買四種；生產者購買過程通常有八個階段，由於生產者購買強調盡量理性購買，八個階段不要省略任何一個階段。

思考與練習

1. 影響消費者購買行為的因素有哪些？
2. 你認為消費者購買決策過程，哪一個環節最重要？
3. 生產者購買行為的主要特點有哪些？
4. 你如何看待消費者讓渡理論？

第四章　市場營銷環境

学习要点

通過學習本章內容，瞭解市場營銷環境的含義及特點；掌握微觀市場營銷環境的構成因素及其對企業營銷活動的影響；瞭解宏觀市場營銷環境的構成因素及其對企業營銷活動的影響；理解市場營銷環境分析的方法及相應的對策。

开篇案例

博世—西門子（Bosch-Siemens）家電公司針對不同營銷環境推出不同功率洗衣機

德國的博世—西門子家電公司，中國也譯為博西家電公司，是享譽全球的百年家用電器製造商。

該公司在面向歐洲市場推出洗衣機產品時，進行了詳細的調查研究，發現對於洗衣機而言，歐洲各國的購買力都差別不大，問卷得出的需求差異也比較小。但調查人員注意到，在市場營銷宏觀環境上，德國和斯堪的納維亞國家陽光天氣較少，以陰冷天氣為主，而西班牙、義大利等南歐國家陽光充沛，晴天很多，以溫暖明媚的地中海氣候為主。

於是博西公司針對北歐子市場（以德國與斯堪的納維亞國家為主）的陰冷自然環境，推出每分鐘轉速（Revolutions Per Minute，RPM）高達1,600轉的大功率洗衣機，因為北歐居民很難利用到陽光來晾曬衣服，需要高轉速所能提供的甩干功能；而針對南歐市場陽光充沛的自然環境，博西公司推出的洗衣機每分鐘轉速僅有500轉，因為南歐的陽光足夠較短時間內曬干衣服，居民也喜歡衣服被陽光曬干的感覺。

第四章　市場營銷環境

毫無疑問，每分鐘500轉的小功率洗衣機成本也低，可以在價格策略上擁有更多自由裁量空間，適當較低定價，便於和日本、中國銷往南歐的洗衣機競爭。而1,600轉的大功率洗衣機，迎合了北歐居民在陰冷天氣快速甩干衣服的需求，固然價格較高，但遠遠沒有超過北歐居民的支付能力，並且其他國際競爭者的洗衣機很難達到如此的高轉速，由此也能獲得競爭優勢。

博西公司詳細分析市場營銷環境，有助於制定相應的營銷策略，推出適應特定環境的產品和營銷組合，這讓博西公司的家用電器在國際上一直擁有強大的競爭力，也讓該公司多年來在家用電器行業居於世界排名第三、歐洲排名第一的位置。

（資料來源：菲利普·凱塔奧拉，等. 國際市場營銷 [M]. 16th edition. 崔新建，譯. 北京：中國人民大學出版社，2013.）

第一節　市場營銷環境

一、什麼是市場營銷環境

市場營銷環境（Marketing Environment）指一切影響和制約企業市場營銷決策和實施的內部條件和外部環境的總和。市場營銷環境包圍營銷企業並影響企業，通常分為宏觀環境（Macro-environment）、微觀環境（Micro-environment）。宏觀市場營銷環境是指企業無法直接控制的因素，是通過影響微觀環境來影響企業營銷能力和效率的一系列巨大的社會力量，它包括人口、經濟、自然環境、政治法律、科學技術、社會文化等因素。由於這些環境因素對企業的營銷活動起著間接的影響，所以又稱間接營銷環境。微觀市場營銷環境和宏觀市場營銷環境之間不是並列關係，而是主從關係。微觀市場營銷環境受制於宏觀市場營銷環境，微觀市場營銷環境中的所有因素均受到宏觀市場營銷環境中的各種力量和因素的影響。

微觀市場營銷環境是指與企業緊密相連、直接影響企業營銷能力和效率的各種力量和因素的總和，主要包括企業內部環境、供應商、營銷仲介、消費者、競爭者及社會公眾。由於這些環境因素對企業的營銷活動有著直接的影響，所以又稱直接營銷環境。

市場營銷環境通過對企業構成威脅或提供機會來影響營銷活動。環境威脅是指環境中不利於企業營銷的因素及其發展趨勢，對企業形成挑戰，對企業的市場地位構成威脅。市場機會指由環境變化形成的對企業營銷活動富有吸引力和利益空間的領域。

營銷者的職責在於正確識別市場環境所帶來的可能機會和威脅，適當安排營銷組合，使之與客觀存在的外部環境相適應。

二、市場營銷環境的特點

（一）客觀性

企業總是在特定的社會、市場環境中生存、發展的。這種環境並不以營銷者的意志為轉移，具有強制性與不可控製性的特點。也就是說，企業營銷管理者雖然能認識、利用營銷環境，但無法擺脫環境的制約，也無法控制或難以控製營銷環境，特別是間接的社會力量，更難以把握。

（二）差異性

不同的國家或地域，人口、經濟、政治、文化存在很大差異性，企業營銷活動要面對這種環境的差異性，制定不同的營銷策略。而同樣一種環境因素，對不同企業的影響也是不同的，如海灣危機，造成國際石油市場的極大波動，對石化行業的企業影響十分大，而對那些與石油關係不大的企業影響則較小。

（三）相關性

構成營銷環境的各種因素和力量是相互聯繫、相互依賴的。如經濟因素不能脫離政治因素而單獨存在；同樣，政治因素也要通過經濟因素來體現。這種相關性表現在兩個方面：

1. 某一關鍵環境因素的變化會引起其他環境因素的互動變化

如2012年下半年以來，黨中央提出「厲行節約」的政策，限制「三公消費」，對軍隊下達禁酒令，對地方各級政府下限酒令，嚴格控製接待費，反對鋪張浪費，這些政策是為了廉政建設，為了社會風氣的根本好轉，獲得了廣大人民群眾的好評和支持。該政策環境因素的變化，帶來消費行為的變化，帶來公務接待的大幅減少與節制，導致對中高端白酒的訂貨減少，使得中高端白酒銷售驟然遭遇市場寒冬，從賣方市場轉為買方市場，從「量價齊升」，轉為「量價齊跌」。由此，白酒行業不得不面臨一個必須做出營銷戰略調整的考驗。

2. 企業營銷活動受多種環境因素的共同制約

企業的營銷活動不僅僅受單一環境因素的影響，而是受多個環境因素共同制約的。如企業的產品開發，就要受制於國家環保政策、技術標準、消費者需求特點、競爭者產品、替代品等多種因素的制約，如果不考慮這些外在的力量，生產出來的產品將很難被市場接納。

（四）動態性

外界環境隨著時間的推移經常處於變動之中。例如，外界環境利益主體的行為變化和人均收入的提高均會引起購買行為的變化，影響企業營銷活動的內容；外部環境各種因素結合方式的不同也會影響和制約企業營銷活動的內容和形式。

（五）雙面性

雙面性即市場營銷環境中，各種因素的動態變化，使得市場機會與環境威脅並

第四章　市場營銷環境

存。如上例中，黨和政府提出「厲行節約」的政策之後，帶來一系列環境因素的變化，對客觀上依賴公務接待的中高端白酒行業，無疑是一次環境威脅；而對於中式快餐、節能產品等行業，卻是正面的利好市場機會。即使對於名優白酒企業，適時調整營銷組合，用好原有品牌優勢，把資金、人員、產能等資源著重投向中檔飲品、大眾型飲品的話，也未嘗不是一次很好的市場機會。

（六）多樣性

多樣性即構成市場營銷環境的因素多、層次多，對市場營銷活動的影響方式多。

第二節　宏觀市場營銷環境

宏觀市場營銷環境是指企業不可控製的、並能給企業的營銷活動帶來市場機會和環境威脅的主要社會力量，包括人口環境、經濟環境、自然環境、技術環境、政治法律環境以及社會文化環境。企業及其微觀市場營銷環境的參與者，無不處於宏觀市場營銷環境中。

一、人口環境

人口是構成市場的第一位因素。人口的多少直接決定著市場的潛在容量，人口越多，市場規模就越大。而人口的年齡結構、地理分佈、婚姻狀況、出生率、死亡率、人口密度、人口流動性及其文化教育等人口特性會對市場格局產生深刻影響，並直接影響著企業的市場營銷活動。對人口環境的分析可包括以下幾方面的內容：

（一）人口總量

以 2010 年 11 月 1 日零時為標準時點的第六次全國人口普查的數據顯示：普查登記的全國（含港澳臺）總人口數量為 1,370,536,875 人，占世界人口總量的 19%。與 2000 年進行的第五次全國人口普查相比，十年間中國增加了 7,390 萬人，增長了 5.84%，年平均增長 0.57%，比 1990—2000 年的年平均增長率 1.07% 下降了 0.5 個百分點。數據表明，十年來中國人口增長處於低生育水平階段。

與其他主要經濟體相比較，北美洲總人口約 4.45 億人，歐盟 5.01 億人，日本 1.26 億人，中國人口大於上述主要經濟體人口數量的總和。隨著改革開放的不斷推進，中國人民收入持續提高，中國已被公認為將在 5~10 年成長為世界最大的市場。

（二）人口結構

1. 年齡結構

截至 2010 年，中國 0~14 歲的人口占總人口的 16.6%，15~64 歲的人口占總人口的 74.5%，65 歲以上老年人口比重為 8.9%。這一年齡分佈，體現為中間大、兩頭小的紡錘形結構，反應在市場上，教育產品、結婚用品、住房、家電、汽車等都

會有穩定的旺盛需求。但出生率的下降、當前0～14歲人口的相對偏少，會使社會總需求在較為長久的將來在既有水平上呈現一定程度的衰減。

2. 性別結構

根據2010年人口普查數據，以女性為基數100計，中國0～14歲男女性別比為112：100；15～64歲男女性別比為106：100；65歲以上男女性別比為91：100。中國不同年齡的性別比，反應出青少年、中青年階段男性多於女性，老年階段則男性少於女性的特點。人口性別不同，會在市場需求上表現出差異，出現男性用品市場和女性用品市場。通常而言，男性傾向於購買高額、大件物品，女性傾向於頻繁購買中小金額的生活用品、服裝等。

3. 家庭結構

在集體主義觀念占優勢的中國，家庭一般是購買、消費的基本單位。除了低值習慣性購買之外，多數購買行為是以家庭、而不是以個人為決策單位的。家庭的數量會直接影響到特定商品的需求數量。進入21世紀，一個家庭只擁有一對夫婦及其孩子的小家庭成為家庭結構的主流。經濟越發達的地區，家庭規模越小，中國曾經的「四世同堂」大家庭已非常罕見，「三世同堂」家庭數量也在明顯減少，一對中青年夫婦帶一個孩子的小家庭越來越普遍。家庭數量增多，每個家庭的成員數量減少，是中國家庭結構變化的大趨勢。獨立家庭數量的增加，必然會帶來對住房、家電家具、廚具潔具等產品的需求增長。

4. 教育結構

2010年的人口普查數據表明，中國人口科學文化素質已有顯著提高。與2000年人口普查數據相比，每十萬人中具有大學文化程度的由3,611人上升為8,930人，具有高中文化程度的由11,146人上升為14,032人，具有初中文化程度的由33,961人上升為38,788人，具有小學文化程度的由35,701人下降為26,779人。文盲率（15歲及以上不識字的人口占總人口的比重）為4.08%，比2000年人口普查的6.72%下降了2.64個百分點。

5. 城鄉結構

截止到2010年，中國目前居住在城鎮的人口為665,575,306人，占49.68%；居住在鄉村的人口為674,149,546人，占50.32%。

中國積極推進人口城鎮化和產業結構升級，實施城市帶動農村、工業反哺農業的發展戰略，人口城鎮化率以每年超過1個百分點的速度增長。國家將繼續採取多種措施和合理規劃，引導農村多餘勞動力向非農產業轉移，努力改善農民進城務工環境，促進農村勞動力有序流動。

農村人口將不斷轉化為城鎮人口，是世界各發達國家經歷過的必然發展階段。中國這一農村—城市轉化趨勢，將給營銷市場帶來各種各樣的機遇和挑戰。

6. 民族結構

漢族是中國的主體民族，漢族人口占全部人口的91.51%。其他還有55個少數

第四章　市場營銷環境

民族，其人口占全部人口的 8.49%。

少數民族的人口增長快於漢族，從 1953 年占全國人口 6.1%，到 1990 年的 8.04%，2000 年的 8.41%，2005 年的 9.44%。

2010 年人口普查數據顯示，漢族人口為 1,225,932,641 人，占 91.51%；各少數民族人口為 113,792,211 人，占 8.49%。同 2000 年第五次全國人口普查數據相比，漢族人口增加了 66,537,177 人，增長了 5.74%；各少數民族人口增加了 7,362,627 人，增長了 6.92%。

（三）地理分佈

人口地理分佈是反應人口在特定時期的空間集聚狀態的指標，通常以某地區的人口總量和人口密度（每平方千米多少人）來表示。中國人口地理分佈的最大特點就是人口分佈極不平衡。沿海 12 省、市、自治區平均每平方千米有 364 人；內地 18 省和自治區平均每平方千米有 80 人。其中，內蒙古、西藏、青海、新疆 4 省區人口密度只有每平方千米 9 人，與沿海相差達 40 倍。除直轄市外，人口密度最高的江蘇省達每平方千米 654 人，而最低的西藏自治區僅有 2 人。如果以漠河—蘭州—騰衝一線為界，將全國分為東西兩部分，則東部土地面積占全國的 43%，擁有全國 94.4% 的人口，人口密度平均每平方千米 231 人，西部土地面積占全國 57%，人口僅占全國的 5.6%，平均每平方千米只有 10 人。

同時，中國人口超千萬人的超級大城市也在不斷湧現。如北京、上海、廣州、重慶等城市，人口超過千萬量級，是巨大的生產流通市場，更是巨大的消費市場。

二、經濟環境

經濟環境是指影響企業市場營銷方式與規模的各種宏觀經濟因素，主要包括收入與支出水平、儲蓄與信貸及經濟發展水平等因素。

（一）消費者收入

消費者收入是指消費者個人從各種來源所得到的貨幣收入，通常包括個人的工資、獎金、其他勞動收入、退休金、助學金、紅利、饋贈、出租收入等。消費者收入主要形成消費資料購買力，這是社會購買力的重要組成部分。

消費者收入分為貨幣收入和實際收入。物價下跌，則實際收入上升。此外，不同時期、不同地區、不同階層消費者收入水平不同。

消費者收入主要形成消費人口的購買力，收入水平越高，購買力就越大，但消費者收入不會全部用於消費。因此，對營銷者而言，有必要區別以下幾種概念：

（1）個人可支配的收入，即個人收入中扣除各種稅款（所得稅等）和非稅性負擔（如工會費、養老保險、醫療保險等）后的餘額。它是消費者個人可以用於消費或儲蓄的部分，形成實際的購買力。

（2）個人可任意支配的收入，即個人可支配收入中減去用於維持個人與家庭生

存所必需的費用（如水電、食物、衣服、住房等）和其他固定支出（如學費等）后剩餘的部分。這部分收入是消費者可任意支配的，因而是消費需求中最活躍的因素，也是企業開展營銷活動所要考慮的主要對象。

（3）家庭收入。許多產品的消費是以家庭為單位的，如冰箱、電視、空調、汽車等，因此家庭收入的高低會影響許多產品的市場需求。

在進行營銷分析時，要注意，比如消費者收入不變，而商品價格上漲，就等於消費者收入的減少。反之，如果物價下跌，就等於消費者收入增加。一個好的企業不僅要分析研究消費者的平均收入，而且還要分析研究每個階層消費者的收入和消費水平，只有這樣才能抓住重點，提高企業的創收率。

消費者購買力來自消費者收入，所以消費者收入是影響社會購買力、市場規模大小以及消費者支出多少和支出模式的一個重要的因素。營銷者在進行經濟環境分析時，要區別可支配的個人收入和可隨意支配的個人收入、貨幣收入和實際收入等細分項目；另外還要分析研究消費者的平均收入，而且要分析研究各個階層的消費者收入、不同地區的收入水平和工資增長率等因素。

當消費者收入水平較低時，迫於生計，不得不消費較多的劣等品。當消費者收入提高時，會增加對層次較高、品質較好的生活必需品的消費，這樣自然而然減少了對劣等商品的消費。因此，劣等商品價格提高了，若撇開由相對價格變化引起的購買替代，則由於消費者實際收入的降低，就會引起消費者對該商品更多的購買。

（二）消費者支出

在收入一定的情況下，消費者會根據消費的急需程度，對自己的消費項目進行排序，一般先滿足排序在前也即主要的消費。如溫飽和治病肯定是第一位的消費，其次是住、行和教育，再次是舒適型、提高型的消費，如保健、娛樂等。以上支出項目排序結構，一般也稱為消費者支出模式。分析消費者支出模式最常用的工具是恩格爾系數（Engel's Coefficient），即食品支出總額占消費者支出總額的比重。

隨著消費者收入的變化，消費者支出模式就會發生相應的變化。恩格爾系數對這方面的主要分析如下：

（1）隨著家庭收入增加，用於購買食品的支出占家庭收入的比重就會下降。

（2）隨著家庭收入增加，用於住宅建築和家務經營的支出占家庭收入的比重大體不變。

（3）隨著家庭收入的增加，用於其他方面的支出和儲蓄占家庭收入的比重就會上升。

恩格爾系數是反應食品支出占家庭支出的比重，越富裕的家庭，食品支出占比越低。根據聯合國糧農組織的標準劃分，恩格爾系數在40%～49%為小康，30%～39%為富裕，30%以下為最富裕。

除了消費者既定收入因素外，消費者支出模式還受以下兩個因素影響：一是家庭生命週期的階段，一個家庭有沒有孩子，其支出情況會大不相同，例如有小孩的

第四章 市場營銷環境

家庭,乘飛機外出旅行的頻度會少於沒有小孩的家庭;二是消費者家庭所在地區,家庭位於交通不便的偏遠地區,和家庭位於交通便捷的發達地區,如果收入相同,支出也會有較大的差別。

(三)消費者儲蓄和信貸

消費者的個人收入一般不會全部花掉,總有一部分以各種形式儲蓄起來,這是一種推遲的、潛在的購買力。消費者儲蓄一般有兩種形式:一是銀行存款,增加現有銀行存款額;二是購買有價證券。消費者的收入一定時,儲蓄越多,現實消費量就越小,但潛在消費量愈大;反之,儲蓄越少,現實消費量就越大,但潛在消費量愈小。營銷者應當全面瞭解消費者的儲蓄情況,尤其是要瞭解消費者儲蓄目的的差異。儲蓄目的不同,往往影響到潛在需求量、消費模式、消費內容、消費發展方向的不同。這就要求企業營銷人員在調查、瞭解儲蓄動機與目的的基礎上,制定不同的營銷策略,為消費者提供有效的產品和服務。

中國人民有勤儉持家的傳統,長期以來養成側重儲蓄的習慣。近年來,中國居民儲蓄額和儲蓄增長率均較大。據商務部統計,截止到 2012 年年底,城鄉居民儲蓄餘額已達到 40 萬億元。中國居民儲蓄的目的主要用於供養家庭成員、婚喪嫁娶及大病預備,但從發展趨勢看,用於購買住房和大件用品的儲蓄占整個儲蓄額的比重也在逐步增加。中國居民儲蓄增加,一方面,顯然會使企業當前產品價值的實現比較困難;但另一方面,企業若能調動消費者的潛在需求,就可打開儲蓄寶庫,獲得新的增長空間。

消費者信貸,指消費者憑信用先取得商品使用權,然后按期歸還貸款,以購買商品。這實際上就是消費者提前支取未來的收入,提前消費。西方國家盛行的消費者信貸主要有:①短期賒銷;②購買住宅分期付款;③購買昂貴的消費品分期付款;④信用卡信貸。信貸消費允許人們購買超過自己現實購買力的商品,從而創造了更多的就業機會、更多的收入以及更多的需求;同時,消費者信貸還是一種經濟槓桿,它可以調節累積與消費、供給與需求的矛盾。當市場供大於求時,可以發放消費者信貸,刺激需求;當市場供不應求時,必須收縮信貸,適當抑制、減少需求。消費者信貸把資金投向需要發展的產業,刺激這些產業的生產,帶動相關產業和產品的發展。中國現階段的消費者信貸主要是居民住房、汽車購買等服務,其他的有公共事業單位提供的服務信貸,如水、電、煤氣的交納;此外,信用卡消費已逐漸普及。

(四)經濟發展水平

企業的市場營銷活動要受到一個國家或地區的整個經濟發展水平的制約。經濟發展階段不同,居民的收入不同,顧客對產品的需求也不一樣,從而會在一定程度上影響企業的營銷。例如,以消費者市場來說,經濟發展水平比較高的地區,在市場營銷方面,要強調產品款式、性能及特色,使質競爭多於價格競爭。而在經濟發展水平低的地區,則較側重於產品的功能及實用性,價格因素比產品品質更為重要。在生產者市場方面,經濟發展水平高的地區著重投資較大而能節省勞動力的先

市場營銷學

進、精密、自動化程度高、性能好的生產設備。在經濟發展水平低的地區，其機器設備大多是一些投資少而耗勞動力多、簡單易操作、較為落後的設備。因此，對於不同經濟發展水平的地區，企業應採取不同的市場營銷策略。

美國學者羅斯頓以「經濟成長階段」理論將世界各國的經濟發展歸納為五種類型：傳統經濟階段，經濟起飛前的準備階段，經濟起飛階段，邁向經濟成熟階段，大量消費階段。凡屬前三個階段的國家稱為發展中國家，而處於后兩個階段的國家則稱為發達國家。不同發展階段的國家在營銷策略上也有所不同。以分銷渠道為例，國外學者認為，經濟發展階段越高的國家，其分銷途徑越複雜而且廣泛；進口代理商的地位隨經濟發展而下降；製造商、批發商與零售商的職能逐漸獨立，不再由某一分銷路線的成員單獨承擔；批發商的其他職能增加，只有財務職能下降；小型商店的數目下降，商店的平均規模在增加；零售商的加成上升。隨著經濟發展階段的上升，分銷路線的控制權逐漸由傳統權勢人物移至中間商，再至製造商，最后大零售商崛起，控制分銷路線。

中國目前進入經濟起飛階段。市場規模進一步擴大；企業投資機會增多；市場交換成為企業的根本活動；信息競爭將成為市場競爭的焦點。因此，企業應當注意經濟起飛階段市場的變化，把握時機，主動迎接市場的挑戰。

（五）經濟體制

世界上存在著多種經濟體制，有計劃經濟體制，有市場經濟體制，有計劃—市場經濟體制，也有市場—計劃經濟體制等。不同的經濟體制對企業營銷活動的制約和影響不同。

例如，在計劃經濟體制下，企業是行政機關的附屬物，沒有生產經營自主權，企業的產、供、銷都由國家計劃統一安排，企業生產什麼，生產多少，如何銷售，都不是企業自己的事情。在這種經濟體制下，企業不能獨立地開展生產經營活動，因而，也就談不上開展市場營銷活動。

在市場經濟體制下，企業的一切活動都以市場為中心，市場是其價值實現的場所，因而企業必須特別重視營銷活動，通過營銷，實現自己的利益目標。

三、自然環境

市場營銷所關注的自然環境，主要是指自然物質環境，即自然界提供給人類的各種形式的物質財富，如礦產資源、森林資源、土地資源、水力資源等。自然環境也處於發展變化之中。當代自然環境最主要的動向是：自然資源日益短缺，能源成本趨於提高，環境污染日益嚴重，政府對自然資源的管理和干預不斷加強。所有這些，都會直接或間接地給企業帶來威脅或機會。

20世紀90年代以來，企業和公眾面臨的主要問題之一是日益惡化的自然環境。自然環境的發展變化對企業的發展產生越來越強烈的影響。所以，企業管理層必須

第四章　市場營銷環境

分析研究自然環境的如下發展動向：

（一）某些自然資源短缺或即將短缺

地球上的資源包括無限資源、可再生有限資源和不可再生資源。目前，這些資源不同程度上都出現了危機。

（1）無限資源，如空氣和水等，從總體上講是取之不盡、用之不竭的，但污染問題嚴重，亟待解決。此外，近幾十年來，世界各國尤其是城市用水量增加很快（估計世界用水量每20年增加一倍），與此同時，世界各地水資源分佈不均，而且每年和各個季節的情況也各不相同，所以目前世界上許多國家和城市面臨缺水問題。中國隨著城市化的發展，濟南、天津和北京等300多個城市也開始為水資源不足的問題所困擾。

（2）可再生有限資源，是指森林、糧食等。中國森林覆蓋率低，僅占國土面積的12%，人均森林面積只有0.8畝（1畝≈666.67平方米），大大低於世界人均森林面積3.5畝。中國耕地少，而且由於城市和建設事業發展快，耕地迅速減少，近30年間中國耕地平均每年減少810萬畝。

（3）不可再生資源，是指石油、煤和金屬等礦物。由於這類資源供不應求或在一段時期內供不應求，企業必須尋找代用品。在這種情況下，就需要研究與開發新的資源和原料，這就給某些企業帶來了新的市場機會。如，在中國西北部建設太陽能發電基地，開闢一條「電力絲綢之路」；在內蒙古推廣風力發電，充分利用草原上豐富的風力資源。

（二）環境污染日益嚴重

在許多國家，隨著工業化和城市化的發展，環境污染程度日益增加，公眾對這個問題越來越關心，紛紛指責環境污染的危害性。一方面，這種動向對那些造成污染的行業和企業就是一種環境威脅，它們在社會輿論的壓力和政府的干預下，不得不採取措施控製污染；另一方面，這種動向給控製污染、研究和開發不致污染環境的行業和企業帶來了新的市場機會。如，中國火力發電站排放的二氧化硫導致了酸雨的形成，這些發電站需要安裝脫硫裝置，從排放的濃蒸中除去硫黃成分。在擁有大約2,000個火力發電站的中國，脫硫裝置市場大有潛力可挖。

（三）政府對自然資源管理的干預日益加強

隨著經濟發展和科學進步，許多國家的政府對自然資源管理加強了干預。但是，政府為了社會利益和長遠利益而對自然資源加強干預，往往與企業的經營戰略和經濟效益相矛盾。例如，為了控製污染，企業必須購置昂貴的控製污染設備，這樣就可能影響企業的經濟效益。目前中國最大的污染製造者是工廠，如果政府按照法律和規定的污染標準嚴格控製污染，有些工廠就要關、停、轉，從短時期來看，這樣就可能影響工業的發展。因此，國家必須統籌兼顧地解決這種矛盾，力爭做到既能減少環境污染，又能保證企業發展，提高經營效益，以達到經濟可持續發展的目的。

企業在營銷活動中要有高度的環保責任感，善於抓住環保中出現的機會，推出

「綠色產品」「綠色營銷」，以適應世界環保潮流；盡量做到生產、營銷每一個過程的環保化，努力開發節能、控污的技術與相關產品。

四、政治法律環境

政治與法律是影響企業營銷活動的重要的宏觀環境因素。政治因素是經濟學中提到的「看得見的手」，調節著企業營銷活動的方向，法律因素規定了企業營銷活動及其行為的準則。政治與法律相互聯繫，共同對企業的市場營銷活動產生影響和發揮作用。

（一）政治環境

政治環境是指企業市場營銷活動的外部政治形勢。一個國家的政局穩定與否，會給企業營銷活動帶來重大的影響。如果政局穩定，人民安居樂業，就會給企業營銷形成良好的環境。相反，政局不穩，社會矛盾尖銳，秩序混亂，就會影響經濟發展和市場的穩定。

企業對政治環境的分析主要要分析國內的政治環境和國際的政治環境。

國內的政治環境包括以下一些要素：政治制度、政黨和政黨制度、政治性團體、黨和國家的方針政策、政治氣氛；國際政治環境主要包括：國際政治局勢、國際關係、目標國的國內政治環境。

政治環境對企業營銷活動的影響主要表現為國家政府所制定的方針政策，如人口政策、能源政策、物價政策、財政政策、貨幣政策等，這些都會給企業營銷活動帶來影響。例如，國家通過降低利率來刺激消費的增長；通過徵收個人收入所得稅調節消費者收入的差異，從而影響人們的購買行為；通過增加產品稅，對香菸、酒等商品的增稅來抑制人們的消費需求。

不同的國家也會制定一些相應的政策來干預外國企業在本國的營銷活動，主要措施有進口限制、稅收政策、價格管制、外匯管制、國有化政策等。

（二）法律環境

法律環境是指國家或地方政府所頒布的各項法規、法令和條例等，它是企業營銷活動的準則，企業只有依法進行各種營銷活動，才能受到國家法律的有效保護。近年來，為適應經濟體制改革和對外開放的需要，中國陸續制定和頒布了一系列法律法規，例如《中華人民共和國產品質量法》《中華人民共和國公司法》《中華人民共和國經濟合同法》《中華人民共和國涉外經濟合同法》《中華人民共和國商標法》《中華人民共和國專利法》《中華人民共和國廣告法》《中華人民共和國食品衛生法》《中華人民共和國環境保護法》《中華人民共和國反不正當競爭法》《中華人民共和國消費者權益保護法》《中華人民共和國進出口商品檢驗條例》等。企業的營銷管理者必須熟知有關的法律條文，才能保證企業經營的合法性，運用法律武器來保護企業與消費者的合法權益。

第四章 市場營銷環境

營銷者對於法律環境應予瞭解和關注的因素有：

（1）法律規範，特別是和企業經營密切相關的經濟法律法規，如《中華人民共和國公司法》《中華人民共和國中外合資經營企業法》《中華人民共和國合同法》《中華人民共和國專利法》《中華人民共和國商標法》《中華人民共和國稅法》《中華人民共和國企業破產法》等。

（2）國家司法執法機關，在中國主要有法院、檢察院、公安機關以及各種行政執法機關。與企業關係較為密切的行政執法機關有工商行政管理機關、稅務機關、物價機關、計量管理機關、技術質量管理機關、專利機關、環境保護管理機關、政府審計機關。此外，還有一些臨時性的行政執法機關，如各級政府的財政、稅收、物價檢查組織等也與企業關係密切。

（3）企業的法律意識是企業法律觀、法律感和法律思想的總稱，是企業對法律制度的認識和評價。企業的法律意識，最終都會物化為一定性質的法律行為，並造成一定的行為后果，從而構成每個企業不得不面對的法律環境。

五、科學技術環境

科學技術環境指的是企業所處的社會環境中的科技要素及與該要素直接相關的各種社會現象的總和。

科技環境大體包括四個基本要素：社會科技水平、社會科技力量、國家科技體制、國家科技政策和科技立法。

（1）社會科技水平是構成科技環境的首要因素，它包括科技研究的領域、科技研究成果門類分佈及先進程度、科技成果的推廣和應用三個方面。

（2）社會科技力量，指一個國家或地區的科技研究與開發的實力。

（3）科技體制指一個國家社會科技系統的結構、運行方式及其與國民經濟其他部門的關係狀態的總稱，主要包括科技事業與科技人員的社會地位、科技機構的設置原則與運行方式、科技管理制度、科技推廣渠道等。

（4）國家的科技政策與科技立法，指國家憑藉行政權力與立法權力，對科技事業履行管理、指導職能的途徑。

當今，變革性的技術正對企業的經營活動產生著巨大的影響。企業要密切關注與本企業的產品有關的科學技術的現有水平、發展趨勢及發展速度，對於新的硬技術，如新材料、新工藝、新設備，企業必須隨時跟蹤掌握，對於新的軟技術，如現代管理思想、管理方法、管理技術等，企業要特別重視。

六、社會文化環境

社會文化環境是影響企業營銷諸多變量中最複雜、最深刻、最重要的變量。社會文化是某一特定人類社會在其長期發展歷史過程中形成的，它主要由特定的價值

市場營銷學

觀念、行為方式、倫理道德規範、審美觀念、宗教信仰及風俗習慣等內容構成，它影響和制約著人們的消費觀念、需求慾望及特點、購買行為和生活方式，對企業營銷行為產生直接影響。

任何企業都處於一定的社會文化環境中，企業營銷活動必然受到所在社會文化環境的影響和制約。為此，企業應瞭解和分析社會文化環境，針對不同的文化環境制定不同的營銷策略，組織不同的營銷活動。企業營銷對社會文化環境的研究一般從以下幾個方面入手：

（一）教育狀況

受教育程度的高低，影響到消費者對商品功能、款式、包裝和服務要求的差異性。通常文化教育水平高的國家或地區的消費者要求商品包裝典雅華貴，對附加功能也有一定的要求。

教育水平的高低對企業營銷調研、目標市場選擇和採用何種經銷方式等均有很大影響。教育水平的不同決定企業營銷調研時針對不同情況採取不同的方法，在教育水平高的國家或地區，企業可以僱傭調研人員或委託當地的調研機構完成所需調查的項目，而在教育水平低的國家或地區則企業要自己派員直接調研並採用適當的方法。

處於不同教育水平的國家或地區的消費者，對商品的需求也會不同，因而決定企業選擇的目標市場也就不同。教育水平的不同，使得企業在進行產品目錄和產品說明書的設計等方面採取不同的經銷方式，如針對教育水平較低的目標市場，就不僅需要文字說明，更重要的是配以簡明圖形，並派專人進行使用、保養等方面的現場演示。

（二）宗教信仰

宗教是構成社會文化的重要因素，宗教對人們的消費需求和購買行為的影響很大。不同的宗教有自己獨特的對節日禮儀、商品使用的要求和禁忌。宗教信仰是影響人們消費行為的重要因素，有時甚至有巨大的影響力。一種新產品的出現，宗教組織有時會提出限制或禁止使用的強制規定，原因可能就是因為該產品與宗教信仰相衝突。相反，有的產品如符合宗教信仰所倡導的觀念，則會得到宗教組織的讚同與支持，甚至主動號召教徒購買、使用，從而起到了一種特殊的推廣作用。因此，企業可以把影響大的宗教組織作為自己的重要公共關係對象，在營銷活動中也要注意到不同的宗教信仰，以避免由於矛盾和衝突給企業營銷活動帶來的損失。

（三）價值觀念

價值觀念是指人們對社會生活中各種事物的態度和看法。不同文化背景下，人們的價值觀念往往有著很大的差異，消費者對商品的色彩、標示、式樣以及促銷方式都有自己褒貶不同的意見和態度。對樂於變革、喜歡新奇、富有冒險精神的消費者，企業應重點強調產品的新穎和奇特；對注重傳統、喜歡沿襲傳統消費方式的消費者，企業在制定有關策略時應把產品與目標市場的文化傳統結合起來。企業營銷

第四章　市場營銷環境

必須根據消費者不同的價值觀念設計產品，提供服務。

（四）消費習俗

消費習俗是指人們在長期經濟與社會活動中所形成的一種消費方式與習慣。消費習俗在飲食、服飾、居住、婚喪、信仰、節日、人際關係等方面，都表現出獨特的心理特徵、道德倫理、行為方式和生活習慣。具有不同消費習俗的消費者，具有不同的商品需要。企業研究消費習俗，不但有利於組織好消費用品的生產與銷售，而且有利於正確、主動地引導健康的消費。瞭解目標市場消費者的禁忌、習俗、避諱、信仰、倫理等，是企業進行市場營銷的重要前提。

● 第三節　微觀市場營銷環境

微觀市場營銷環境，是與企業營銷活動發生直接聯繫的各種力量和因素的總和，主要包括企業內部環境、供應商、營銷仲介、顧客、競爭者及社會公眾。這些因素與企業有著雙向的運作關係，企業可以對其進行一定程度的控制或影響。

一、企業內部環境

企業內部環境通常包括營銷部門和採購、財務、製造、研究與開發、總務等一系列職能部門。市場營銷部門一般由市場營銷副總經理、銷售經理、推銷人員、廣告經理、營銷研究經理、營銷計劃經理、定價專家等組成。

一方面，市場營銷部門與這些職能部門在最高管理層的領導下，為實現企業目標而共同協作。另一方面，企業市場營銷部門與這些部門之間既有多方面的合作，也存在目標定位差異、爭取資源方面的矛盾。例如在產品品質方面，營銷部門從顧客需求出發，會對產品品質提出更高的要求；而生產部門從節約成本的角度出發，可能會降低對品質的要求。再如，對營銷推廣費用的核定，營銷部門與財務部門往往會不一致。因此這些部門的業務狀況如何，它們與營銷部門的合作以及它們之間是否協調發展，對營銷決策的制定與實施影響極大。營銷部門在制定和實施營銷目標時，要充分考慮企業內部環境力量，爭取高層管理部門和其他職能部門的理解和支持。

二、供應商

供應商是指向企業及其競爭者提供生產經營所需資源的企業或個人。供應商所提供的資源主要包括原材料、零部件、設備、能源、勞務、資金及其他用品等。供應商對企業的營銷活動有著重大的影響。供應商對企業營銷活動的影響主要表現在以下幾方面：

市場營銷學

(1) 供貨的穩定性與及時性。原材料、零部件、能源及機器設備等貨源的保證，是企業營銷活動順利進行的前提。供應量不足，供應短缺，都可能影響企業按期完成交貨任務。

(2) 供貨的價格變動。供貨的價格直接影響企業的成本。如果供應商提高原材料價格，生產企業亦將被迫提高其產品價格，由此可能直接影響企業產品的市場競爭力，影響企業的銷售量和利潤。

(3) 供貨的質量水平。供應資源的質量直接影響到企業產品的質量。

針對上述影響，企業在尋找和選擇供應商時，應特別注意兩點：第一，企業必須充分考慮供應商的資信狀況，要選擇那些能夠提供品質優良、價格合理的資源，交貨及時，有良好信用，在質量和效率方面都信得過的供應商，並且要與主要供應商建立長期穩定的合作關係，保證企業生產資源供應的穩定性。第二，企業必須使自己的供應商多樣化。企業過分依賴一家或少數幾家供貨人，受到供應變化的影響和打擊的可能性就大。為了減少供應商對企業的影響和制約，企業就要盡可能多地聯繫供貨人，向多個供應商採購，盡量注意避免過於依靠單一的供應商，以免當與供應商的關係發生變化時，陷入被動。

一般情況下，企業可把供應商分為兩種類型：作為競爭對手的供應商和作為合作夥伴的供應商。面對作為競爭對手的供應商，企業一方面要盡可能削弱他們與企業的討價還價能力，以獲取更大的收益，另一方面要積極尋找和開發其他備選的供應來源，以減少對供應商的過分依賴。而對於作為合作夥伴的供應商，企業一方面基於供應關係的穩定要力爭與供應商建立長期的合同，另一方面要積極分擔供應商的風險，在必要的情況下，還可以向供應商進行投資以促進其對新技術的採用和生產能力的擴大。

三、營銷仲介

營銷仲介是指為企業融通資金、銷售產品、給最終購買者提供各種服務的機構，包括中間商、實體分配公司、營銷服務機構（調研公司、廣告公司、諮詢公司）、金融仲介機構（銀行、信託公司、保險公司）等。它們是企業進行營銷活動不可缺少的中間環節，企業的營銷活動需要它們的協助才能順利進行，例如生產集中和消費分散的矛盾需要中間商的分銷予以解決，廣告策劃需要得到廣告公司的合作等。

（一）中間商

中間商是協助企業尋找顧客或直接與顧客進行交易的商業企業。中間商分兩類：代理中間商和經銷中間商。代理中間商，主要有代理人、經紀人、製造商代表等，他們專門介紹客戶或與客戶磋商交易合同，但並不擁有商品持有權。經銷中間商，主要有批發商、零售商和其他再售商，他們購買產品，擁有商品持有權，再售商品。

中間商對企業產品從生產領域流向消費領域具有極其重要的影響。企業在與中

第四章　市場營銷環境

間商建立合作關係后,要隨時瞭解和掌握其經營活動,並可採取一些激勵性合作措施,推動其業務活動的開展。而一旦中間商不能履行其職責或市場環境變化時,企業應及時解除與中間商的關係。

(二) 實體分配公司

實體分配公司主要是指協助生產企業儲存產品並將產品從原產地運往銷售目的地的倉儲物流公司。實體分配包括包裝、運輸、倉儲、裝卸、搬運、庫存控製和訂單處理等物流環節,實體分配公司的基本功能是調節生產與消費之間的矛盾,彌合產銷時空上的背離,提供商品的時間和空間效用,以利適時、適地和適量地將商品供給消費者。

營銷企業需確定應該有多少倉位自己建造,多少倉位向倉儲物流公司租用。貨物承運商包括從事鐵路運輸、汽車運輸、航空運輸、駁船運輸以及其他搬運貨物的公司,它們負責把貨物從一地運往另一地。每個企業需從成本、運送速度、安全性和交貨便捷性等方面進行綜合考慮,確定選用那種成本最低而效益更高的運輸方式。

(三) 營銷服務機構

市場營銷服務機構指市場調研公司、廣告公司、傳媒公司及營銷諮詢公司等,他們協助企業選擇最恰當的細分市場,並幫助企業向選定的市場推銷產品。大多數企業都與營銷服務專業公司以合同方式委託其開展營銷輔助活動。企業在選擇以上服務機構時,需對他們所提供的服務、質量、創意等進行經常性評估,並定期考核其績效,激勵、鞏固既有合作關係,及時調整、更換達不到預期績效的營銷服務機構。

(四) 金融仲介機構

金融仲介機構主要包括銀行、保險公司以及其他對貨物購銷提供融資或保險的各種金融機構。金融機構為企業提供資本金來源、交易貨款結算、產品運輸保險等服務。現代社會的一大特徵是,為確保資金安全、便於查證資金運行軌跡,要求任何經濟體都要盡量減少現金交易,盡量採用各種形式的轉帳結算。離開金融機構,生產與營銷活動是無法順利開展的。

四、顧客

顧客是企業服務的對象,也是營銷活動的出發點和終點,它是企業最重要的環境因素。按照顧客的購買動機,國內顧客市場可分為消費者市場、生產者市場、中間商市場、政府市場和國際市場五種類型。

五、競爭者

競爭者是指與企業存在利益爭奪關係的其他經濟主體。企業的營銷活動常常受到各種競爭者的包圍和制約,因此,企業必須識別各種不同的競爭者,並採取不同

市場營銷學

的競爭對策。

（一）慾望競爭者

慾望競爭者是指提供不同產品、滿足類似消費慾望的競爭者。如一位消費者勞累工作後，有了休閒的慾望，這時可能滿足他休閒慾望的產品可以是電影、餐飲、體育、游戲、旅遊等企業提供的相關產品。以上企業，互相構成對方的慾望競爭者。

（二）普通競爭者

普通競爭者指提供不同的產品以滿足相同或相似需求的競爭者。如上例中的消費者選擇旅遊來休閒，則麵包車、轎車、摩托車、自行車都是可選交通工具，在滿足特定需求方面是相同的，他們之間就是普通競爭者。

（三）產品形式競爭者

產品形式競爭者指生產同類但規格、型號、款式不同的產品的競爭者。如自行車中的山地車與城市車，男式車與女式車，就構成產品形式競爭者。

（四）品牌競爭者

品牌競爭者指生產相同規格、型號、款式但品牌不同的產品的競爭者。以電視機為例，長虹、康佳、創維、海信等公司的眾多產品之間就互為品牌競爭者。

在市場營銷活動中，企業除了要瞭解市場的需要與購買者的購買決策過程外，還要全面瞭解競爭對手的數目、分佈狀況、綜合能力、競爭目標、競爭策略、營銷組合狀況、市場佔有率及其發展動向等方面的情況，從而制定出有效的競爭性營銷策略。

六、公眾

公眾是指對企業實現營銷目標的能力有實際或潛在利害關係和影響力的團體或個人。企業所面臨的公眾主要有以下幾種：

（1）融資公眾，是指那些關注和影響企業獲得資金能力的機構，如中央銀行、銀監局、商業銀行、投資公司、證券經紀公司、保險公司、消費信貸公司等。

（2）媒體公眾，是指報紙、雜誌、廣播電臺、電視臺、主要門戶網站等大眾傳播媒體，它們對企業的形象的建立及聲譽的維護具有舉足輕重的作用。

（3）政府公眾，是指負責管理企業營銷活動的有關政府機構。企業在制訂營銷計劃時，應充分考慮政府的政策，研究政府頒布的有關法規和條例。企業還應積極爭取與政府部門充分溝通，促使政府頒布有利於企業的政策，參與創造出有助於企業發展壯大的良好宏觀環境。

（4）社團公眾，是指保護消費者權益的組織、環保組織及其他群眾團體等。企業營銷活動關係到社會各方面的切身利益，必須密切注意並及時處理來自社團公眾的批評和反饋。

（5）地方公眾。每個企業都同當地的公眾團體，如鄰里居民和社區組織，保持

第四章　市場營銷環境

不同程度的聯繫。

（6）一般公眾，是指上述各種公眾之外的社會公眾。一般公眾雖然不會有組織地對企業採取行動，但企業形象會影響他們的惠顧。

（7）內部公眾。企業內部的公眾包括藍領工人、白領工人、經理和董事會。大公司還發行業務通信和採用其他信息溝通方法，向企業內部公眾通報信息並激勵他們的積極性。當企業雇員對自己的企業感到滿意的時候，他們的態度也就會感染企業以外的公眾。

所有這些公眾，均對企業的營銷活動有著直接或間接的影響，處理好與廣大公眾的關係，是企業營銷管理的一項極其重要的任務。

● 第四節　市場營銷環境分析與對策

一、市場營銷環境對企業營銷的影響

（一）市場營銷環境對企業營銷帶來雙重影響

（1）環境給企業營銷帶來的威脅。營銷環境中會出現許多不利於企業營銷活動的因素，由此形成挑戰。如果企業不採取相應的規避風險的措施，這些因素就會導致企業營銷的困難，從而給企業帶來威脅。為保證企業營銷活動的正常運行，企業應注重對環境進行分析，及時預見環境威脅，將危機減少到最低程度。

（2）環境給企業營銷帶來的機會。營銷環境也會滋生出對企業具有吸引力的領域，給企業帶來營銷的機會。對企業來講，環境機會是開拓經營新局面的重要基礎。為此，企業應加強對環境的分析，當環境機會出現的時候善於捕捉和把握，以求得企業的發展。

（二）市場營銷環境是企業營銷活動的資源基礎

市場營銷環境是企業營銷活動的資源基礎。企業營銷活動所需的各種資源，如資金、信息、人才等都是由環境來提供的。企業必須分析研究營銷環境因素，以獲取最優的營銷資源來滿足企業經營的需要，實現營銷目標。

（三）市場營銷環境是企業制定營銷策略的依據

企業營銷活動受制於客觀環境因素，必須與所處的營銷環境相適應。但企業在環境面前絕不是無能為力、束手無策的，而是能夠發揮主觀能動性，制定有效的營銷策略去影響環境，在市場競爭中處於主動地位，占領更大的市場。

二、市場機會與環境威脅

市場機會實質上指微觀或宏觀市場上存在著「未滿足的需求」。市場機會對於不同企業是不相等的，同一個環境機會對這一類企業可能成為有利的機會，而對另

市場營銷學

一類企業可能造成威脅。環境機會能否成為企業的機會,要看該環境機會是否與企業目標、資源及任務相一致,企業利用該環境機會能否比競爭者獲得更大的利益。

環境威脅指對企業營銷活動不利或限制企業營銷活動發展的環境因素。這種環境威脅主要來自兩方面:一是環境因素直接威脅著企業的營銷活動;二是企業的目標、任務及資源同環境機會相矛盾。並不是所有威脅對企業的威脅程度都一樣大。

企業必須根據環境因素的影響度與發生的可能性進行分類,予以評價,認識哪些環境因素的機會最有吸引力,哪些環境因素的威脅最大或最小,以便採取相應的營銷策略。對此,企業可通過市場機會矩陣圖和環境威脅矩陣圖進行分析,如圖4-1、圖4-2所示。

程度大小	威脅發生的概率	
	1	2
	3	4

圖4-1 威脅分析矩陣圖

程度大小	機會出現的概率	
	1	2
	3	4

圖4-2 機會分析矩陣圖

根據機會—威脅水平和影響程度,可能出現四種結果,如圖4-3:

機會大小	威脅水平大小	
	風險業務	理想業務
	困難業務	成熟業務

圖4-3 環境分析綜合評價圖

(1)理想業務:理想業務即高機會低威脅類業務,環境態勢對企業發展十分有利。

(2)風險業務:風險業務即高機會同時高威脅類業務,環境態勢要求企業謹慎營運,在發展現有業務的同時準備好退路。

(3)成熟業務:成熟業務即低機會同時低威脅類業務,在處於這種業務狀態時,企業應積極開拓新的業務類型。

(4)困難業務:困難業務即低機會而高威脅類業務,環境態勢要求企業盡量放棄這類業務,把資金、資源、人力投入到新的業務中去。

第四章　市場營銷環境

三、企業營銷對策

（一）威脅對策

1. 預防策略

任何企業的營銷活動都可能遇到不利因素的侵擾，當這些因素還不明顯或影響甚微時，企業就應該密切關注其變化趨勢，盡可能使威脅因素消除在萌芽狀態。

2. 對抗策略

對已經出現的環境威脅，企業要積極通過各種努力，予以抵抗威脅、抑制其影響的程度，盡力扭轉不利局面。

3. 減輕策略

當企業難以抵抗已出現的重大環境威脅時，就需要調整自己的經營方式和營銷策略，應對變化的環境，減輕威脅帶來的影響，如加強內部管理、創新產品、降低成本、提高效益等。

4. 轉移策略

當減輕威脅也效果不明顯時，企業就必須採取轉移策略來止損。通常的做法有：一是市場轉移，企業將受到威脅的產品轉移到威脅不大或基本無威脅的市場上去；二是投資轉移，企業將原投入到受威脅的產品的各種資源撤回，轉而投入到其他不受威脅並且有市場機會的產品上去。

（二）機會對策

對於面臨的市場機會，企業需慎重評估機會的質量，充分瞭解機會的特點和性質，適當及時加以利用。機會對策大致可分為以下三種：

1. 及時利用

當環境變化形成的機會與企業的營銷目標、資源條件正好一致，並且企業能享有競爭中的差別利益時，企業就要及時調整營銷戰略和策略，充分利用好機會。特別是對於時效性強的機會，如社會每隔一段時期出現的時尚熱、影視熱、體育熱、明星熱等帶來的市場機會，企業需及早決策，抓住社會的脈搏，制定營銷組合，不可猶豫觀望，錯失良機。

2. 適時利用

有的環境機會相對比較穩定，短期內不會發生很大變化，而企業暫時不具備利用機會的條件，這種情況下企業要積極籌備，待時機成熟再加以利用。企業往往還容易發現競爭對手產品的不足，更深入地分析消費者需求，從而開發出具備更優質量或更新功能的產品，來擠佔競爭者的市場份額。

3. 創造利用

有的市場機會比較隱蔽，不易被發現，這就需要營銷管理者利用環境因素之間的微妙聯繫去分析預測，利用戰略家的膽識和前瞻的眼光去創造性地開發機會。機

會埋藏在需求之中，消費者的需求是可以喚醒和加以引導的，那麼機會也可以發掘和創造出來。一個領先於市場的企業，都不是在消極等待機會，而是通過不斷的創造性工作，把潛在機會變成現實機會，把未來機會變成當前機會，把大眾機會變成自己的機會。

本章小结

　　市場營銷環境是指一切影響和制約企業市場營銷決策和實施的內部條件和外部環境的總和。市場營銷環境包圍企業並影響企業，通常分為宏觀環境、微觀環境。宏觀市場營銷環境是指企業無法直接控制的因素，是通過影響微觀環境來影響企業營銷能力和效率的一系列巨大的社會力量，包括人口、經濟、自然環境、政治法律、科學技術、社會文化等因素。微觀市場營銷環境是指與企業緊密相連、直接影響企業營銷能力和效率的各種力量和因素的總和，主要包括企業內部環境、供應商、營銷仲介、消費者、競爭者及社會公眾。

　　市場營銷環境具有客觀性、差異性、相關性、動態性、雙面性、多樣性等特點。營銷環境的現狀與變動，都會給企業帶來有利的市場機會和不利的市場威脅。以分析市場營銷環境來制定市場營銷戰略和策略，是企業的一項重要工作。

思考与练习

1. 什麼是市場營銷環境？它具有哪些主要特點？
2. 在宏觀環境中，你認為哪一種環境因素最能提供市場機會？
3. 在微觀環境中，你認為哪一種環境因素最能提供市場機會？
4. 如果你是營銷者，結合市場營銷環境知識，你認為什麼樣的市場是不值得進入的市場？
5. 如何進行環境的分析與評價？

第五章　市場營銷調研與預測

学习要点

通過學習本章內容，瞭解營銷調研的含義；掌握市場營銷調研的類型和內容；瞭解營銷調研的步驟與方法；理解市場營銷預測的內容；瞭解市場需求預測方法。

开篇案例

中國山寨手機公司玩轉印度：擊敗三星 惹惱諾基亞

據印度一市場研究公司估算，基伍（G'FIVE）公司 2010 年在印度市場出貨量可能高達 3,500 萬臺，佔有率為 21%，遙遙領先佔有率為 13% 的諾基亞（第二名）。調研公司高德納諮詢公司（Gartner Group）的出貨數據亦證實了基伍品牌手機連續兩個季度躋身全球手機前十。取得這樣的成績，諾基亞花費 10 年，三星為 6 年，基伍僅用了 2 年。

基伍在市面流通的產品數量總能維持在 200 款左右，每月它還能推出超過 10 款的新機，這也讓諾基亞望塵莫及。基伍 99% 的收入源自海外市場，與華為、中興是中國僅有的三家手機銷量進入全球前十名的企業。

2007 年，基伍國際有限公司董事長張文學注意到印度東部偏僻的小鎮上，當地居民在一輛自行車前排起了長隊，車子后座綁著一塊汽車蓄電池，人們交上 10 盧比（相當於 1.2 元人民幣）給自己的手機充電半小時。幾個月後，基伍開始銷售一款配備有超大容量電池的手機，它擁有微小的顯示屏，電路經過特殊設計，以保證通話及待機時間長達 30 天。隨後，基伍又推出一些匪夷所思的產品，如「雙電池系

列」產品，它可以保證拿下其中的一塊時，另一塊還能讓手機正常使用；「干電池系列」產品則讓消費者可以在鋰電池之外隨意更換5號或7號干電池在緊急時使用。

在市場拓展上，張文學選擇了當時針對不同市場，語言、底層協議更佳的，功能並不花哨，但以質量穩定、性價比高著稱的英飛凌平臺，國外如中東、非洲等地月收入約50美元；若採用也算便宜的聯發科平臺，其手機成本要達到90多美元，當地買得起的人就會很少。

張文學意識到本地調研的重要性。一款型號為T33+的手機意外走紅，這款直板手機採取了中國人並不樂見的暗紅、黑色搭配，按鍵也格外碩大，全金屬外殼，完全不符合中國人的審美，但其全球銷量最終竟高達1,000萬部。

類似產品的推出並非唾手可得，基伍的市場調查時間通常會持續三至六個月。細節涉及方方面面，包括人口基數、分佈比例、年齡結構、消費水平、本地法律環境、海關政策、市場階段、消費者需求、產品需求等。

● 第一節　市場營銷調研概述

彼得·德魯克曾寫道，有些公司之所以成功，是因為它們能夠深入認識與瞭解顧客，並能根據顧客的需求提供合適的產品，制定合適的價格，採用合適的促銷和分銷渠道，結果是顧客會很快地購買公司的產品。

要實施正確的營銷活動，管理人員必須擁有信息，這就是營銷調研的目的，也是將營銷調研作為營銷工作一部分的原因。營銷調研能提供必要的信息，以使營銷管理者能夠正確地與顧客交換對其創意、產品和服務的看法。

一、市場營銷調研的含義

阿爾文·C.伯恩斯（Alvin C. Burns）在《營銷調研（第六版）》中認為，市場營銷調研（Marketing Research）是設計、收集、分析和報告信息，從而決定某一具體的營銷問題的過程。這個定義強調營銷調研是一個提供信息，用以解決營銷問題（如產品設計、價格設計、廣告設計等）的過程。營銷調研的目的就是提供這些信息來幫助企業進行相應的決策。

美國營銷協會則認為，市場營銷調研是通過信息使消費者、顧客、公眾與營銷人員之間進行溝通的橋樑。營銷人員使用信息來識別和定義營銷機會和問題，產生、完善和評估營銷活動，監控營銷績效，促進人們對於營銷理論的理解。

以上兩種觀點都是正確的，伯恩斯的觀點比較簡短和直觀地說明營銷調研的過程；而美國營銷協會的定義稍長一些，因為它既描述了營銷調研的功能，也闡述了營銷調研的作用。

第五章 市場營銷調研與預測

簡單地說,營銷調研就是指營銷人員通過科學的方法,系統、高效地設計、收集、分析與企業營銷活動相關的數據信息,並把結果與管理者溝通的過程。

二、市場營銷調研的類型

根據研究的問題、目的、性質和形式的不同,市場營銷調研一般分為如下三種類型,如表 5-1 所示。

表 5-1　　　　　　　　　各類營銷調研的不同點

	探索性調研	描述性調研	因果關係調研
決策情境不確定大小	高度模糊	部分確定	完全確定
關鍵的調研陳述	調研問題	調研問題	調研假設
何時實施	決策初期	決策后期	決策后期
常用的調研方法	無特定結構	有特定結構	有特定結構
例子	①我們公司的銷量持續下滑,其明顯的原因是什麼呢？②我們的消費者對哪類新產品感興趣？	①我們公司目前的市場佔有率情況如何？②與我們主要競爭對手相比,我們公司的消費人群是哪種類型的？	①這兩種提升市場佔有率的方法,哪種更有效呢？②如果商品的包裝改為橙色的,消費者會增加其購買量嗎？
調研結果的性質	致力於發現,有成效,但是仍是推測性的,通常需要進一步調研。	可以是確定的,但是有時仍需進一步調研。調研結果在管理上是可操作的。	致力於證實,通常能獲得具有一定決定性且在管理上可操作性的結果。

(一) 探索性調研

探索性調研的目的是澄清模糊的態勢或者發現有可能成為潛在商業機遇的創意。探索性調研並不是為了提供做出具體決策的決定性證據。從這個角度來說,探索性調研並不是最終的,調研人員在進行探索性調研時一般都會預期接下來的調研能夠提供更具有決定性的證據。在沒有經過探索性調研明確獲悉需要哪些決策之前,盲目進行細節調查會造成時間、金錢和精力方面的浪費。

(二) 描述性調研

描述性調研是營銷人員通過詳細的調查和分析,對市場營銷活動的某個方面進行客觀的描述。大多數的市場營銷調研都屬於描述性調研,例如,市場潛力和市場佔有率、產品的消費群結構、對競爭企業狀況的描述。在描述性調研中,營銷人員可以發現其中的關聯因素,但是,此時我們並不能說明兩個變量哪個是因,哪個是果。

(三) 因果關係調研

描述性調研可以說明某些現象或變量之間相互關聯,但要說明某個變量是否引起或決定著其他變量的變化,就要用到因果關係調研。因果關係調研的目的是找出關聯現象或變量之間的因果關係。

三、市場營銷調研的內容

大體上，市場營銷調研可以分為宏觀市場營銷調研和微觀市場營銷調研。宏觀市場營銷調研是以全國市場為對象，對市場總體進行的調查。它的研究內容具有高度的概括性，研究的是總體市場上的普遍性問題。我們從企業生產與經營的角度出發，來重點研究企業的微觀市場營銷調研。

我們在對美國 798 家公司日常市場營銷調研活動所做的研究中發現，最普遍的 10 種市場營銷調研活動是市場特性的確認、市場潛量的衡量、市場份額的分析、銷售分析、企業趨勢分析、長期預測、短期預測、競爭產品研究、新產品的接收和潛量研究、價格研究等。在此我們將市場營銷調研的內容主要分為八類：

1. 市場研究（Market Research）
（1）市場競爭狀況研究
（2）市場現實與潛在需求預測
（3）產品各品牌的市場佔有率分析
（4）市場細分研究
（5）市場其他信息研究等

2. 價格研究（Pricing Research）
（1）成本研究
（2）利潤分析
（3）價格彈性
（4）需求分析（市場潛量、銷售潛量、銷售預測）
（5）競爭價格分析

3. 產品研究（Product Research）
（1）產品概念發展及測試
（2）品牌擴張及測試
（3）試驗市場
（4）現行產品測試
（5）包裝研究
（6）競爭產品研究

4. 分銷研究（Distribution Research）
（1）工廠、倉庫佈局研究
（2）渠道職能研究
（3）渠道覆蓋研究
（4）出口和國際市場營銷研究

5. 消費行為研究（Buying Behavior Research）
（1）購買行為研究

（2）購買動機研究

（3）品牌偏好研究

（4）品牌態度研究

（5）品牌認知研究

（6）產品滿意度研究

6. 促銷與廣告研究（Promotion & Advertising Research）

（1）動機調查

（2）文案調查

（3）廣告效果研究

（4）競爭廣告調查

（5）促銷活動調查（獎券、贈品、經銷商競賽等）

（6）企業公眾形象研究

7. 媒體研究（Media Research）

（1）媒體接觸率調查

（2）媒體收視（聽）率調查

（3）廣告監測調查

（4）媒體廣告量統計分析

（5）媒體廣告效果測試

8. 營銷環境研究（Marketing Environment Research）

（1）社會價值和政策研究

（2）生態影響研究

（3）法律限制研究（有關廣告、促銷等）

（4）企業外部市場研究（市場研究、競爭對手研究和銷售渠道研究等）

（5）企業內部研究（包括產品/服務的質量、數量、價格、銷售渠道、廣告、推銷員的能力和素質、企業雇員滿意度等）

第二節　市場營銷調研實務

一、市場營銷調研的步驟

營銷調研過程包括以下階段：①確定調研目標；②規劃調研設計；③計劃取樣；④收集數據；⑤分析數據；⑥得出結論並準備報告。

管理層位於整個過程的中心。營銷調研如果得不到管理層的支持，將無法確定適當的調研目標；最后制定決策的是管理層；營銷人員提交報告以後，有可能要求進一步調研的仍然是管理層。調研過程的階段如圖 5-1 所示。

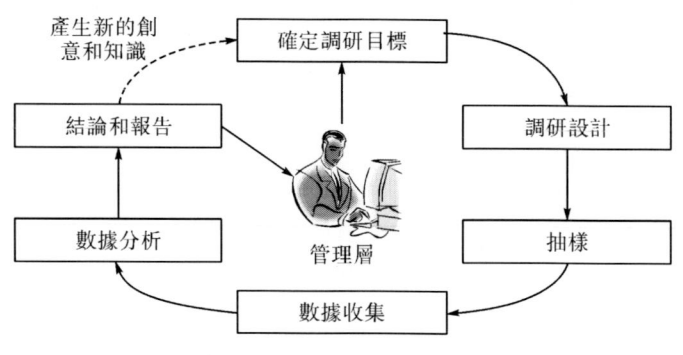

图 5-1　調研過程的各個階段

對應於不同階段，圖 5-2 列出調研人員在每一個階段所必須做出的決策。

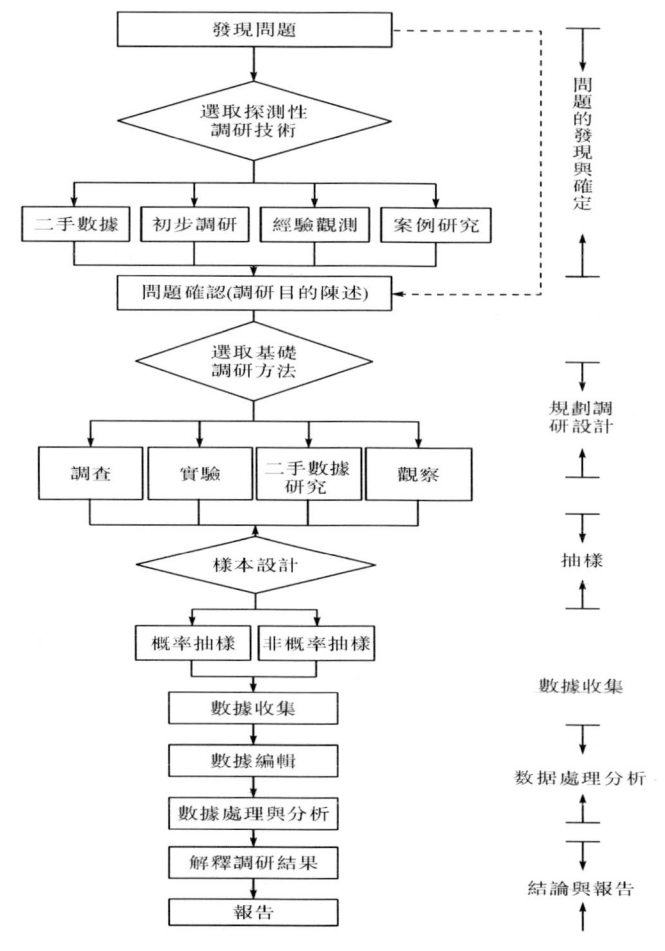

圖 5-2　市場營銷調研各階段之過程流程圖

第五章　市場營銷調研與預測

（一）確定調研目標

一般而言，為更深入地瞭解問題，營銷調研人員可以採用以下四個基礎性技巧：以往的調研與數據、初步調研、案例研究和經驗調查。

調研人員應當先調查一下以往的調研，其他人此前是否針對同樣的調研問題做了工作；應當在公司的檔案中查找以往的調研報告；此外，也可向有些專門的營銷調研公司購買或獲取各種調研報告。

初步研究是一種小規模的調研項目，它收集的數據來自那些與后續會用於完整的研究相類似的調研對象。它可以用做日後規模更大的研究的指南，也可檢驗調研的某個方法。初步研究能夠極大地提高精度並降低日後完整調研過程中可能會產生嚴重缺陷的風險，初步研究有時也被稱作預檢驗。

探索性調研可以用來幫助識別需要制定的決策。探索性調研可以逐步壓縮調研題目，幫助調研人員把模糊問題轉變為條理清晰的問題，從而使調研人員能夠確定具體的調研目標。經過探索性調研后，調研人員應當確切知道在正式項目階段應該收集什麼樣的資料，以及如何實施調研項目。

識別並闡明問題之後，無論是否需要進行探索性調研，調研人員都必須對調研目標進行正式陳述，這種陳述將描述所需的調研類型以及能夠獲得哪些情況以便決策者有的放矢地做出決策。

總之，為保證營銷調研的成功和有效，調研人員首先要明確調研的問題，既不可過於寬泛也不宜於過於狹窄，要有明確的界定並充分考慮調研成果的實效性；其次，要在調研問題的基礎上提出調研目標。

（二）規劃調研設計

闡明調研問題之後，調研人員必須進行調研設計。調研設計是一個主要的計劃，用來確定收集和分析所需要信息的方法和程序，為調研提供了一個框架或者說是行動計劃。

調研設計包括在調研前期確定的研究目標，以確保所收集的信息能夠用來解決問題。調研人員還必須確定信息的來源、設計技巧、抽樣方法以及調研的時間安排與成本。

（三）抽樣

雖然抽樣計劃已經在調研設計中有大致的介紹，但抽樣階段是調研過程一個獨立的階段。對於抽樣工作我們一般需要回答以下三方面的問題：

第一個抽樣問題：應當抽取哪些人作為樣本。要解決這個問題需要首先搞清楚目標總體。

第二個抽樣問題涉及樣本的規模：樣本應該多大？儘管管理層可能希望對產品或服務的每一個潛在顧客進行檢驗，但這樣做既沒有必要也不現實，其實，通過一個很小的組成部分也能對總體做出可靠的測量。

第三個抽樣問題是如何選擇抽樣單位。

77

市場營銷學

(四) 收集數據

制定了抽樣計劃后，就進入了數據收集階段。數據收集既可以通過人工觀察或訪談的方法來進行，也可以利用機器來記錄，但不管通過哪種方式收集，調研人員在過程中都必須注意盡量減少誤差。

(五) 處理並分析數據

調研人員完成實地的工作之后，必須把數據轉換成可以回答營銷經理提出的問題的格式。在此階段，調研人員從原始的數據中挖掘出信息內容，數據處理通常始於編輯數據和編碼數據。編輯數據包括檢查數據收集形式、查看有無紕漏、字跡是否清晰以及分類是否一致；數據編碼就是根據數據解釋、歸類、記錄和輸入數據庫的規則對獲取的數據建立有意義的類型和特徵符號，在實踐中通常通過對數據編碼以方便進行計算機的處理。

數據分析是利用邏輯思維來解釋收集到的數據。數據分析中所需的分析技巧取決於管理層對信息的要求、調研設計的特點以及所收集到數據的屬性。統計分析的範圍有可能涵蓋從簡單的概率分佈到複雜的多變量分析。

(六) 得出結論與準備報告

調研人員最重要的工作是將調研結果告知相關各方，包括解釋調研結果、描述所隱含的信息、得出適當的結論以供管理層決策。

調研人員需要注意你是向誰提交報告，例如，提交給博士組成的營銷顧問團的報告與提交給一線管理人員的報告應當是有所區別的；調研人員還需要避免過於強調複雜的技術問題和尖端的調研方法，管理層往往並不希望看到充斥著調研設計和統計發現細節的報告，他們需要的是對發現的總結。

二、市場營銷調研的方法

市場營銷調研的本質就是通過科學的方法，以客觀的態度系統、高效地收集與企業營銷活動有關的信息，為企業的營銷決策提供依據。市場營銷調研按信息資料的來源可以分為文案調查和實地調查兩種。

(一) 文案調查

文案調查法，又稱二手資料分析法，是市場研究人員對現成的數據、報告、文章等信息資料進行收集、分析、研究和利用的一種市場營銷調研方法，經常用於探索性的研究階段。文案調查收集的信息資料包括企業內部資料和外部資料兩種。

(1) 企業的內部資料主要包括企業內部的各種報表、訂貨和發貨記錄以及銷售員和顧客的反饋信息等。

(2) 企業的外部資料主要包括各級政府、非營利機構、貿易組織和行業協會、專業市場調研公司的報告以及各種商業出版物所提供的信息資料。

(二) 實地調查

實地調查也叫一手資料收集，是為了特定的研究目的，調查員依照調查方案直

第五章 市場營銷調研與預測

接向被訪者收集第一手的信息資料的調查方法。實地調查的方法又可以具體分為調查法、觀察法和實驗法。

1. 調查法

調查法是調查員利用事先擬定的調查提綱，直接向被訪者詢問的一種調查方法。由於調查法能夠收集到廣泛的信息資料，因而在市場營銷調研中最為常用。調查法又可分為問卷調查法、深度訪談法、小組座談法、投射法和行為數據法。

（1）問卷調查法是由調查員通過結構性調查問卷從被訪者處收集信息。它包括街頭攔截式面訪調查、入戶面訪調查、中心地調查、電話調查和郵寄調查等。

（2）訪談法由具有訪談經驗並掌握一定訪談技巧的調查員對被訪者進行面對面的深入的訪談，以揭示對某一問題的潛在動機、態度、信念和情感。它是一種無結構的、直接的、一對一的訪問，主要用於探索性研究。

（3）小組座談法，又稱焦點訪談法，採取一種松散的組織形式，將一組（通常是6~12人）具有代表性的消費者或客戶召集在一起，在一個受過專門訓練的有經驗的主持人的組織下就某個問題進行無結構的、深入的討論，從而獲得對該問題的深入瞭解的一種調查方法。這種調查方法基於這樣一種假定：人們處於小組討論氛圍下時更願意分享自己的觀點。這種調查方法一般選擇在一個裝有單面鏡和錄音錄像設備的房間內進行，它是一種典型的定性的研究方法，幾乎是定性調查的代名詞。

（4）投射法，或稱投影技法，通過設置某種刺激物讓被訪者解釋他人的行為，從而將其自己所關心的問題的潛在動機、態度或情感間接投射出來。這是一種無結構的、非直接的調查方式。

（5）行為數據法，通過商店的掃描數據、分類購買記錄和顧客數據庫來記錄顧客的購買行為。調查員通過分析這些數據可以瞭解許多情況。顧客的實際購買所反應的喜好常會比顧客反應給營銷調研人員的話語更能反應真實情況。人們經常會說出那些常見的品牌產品，而實際購買時，常會是另外的一些品牌產品。例如，調查百貨商店的數據表明，高收入的人們並不會像他們所說的那樣購買較貴的品牌產品，而許多低收入的人們也會購買一些較昂貴的品牌產品。美洲航空公司通過對其售出機票記錄的分析，可以很清楚地從中找到一些關於乘客的有用信息。

2. 觀察法

觀察法是調查者在現場對被調查者的情況直接進行觀察、記錄，以取得市場信息資料的一種調查方法。觀察法的好處是可以直接記錄行為，而不必依賴來自應答者的報告。例如，「神祕顧客」是由特定的訪問員扮作顧客，偽裝購物，可以觀察銷售人員的一舉一動，也可以進行比較購物以瞭解競爭性零售網點的價格。

> 芝加哥科學和工業博物館想瞭解其展品的受歡迎程度，本來打算採取調查方法，但是，一位熟悉調研設計的富有創造力的調研人員提出了一種成本更為低廉的調研方法：不引人注意的觀察法。這位調研人員指出，博物館只需記錄每個展品前地板磚的更換頻率，就能夠瞭解哪些展品前參觀的人數最多。經過觀察，博物館發現小雞孵化展最受歡迎。這種方法得出了與調查法一致的結論，而成本卻低得多。

觀察法並非像清點人數那麼簡單，其任務的難度也遠遠超過沒有經驗的調研人員的想像，因為很多信息是無法觀察到的，如態度、想法、動機以及其他無形的思想狀況。

3. 實驗法

實驗法是研究人員通過設計一定的實驗條件，將調查項目置於實驗環境中收集信息的一種方法。這種方法主要用於因果關係研究。例如，為獲取價格與乘客對空中電話服務購買量之間的關係變化，美洲航空公司選取了在芝加哥到東京的正常航班上進行實驗。在首次的一個星期航行中，它宣布每次服務的服務的收費是 25 美元。在第二周的同一航次上，它又宣布每次服務的收費為 15 美元。假設每次航班上的頭等艙載客人數相同，並且在一個星期內天天如此，那麼，在通話次數上的任何重要變化都可能與收費價格有關。實驗設計也可以通過下列方法進一步改善：試用其他價格或其他航次等。

三、市場調研的抽樣技術

抽樣是市場營銷調研的基礎，它是從調查對象的總體中抽取若干個個體，以用於代表調研總體的方法。從統計理論上講，當調查抽取的個體數量達到一定量時，可以認為對這些較少數量樣本的調查結果與對全體對象調查的結果基本是一致的。但其前提條件是，調查樣本的抽取必須科學，樣本必須具有代表性，這樣才能使調查結果詳實、可靠，並能充分反應調查總體的狀況。

（一）抽樣的幾個基本概念

1. 調查抽樣

從研究對象的總體中選擇一部分代表加以調查研究，然后由所得的結果推論和說明調查總體特徵，這種由總體中選取一部分代表的過程就是抽樣。

2. 總體與樣本

總體又稱調查母體，是指所要調查對象的全體。樣本從調查總體中按照一定原則和方法所抽取的這一部分代表，稱之為樣本。

3. 隨機抽樣與非隨機抽樣

隨機抽樣也稱概率抽樣，是指按照概率原則抽取調查樣本，不加以任何主觀判斷和選擇，調查總體中的每一個個體都具有相同被抽取的機會。

非隨機抽樣也稱非概率抽樣，是指根據方便原則或主觀標準來抽取調查樣本。

第五章　市場營銷調研與預測

4. 抽樣框與抽樣單元

抽樣框又稱為抽樣範疇，是抽取樣本的所有抽樣單元的名單。

抽樣單元是根據抽樣需要和按照某些標準，將調查總體劃分為有限個互不重疊又窮盡的若干部分，每個部分即為一個抽樣單元。

（二）抽樣的作用

1. 有利於調研項目的順利開展和進行

對於涉及面廣、調查對象樣本量超大的市場營銷調研項目，只有採用抽樣調查的方式才能使調研工作進行成為可能。

2. 有利於提高調研工作的速度和效率

科學的抽樣，能夠減少調查訪問對象的數量或提高調查工作的針對性和有效性，從而使市場營銷調研工作效率得以大大提高。

3. 有利於降低調研成本

在保證抽樣科學性和調查結果準確性的前提下，通過抽樣來達到減少調查樣本量，這將大大節約市場營銷調研中的人力、物力和財力。

4. 有利於提高調查結果的準確性

由於抽樣調查可以使調查人員將全部精力集中於少數樣本之上，故有助於調查工作誤差的降低，使調查人員更易於獲得正確而周詳的訪問信息。

（三）抽樣方法

1. 隨機抽樣

（1）簡單隨機抽樣。這是最完全的概率抽樣，即抽樣時沒有任何人為的選擇與控製，用完全隨機的方式從調查總體中抽取調查樣本，故其也被稱作純隨機抽樣。在具體操作上，簡單隨機抽樣又可分為：①抽簽法，即將總體每一個單元或個體編上號碼，混合后從中隨機抽出若干個樣本；②亂數表法，將大量 0~9 的數字完全隨機地「亂」排起來所形成的數表稱為亂數表，亂數表法就是利用亂數表進行隨機抽取數碼樣本的方法。

（2）等距抽樣。它也稱系統抽樣法，它是先將調查總體單元按照一定順序排列起來，隨機抽取第一個樣本后，按照一定樣本間隔抽出所需要的調查樣本。

（3）分層抽樣。這是一種卓越的隨機抽樣方法，它是先將總體按照某些重要標誌進行分組（層），然后在各組中採用隨機方式抽取調查樣本。分層抽樣方式具有組與組特徵不同、組內個體特徵相似、從各組中隨機抽取個體樣本的特點。

（4）整群抽樣。它是先將整個總體分割為多個相似的大群體，然后從中隨機抽出若干個群體，這些群體中的所有個體構成整個調查樣本。整群抽樣方式具有群與群特徵相似、群內個體特徵不同、隨機抽取若干群體作為調查樣本的特點。

下面用表 5-2 來說明各種隨機抽樣（概率抽樣）的抽樣方法。在每一種情況下，總體全部都是 25 名消費者，而且總體中消費者的態度均是呈現有 20% 的消費者表示不滿意，40% 的消費者表示中立，40% 的消費者表示滿意。

表 5-2　　　　　　　　　隨機抽樣常用抽樣方法說明與示意

隨機抽樣類型	總體抽樣方法	圖示	說明
簡單隨機抽樣	1. 總體表示單位唯一，通常用數字表示 2. 樣本通過隨機數字來抽取	01–25 編號表格；抽取樣本 01、08、10、17、24	總體中每個單位被選入樣本的機會是均等的
等距抽樣	1. 總體目錄清單（抽樣框） 2. 隨機起點，使用抽取間隔選取樣本單位	環形排列，固定間隔，隨機起點	樣本抽取框內每個單位被選入樣本的機會是均等的
整群抽樣	1. 整體由組內相同、組間不同的一些群體構成 2. 隨機選群，群內成員被隨機選取進入樣本	特徵組 A 特徵組 B 特徵組 C 特徵組 D 特徵組 E	總體內每個群均有相同的機會被選中；每個群組內的成員也有相同的機會從群中被選中
分層隨機抽樣	1. 總體被分成不同的組（層） 2. 從每層中隨機按比例選取其中成員作為樣本	第一層 第二層	總體中的每層成員被選入樣本的均值是均等的

第五章 市場營銷調研與預測

2. 非隨機抽樣

（1）隨意抽樣。它也稱任意抽樣，它是由調查人員採用自己認為最方便的方式進行樣本的抽取的一種方法。如在市場營銷調研工作中經常採用的「街頭攔截式」抽樣方法就是一種典型的隨意抽樣，這種方式對地點與受訪者的選擇都有極大的主觀性，一方面，總體中的某些人可能偶爾光顧或從不去鬧市區，另一方面，由於缺乏精確的選擇標準，有些成員因為他們的外表、舉止或者其他因素而被調查人員人為地排除。

（2）判斷抽樣。它也稱目的抽樣，它是根據調查人員的主觀判斷或專家的判斷來進行抽取樣本的一種方法。這種方法適用於調查人員基於選擇標準抽取典型樣本的任何調查。

（3）配額抽樣。它是非隨機抽樣中最流行的一種抽樣方法，是對全部樣本中的各種類型規定一個受訪者的配額或比例，配額抽樣根據研究內容來確定，並且通過總體關鍵特徵（甄別標準）來區分。例如，某調研人員希望訪問的樣本中60%為男性，40%為女性，因而配額抽樣可以克服隨意抽樣內在的非代表性的風險。

（4）推薦抽樣。它是以「滾雪球」的方式，通過使用初始被調查者的推薦來挑選和獲得其他調查樣本的抽樣程序。最初的名單在某些方面可能是特殊性的，樣本的增加主要是通過最初原始名單中那些人的加快產生的，依賴於受訪者的社會關係，尤其適合於手頭只有一個數量有限且少得可憐的抽樣框，而受訪者提供的推薦訪問名單又比較符合調查需要時使用。

四、問卷設計技術

問卷是調研人員用來收集數據的工具，通過精心設計的格式來展現調研人員期望受訪者回答的問題，它是調研過程中一個非常重要的部分。事實證明，問卷設計會直接影響數據收集的質量，即便是非常有經驗的調研人員，也不能彌補問卷缺陷帶來的偏差。

撰寫問句就是將每一項調研內容轉換成提問的句子和回答的選項，調研人員應盡量減少問句偏差；由於問卷是專門為某項研究而設計的，因此，調研人員對問卷的問句、使用說明、引導語和版面佈局都要進行系統的評估與修訂以防止潛在的錯誤；在上司或客戶認可之前調研人員要對問卷進行預測試，預測試后要進行微調，隨后要對問卷及答案進行編碼以方便信息化處理。問卷設計過程如圖5-3所示。

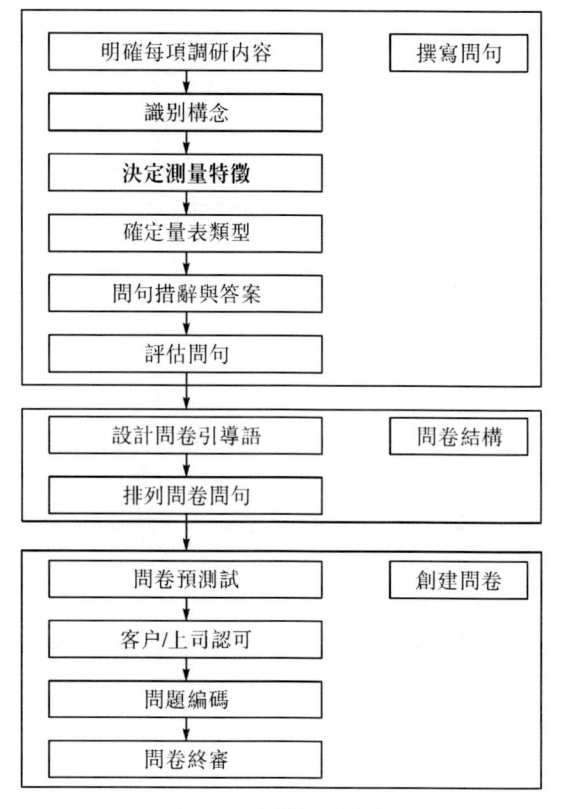

```
┌─────────────────────┐
│  明確每項調研內容    │   撰寫問句
├─────────────────────┤
│     識別構念         │
├─────────────────────┤
│   **決定測量特徵**   │
├─────────────────────┤
│   確定量表類型       │
├─────────────────────┤
│  問句措辭與答案      │
├─────────────────────┤
│     評估問句         │
└─────────────────────┘

┌─────────────────────┐
│  設計問卷引導語      │   問卷結構
├─────────────────────┤
│   排列問卷問句       │
└─────────────────────┘

┌─────────────────────┐
│    問卷預測試        │   創建問卷
├─────────────────────┤
│   客戶/上司認可      │
├─────────────────────┤
│    問題編碼          │
├─────────────────────┤
│    問卷終審          │
└─────────────────────┘
```

圖 5-3　問卷設計過程

（一）撰寫問句

撰寫問句是用恰當的提問措辭、合適的回答形式編製問句，以使受訪者能夠清楚無偏差地理解調研人員所提出的問題。

1. 問句措辭設計中應遵循的四個原則與注意事項

（1）問句應當聚焦於一個主題或話題

調研人員必須最大限度地使問句聚焦於具體的主題或話題。例如，「你旅行時常住哪類賓館」就是一個非常模糊的問句。因為這個問句沒有說清旅行的類型，也沒有告知何時使用賓館。比如說，究竟是商務旅行還是度假旅行？下榻賓館是指途中休息，還是在目的地過夜？一個主題比較明確的問法是：「當你和全家一起度假時，在旅行目的地，通常下榻哪類賓館？」

（2）問句應當簡短

問句設計中應當剔除繁雜的和不必要的措辭。這一要求在設計口頭提問的問句時尤為重要，簡短的問句有助於受訪者瞭解問句的核心含義並減少對提問的誤解。下面是一個冗長的問句：「假設你注意到冰箱的自動制冰效果並不像剛買回來時那

第五章 市場營銷調研與預測

樣好，於是打算去修理一下，此時，你心中會有一些什麼考慮呢?」一種更好的簡短問句應該是：「若你的冰箱制冰器運轉不正常，會怎樣解決呢?」我們的建議是，簡短的問句最好不要超過20個字。

（3）盡可能使用簡單句

單句之所以受到歡迎，是因為它只有一個主語和謂語。而複合句卻可能有多個主語、謂語、賓語和狀語等。句子越複雜，受訪者出錯的可能性就越大。如果有必要，可以使用兩個句子來表達問句的本意。看下面這個問句：「如果你們正在選車，一家之主使用這輛車來接送孩子們去學校、上音樂課和會朋友，在試車時你和你的配偶會對這輛車的安全性做何種程度的討論呢?」一個簡單地問法是：「你和你的配偶會對一輛新的家庭用車的安全性進行討論嗎?」若回答「是」，接著問：「你們對安全性的要求是『低』『一般』『很高』還是『非常高』?」

（4）問句應當清晰

問句應當清晰，使所有的受訪者都能明白問句的意思是非常必要的。例如，對「你有幾個孩子」這個問句可以有多種解釋。有的受訪者認為僅僅是指居住在家裡的孩子，而其他受訪者可能會把上一次婚姻所生的孩子也包括在內。這個問句應當改為：「你有幾個18歲以下並在一起生活的孩子?」

把問題表達清晰的一種方式是使用受訪者熟悉的詞彙，最好避免使用模棱兩可或可能導致受訪者誤解的詞彙。一個學者曾經準確地概括了問句設計原則：問句應當簡短、易懂和清晰。

當調研涉及不同國家/地區時，問句設計會更加困難。許多國家/地區都有自己獨特的文化，一些國家/地區還同時存在好幾種語言或方言，因此，針對不同國家/地區設計問句是一項巨大的挑戰。以調查購買力為例的一些撰寫問句時最應當避免的詞彙如表5-3所示。

表5-3　撰寫問句時最應當避免的詞彙：以調查購買力為例

詞彙	較差措辭	為什麼這樣不好	較好措辭
所有	在決定購買家庭影院音響前，你考慮了所有的方面嗎？	對於消費者來說，可能有太多的考慮因素，很難逐個考慮。	當你要購買家庭影院時，你會考慮什麼因素？
總是	你總是從博士（Bose）購買音像製品嗎？	「總是」意味著每一次都一樣，沒有例外。	你經常到博士購買音像製品嗎？
從不	在購買電子產品時，你從不考慮保修因素嗎？	「從不」指的是所有情況，沒有例外。	在購買大件電子產品時，你通常會考慮保修因素嗎？
曾經	你曾經使用過家庭影院系統嗎？	「曾經」指的是一個人生活當中的任何一段時間。	在過去的30天內，你使用過家庭影院系統嗎？

85

表5-3(續)

詞彙	較差措辭	為什麼這樣不好	較好措辭
任何	任何情況下你都會關心價格因素嗎？	一個很微小的關心也可以理解為「任何」，通常這樣的關心是不顯著的。	你會在多大程度上關心價格？
任何人	在做出購買家庭影院的決定之前，你會跟任何人討論嗎？	「任何人」包括家人、朋友、同事、銷售人員、鄰居、老師等，指地球上的每一個人。	在做出購買家庭影院的決定之前，你會跟哪些人（也許包括配偶，同事等）討論？
最好	你的新家庭影院最好的功能是什麼？	「最好」指的是只有一個功能是最好的，但通常情況下，有些功能可能是同樣重要的。	請使用「差」「中」「良」「優」對你的新的家庭影院的下列功能進行評價。
最差	高價格是你的家庭影院最差的方面嗎？	可能不僅僅包括一個最差的因素。	當你購買家庭影院時，高價格會在多大程度上影響你的購買決策？

撰寫措辭時應當注意：不應誘導受訪者選擇其中一個特定答案、不應使用含有暗示性的短語、問題不應使用雙重提問、問句當中不應該使用誇大事實的詞彙。

以全球衛星定位系統（GPS）為例來探討一些撰寫措辭中應該遵循的四個原則與四個注意事項。如表5-4所示。

表5-4　　　　　　　　　恰當和不恰當的問句措辭示例

規則	晦澀問句措辭	理想問句措辭
恰當：聚焦	你對你的全球衛星定位系統感覺如何？	請對全球衛星定位系統的下列特點進行評價（特點清單）。
恰當：簡短	當路況不好時，你是否依賴全球衛星定位系統幫助你找到最快到達上班地點的路呢？	你的全球衛星定位系統幫助你按時到達目的地了嗎？
恰當：簡單句	如果你需要找到10千米外的孩子最好的朋友家，並送孩子去參加這個好朋友的生日聚會，你會使用全球衛星定位系統進行導航嗎？	你在什麼情況下會使用全球衛星定位系統幫助你找到孩子的朋友家？
恰當：清晰	你的全球衛星定位系統有用嗎？	在哪些情況下，你的全球衛星定位系統會發揮作用？（列出情況）
不恰當：誘導	難道不是每一個人都應該使用全球衛星定位系統嗎？	按照你的觀點，你覺得全球衛星定位系統的作用有多大？

第五章 市場營銷調研與預測

表5-4(續)

規則	晦澀問句措辭	理想問句措辭
不恰當：暗示	如果能夠證明全球衛星定位系統對降低世界石油消耗有幫助，你會購買它嗎？ 請問你覺得標號為「1」的樣品與標號為「2」的樣品，哪個的外形更好看一點？	你認為全球衛星定位系統能為你省多少油？ 請問你覺得「627」與「316」號樣品，哪個外形更好看一點？（避免使用暗示性的簡單的編號，因為消費者存在1比2好，A比B好的這種心理暗示性假設）
不恰當：雙重	如果想省時、省錢和減少擔心，你會購買全球衛星定位系統嗎？	如果相信全球衛星定位系統能為自己節省10%的時間，你會購買它嗎？（關於錢和擔心方面的問題另外再問）
不恰當：誇張	你認為全球衛星定位系統能幫助你避免可能持續幾個小時的交通堵塞嗎？	你認為全球衛星定位系統能在多大程度上幫助自己避免交通堵塞？

2. 常見的問題形式

（1）二項選擇法：提出的問題僅有兩種答案可以選擇。只能在「是」或「否」，「有」或「無」中選擇一個。這兩個答案是對立的，排斥的，非此即彼。

（2）多項選擇法：所提出的問題答案有兩個以上，被訪者可在其中選擇一個或幾個，但一般不要超過三個。這種題一般還要設置一個「其他」選項，以便被訪者充分表達自己的意見。

（3）順位題：它也叫排序題，是研究者給出幾個選項，由被訪者根據重要性進行排序。

（4）回憶題：它通過回憶，瞭解被訪者對不同商品質量、品牌等方面印象的強弱。如：當我一提到手機品牌時，您首先想到的是＿＿＿＿品牌手機，其次是＿＿＿＿品牌手機，最后是＿＿＿＿品牌手機。

（5）比較題：這種題一般是把若干可比較的事物整理成兩兩對比的形式，要求被訪者進行比較並做出肯定的回答。

（6）態度量表：這種題主要是用來對被訪者回答的強度進行測量。如：請對保險公司的下述各方面做出評價，如表5-5所示。

表 5-5　　　　　　　　保險公司評價態度量表

公司形象	非常好	比較好	一般	比較差	非常差
廣告宣傳	非常好	比較好	一般	比較差	非常差
諮詢服務	非常好	比較好	一般	比較差	非常差
營銷人員素質	非常好	比較好	一般	比較差	非常差

有時為了便於對數據進行處理，往往把定性問題定量化，即給答案中的每個選項按重要程度賦分：5、4、3、2、1。程度多劃分為奇數，如 3 分制、5 分制或 7 分制。

(二) 問卷結構

問卷結構是指將問卷中的陳述句和問句有序地進行排列，結構良好的問卷能夠激勵受訪者小心謹慎地完成問卷，結構混亂的問卷則可能會使受訪者灰心喪氣，甚至中途停止回答問題。而對於問卷結構的設計我們主要關心兩個方面，即問卷引導和主體問卷的問句邏輯。

1. 問卷引導

郵寄問卷與網絡調查中問卷引導通常作為附信；現場訪問中，問卷引導通常作為「開場白」說給潛在的受訪者聽，以簡明地說明訪問性質與作用，以獲得受訪者的支持。表 5-6 通過一個事例說明問卷引導語的功能及設計問卷引導語中應該注意的原則性要求

表 5-6　　　　　　　　問卷引導的功能與標準說明

功能	例子	原則與說明
確認調研者或委託公司	你好，我叫×××，我是×××調研公司的訪問員。我不是在推銷任何東西。	用禮貌的方式公開調研者的身分，使潛在受訪者意識到這是一個真實合法的調研，而不是推銷員唱的高調。當然也有不公開調研，即不公開調研公司的名稱。
解釋受訪者是如何被選中的	你的電話號碼是被電腦隨機選中的。	告訴潛在受訪者是如何被選入調研的，打消受訪者的疑慮。
表明調研目的	我正在進行一個有關互聯網瀏覽器的調研。	簡潔地向潛在受訪者表明調研主題和接受訪問的原因。
甄別潛在訪問者	請問您最近三個月使用過互聯網嗎？	對於回答「否」而不符合調研條件的及時停止調研，以節約時間，並禮貌地終止訪問。
提出要求和提供激勵	這是一個匿名調研，我將問你一些有關使用網絡瀏覽器的經歷，大約會用 10 分鐘的時間，現在時間合適嗎，作為感謝我們會向你贈送話費××元？	詢問潛在受訪者是否願意在此時參與調研（注意這裡的匿名是為了獲得合作），激勵潛在受訪者。

2. 問句邏輯

問句邏輯是指將問卷和甄別問卷中的問句或問句板塊按一定的順序進行排列，為了使受訪者在回答問題時更加輕鬆，這些問句的排列必須盡可能地遵循一定的順序，這些問句的排序也應當符合相應的常識或邏輯性要求。如表 5-7 所示。

第五章　市場營銷調研與預測

表 5-7　　　　　　　　問卷中各類問句的位置之邏輯順序

問題類型	問句所處位置	例句	理由
甄別問句	開篇	過去一個月中你是否在×××商店買過東西？ 你是第一次來這裡嗎？	用於甄選符合調研要求的受訪者
熱身問句	在甄別問句之后	你多長時間去買一次休閒服裝？ 你通常在一周的哪幾天買休閒服裝？	很容易回答；向受訪者表明調研很容易完成，可激發興趣，通過簡單問題的詢問引導受訪者完成全部問句
過渡（陳述和提問）問句	在主要問句之前或變換提問方式前	接下來，我要問一下您的家庭看電視習慣方面的問題。 下面我會讀一些句子，請你在我讀完每個句子后告訴我同意或不同意該說法。	提示受訪者接下來的問句的主題或形式會有所改變
複雜或難以回答的問句	位於問卷中間；接近卷尾	請用 1~7 分（1 代表最差，7 代表最好）來給這家商店銷售員的友善程度評分。 在接下來的三個月中你購買以下物品的可能性有多大？	此時受訪者已經完成大部分的調研，面對不得不接受訪問的境地，只能繼續接受這些較難問句的訪問，並且能看到（或被告知）所剩的問句不多
分類/人口統計問句	最后	您的最高學歷是什麼？	一些關於「私人」的可能引起不快的問句放在問卷的最后部分

　　大多數調研人員都認同表 5-7 中提到的問句排列規則，但也有一些調研人員喜歡其他的問句排列形式。他們傾向於將問句分成幾個模塊，例如對於咖啡購買的訪問，可分為外觀、顏色、氣味、口味、價格、購買地點、使用習慣等模塊，這些模塊根據一定的邏輯和原則進行排列，然后再將問句排在適當的模塊中。

　　3. 問卷創建

　　問卷設計的最后一個環節是問卷創建，而此部分工作的主要內容是問題的編碼。所謂問題編碼也就是對問句的每個回答選項配以數字或代碼，以方便調研結束后數據錄入，編碼的目的是使每一種可能回答與唯一的數字/代碼相對應，以方便進行計算機的信息化處理。

最終問卷編碼示例

1. 上個月你是否買過必勝客比薩店的比薩餅？
　　__是(1)　　__否(2)　　__不確定(3)
2. 上個月你買必勝客比薩店的比薩餅時，你的做法是:(單選)
　　__要求送貨到家(1)

__要求送貨到單位(2)

　　__自己取走(3)

　　__在比薩店享用(4)

　　__採用其他方式(_____)購買(5)

3. 你認為必勝客比薩店的比薩餅口味如何？（單選）

　　　1　　　2　　　3　　　4　　　5

　（很差）（差）（一般）（好）（很好）

4. 你喜歡在比薩餅上撒下面哪些配料？（可多選）

　　__青椒(10,11)　　__洋葱(20,21)

　　__蘑菇(30,31)　　__臘腸(40,41)

　　__胡椒(50,51)　　__辣椒(60,61)

　　__黑橄欖(70,71)　__鳳尾魚(80,81)

5. 你怎樣評價在點餐后必勝客的服務速度？

　　　1　　2　　3　　4　　5　　6　　7

　（非常慢）　　　　　　　　　　（非常快）

6. 你的年齡：____歲

7. 你的性別：____男(1)　　　____女(2)

下面是一些問題編碼的基本原則

（1）每一個封閉式問句中的每一個可能的回答都應有對應的編碼數字。

（2）無論問句處於問卷中的什麼位置，都應該使用統一的編碼系統。

（3）「多項選擇」只不過是「是與否」問句的特例，因此可用「1」表示是，用「0」表示否。如上表中，消費者選擇（10，21，……）即代表（不喜歡青椒，喜歡洋葱……）。

（4）如果有可能，在問卷定稿前就應該建立好相應的計算機信息化處理的軟件或系統應用。

「預測試」通常會先選擇5～10名受訪者進行，以幫助調研人員從問卷初稿設計中發現一些普遍性的問題，避免正式調研后因為設計人員在設計中沒能完全站在受訪者立場進行設計，造成問卷在問句、邏輯、表述上的不當，從而給后續的調研造成巨大損失和無法彌補的缺陷。

第三節　市場營銷預測概述

一、市場營銷預測的含義

　　企業的市場營銷預測是建立在市場信息和企業內部資料的基礎上的，它把與企

第五章　市場營銷調研與預測

業未來產品發展有關的各個方面情況匯集在一起。營銷預測既要與企業設定的方向與企業的總體發展目標相適應，也要為市場營銷的科學決策出一張宏偉的藍圖。

市場營銷預測是對未來的預見和推測，是企業根據得到的各種營銷信息和資料，運用一定的方法或數學模型，對於營銷有關的未來狀況做出估計和判斷。如對一個產品的市場需求預測、對一個地區的市場購買力預測等。

市場營銷預測可以為企業的營銷決策提供可靠的客觀依據。從而為企業制訂計劃目標和做出各種營銷決策提供資料和依據。企業進行市場營銷預測的基礎是廣泛而周密的營銷調查研究。

二、市場營銷預測原則

1. 連貫原則

連貫原則即把未來的發展同過去和現在的發展狀況聯繫起來，任何割斷歷史聯繫的預測都是不可取的，其預測結果也往往是片面的或不科學的。

2. 相關原則

相關原則也稱系統原則。一切事物發展的內部要素都是互相聯繫、互相制約的。營銷環境因素和企業內部因素等作為企業營銷系統的要素也都是相互關聯的，一種因素的變化可能會對其他因素產生影響，因此，企業的市場營銷預測應綜合考慮各個因素的變化情況及相關作用。

3. 類推原則

由於許多事物的發展都存在著相似或類同性，掌握了某一類事物發展變化的規律，就可以推測其他事物的發展變化規律，即「舉一反三」「以此類推」。將這一原則運用到市場營銷預測中，我們可以從一種產品或服務的變化趨勢，或者從與自己企業狀況相似的企業的發展變化中分析本企業的發展趨勢。

三、市場營銷預測種類

1. 預測範圍

預測範圍可分為宏觀市場營銷預測（如對全國市場需求變化的預測等）和微觀市場營銷預測（如對某一企業產品的銷售情況的預測等）。

2. 預測時間

預測時間可分為長期預測、中期預測、短期預測和近期預測。

長期預測是指 5 年以上的預測。這種預測要求營銷人員把注意力放在商品銷售的長期營銷方向上，一般用於新廠的建設以及擴充、添置新機器、新設備的投資計劃安排，商品結構的變化，潛在市場的需求，商品的生命週期階段的預測等。

中期預測是指對 1~5 年間營銷因素變化的預測。它主要用於生產週期較長產品的設備及原材料的採購、企業經營在近期內應做的改進的預測。

市場營銷學

短期預測是指對一年內營銷情況的預測。短期預測主要為了解決在較短的時間內，企業應該採取哪些經營策略，或對原有策略進行哪些方面的調整，以及對消費者應提供的商品數量等。

近期預測是指一兩個月內的預測，如節日市場需求預測，這種預測能使企業選擇最適當的時間、地點和產品的供應量。

在一般情況下，預測結果的準確性因預測時間的長短而不同，預測時間越短，其誤差越小。但是，由於預測內容的差別，有些預測又必須是長期的。因此，各企業在進行預測時，要根據被預測的內容和決策的需要來決定。

3. 定性預測和定量預測

定性預測是對營銷因素未來發展的性質的判斷或推測。如對某產品需求量變動趨勢是增長還是減少的預測。

定量預測是對營銷因素未來發展的程度和數量關係的預測。如對某產品的市場需求在 5 年內將增加多少的預測。

為了保證預測的準確性，一般在採用定性預測後再採用定量預測，使兩者有機地結合起來。

4. 單項預測和綜合預測

單項預測是對某一項產品或某一個問題的預測。這種預測一般用於解決某一方面的重點問題，如重點產品的發展，某一產品的式樣、價格變動將對顧客引起的反應等。

綜合預測是指對包括多個項目的綜合影響所進行的預測，這種預測應用的範圍較廣，可用於對企業全部營銷情況的預測、對產品群的預測等。

5. 樂觀預測和悲觀預測

樂觀預測是對營銷狀況未來變化趨勢的從寬估計。樂觀預測容易鼓舞人們的鬥志，但在預測時要注意不能過分樂觀，以免達不到預期的目標，甚至造成損失。

悲觀預測是對營銷狀況未來變化趨勢的從嚴估計。悲觀預測一般都有可靠的資料及市場調研作基礎，但企業過於悲觀容易趨於保守，在這種情況下，目標雖然容易達到，但有時會錯過良機，影響營銷事業的發展和壯大。

四、市場營銷預測的內容

市場營銷預測的內容和步驟正確與否是決定市場營銷預測是否科學合理的關鍵。抓住了這一關鍵問題，就能使企業的市場營銷獲得成功。

1. 市場需求預測

一個產品的市場需求是指在一定的地理區域和一定的時間內，在一定的營銷環境和一定的營銷方案下，特定的顧客群體願意購買的總數量。市場需求預測是市場營銷預測的最重要的內容。

第五章　市場營銷調研與預測

（1）產品的市場需求：即市場需求的八要素。

①產品。市場需求的預測要確定一個產品種類的範圍，是哪一個產品，是哪一種產品還是哪一類產品的市場需求。

②總數量。一個產品市場需求量的大小可用實物量（如1億噸）、金額數量（如1億元）或相對數量（如占20%）來衡量。企業進行預測前應明確其衡量指標。

③購買量。在市場需求衡量中，確定「購買量」必須明確是指定每單數量、裝運數量、付款數量、收貨數量或消費數量。不同的指向，市場需求的「購買量」不相同。因此，在市場營銷預測中明確這一點是非常重要的。

④顧客群體。市場需求的預測可以針對整個市場或任何一個、幾個細分市場。不同的市場即不同的顧客群體具有不同的購買和需求方式以及不同的需求量。

⑤地理區域。市場需求的預測應依據明確定義的地理邊界來衡量，如下一年度轎車的需求量預測是指世界範圍內，還是中國國內，還是在美國國內，或者某個地區。

⑥規定的時期。市場需求的預測應有一個規定的時期，可以指下一年度或未來5年等。預測的時間越長，其準確性越差。

⑦營銷環境。市場需求受許多不可控製的因素影響。每一產品的市場需求預測都應詳盡地列出人口統計、經濟、技術、政治和文化環境所做的假設。

⑧營銷方案。市場需求也受一些可控製因素的影響，特別是受到企業制訂的營銷方案的影響。大多數的市場需求對產品價格、促銷、產品改進和分銷努力都多少有些彈性。因此，市場需求預測就要求對未來的行業價格、產品性能和營銷費用做出假設。

（2）對市場的預測：它是指企業所要預測的市場是潛在市場還是有效市場，是合格有效市場還是滲透市場。潛在市場是指對某一確定的市場供應品自稱有些興趣的一群消費者；有效市場就是對特定的市場供應品有興趣、有收入和有通路的一群消費者；合格有效市場是對一個特定的供應品感到有興趣、有收入、有通路和有資格的一群消費者；滲透市場是指實際購買該產品的一群消費者。

2. 市場購買力預測

市場購買力預測是指對市場上現有的購買力水平和潛在的購買力水平的預測。在產品價格不變的情況下，市場購買力是由消費者的收入水平和經濟建設的需要決定的。因此，對購買力的預測主要包括以下內容：①消費者收入水平的變化趨勢；②國家的工資政策和投資政策的變化趨勢；③基本建設投資增建趨勢。

3. 企業資源預測

企業資源預測主要包括以下內容：①原材料供應的保證程度；②能源的保證程度；③使用新材料的可能性；④資源綜合利用的可能性及發展趨勢。

4. 市場佔有率預測

市場佔有率預測是指對一個產品、一系列產品或企業上市銷售的所有產品，在

市場同類產品總量中所占比重的發展趨勢的預測。在進行預測時要把握以下幾個方面：

①要統計分析本企業產品歷年的市場佔有率，從數量比例、成本高低、質量優劣等方面排列名次，以分析本企業產品在市場上所處的地位，並推測出來。

②要調查、預測競爭者的情況，掌握競爭對手的經營策略及變化趨勢，並預測可能出現的新的潛在競爭對象及對本企業產品的威脅，以全面把握競爭形勢。

③要預測市場上可能出現的新產品，尤其要預測新產品在質量、成本、價格等方面與本企業產品的異同，加以評價，從而進一步對代替老產品的狀況及發展趨勢做出預測，以便及早採取措施。

5. 產品生命週期預測

產品生命週期預測是市場營銷預測的重要內容，這種預測不僅包括預測這類產品在市場上將要經歷哪幾個階段，更重要的是要預測各階段的轉折時間，即何時進入發展期或成熟期，尤其要注意何時進入衰退期。為了準確預測產品的衰退期，營銷人員還應對產品的市場飽和點及代用品的出現情況進行預測等。

6. 新技術發展趨勢預測

新技術發展趨勢預測是對技術發展對產品發展影響的預測。技術發展對產品發展有著決定性的影響，新技術、新材料、新工藝及在生產上的應用，既會創造出新的產品取代老產品，又會產生新的產品需求。這種預測主要包括對新技術、新發明、新設備、新材料等所具特點、性能、應用範圍和應用速度、經濟效益的預測，以及它們對社會生活和本企業產品的影響程度的預測。

諾基亞淪陷：低估智能手機技術發展

1998 年，正當老對手摩托羅拉陷入困境時，諾基亞卻是如日中天。不過輝煌之後，今日（2011 年）的諾基亞錯誤連連。

諾基亞並未忽視手機的智能化發展，但它無疑低估了變化的速度，或許很少有人會料到基於網絡的應用向手機平臺的遷移會如此迅猛，而開發社區與用戶的熱情如此高漲，同時高端硬件的製造成本下降又如此快速。假如塞班系統早兩年走向開放，或者對米果（Mee Go）的投入堅決一些，或者諾基亞搶在蘋果前面與谷歌合作，甚至直接積極擁抱安卓，結果是否會不同？

7. 產品價格預測

產品價格預測是對產品價格的漲落趨勢的預測，它是市場營銷預測的重要內容。由於價格變動原因有多種，因而對產品價格的預測也應包括多方面的預測：①成本的變化趨勢，包括原材料、設備價格的變化，企業管理方面的原因引起的成本變化。②國家的價格政策對價格變化的影響。③貨幣幣值的變化給價格帶來的影響。

第五章　市場營銷調研與預測

8. 經營效果預測

經營效果預測是對本企業一定時期的經營效果變化情況的損測，包括兩個方面的內容：一是預測一定時期內企業經營目標的實際情況；二是預測企業在一定時期內的產品銷售量及利潤收入的變化情況等。

五、市場營銷預測的過程

市場需求預測是對未來市場需求的估計。在大多數情況下，企業的營銷環境是在不斷變化的，由於這種變化，總市場需求和企業需求都是變化的、不穩定的。這時準確地預測市場需求和企業需求就成為企業成功的關鍵，因為任何錯誤的預測都會導致諸如庫存積壓或存貨不足等問題，從而出現銷售額下降以至中斷等不良后果。

市場預測涉及面較廣，為了提高預測工作的效率和質量，必須按照一定的工作程序來進行。市場預測過程大致包括以下幾個步驟：

1. 明確預測目標，制訂預測計劃

有了明確具體的預測目標，才能為進一步收集資料，選擇預測方法指明方向。預測目標確定以後，營銷人員就應根據目標的難易程度制訂預測計劃，包括調配預測人員、編製費用預算、安排工作日程等內容，使預測工作有計劃、有步驟地開展。

2. 收集整理資料並加以分析

營銷人員通過調查，佔有充分的信息資料，這樣才能對市場變動的規律性和預測對象的發展趨向進行具體分析，同時為預測模型提供必要的數據。市場預測的資料包括歷史資料和現實資料兩大類，收集資料一定要以預測目的和要求為轉移，力求做到資料具有廣泛性和適用性。

3. 選定預測方法及模型，做出預測

選擇適當的預測方法、模型進行預測，是取得預測成果的關鍵一步。營銷人員在選擇預測方法及模型時，應綜合考慮預測目標的要求、所收集到的資料情況、預測人員的專業技術水平等，因為每一種方法、模型都有其適用條件及範圍。在許多預測中，通常是幾種方法交叉使用，互相補充。

4. 分析預測結果，修正預測模型

預測誤差是指預測值與實際值之間的差額。市場預測具有近似性的特點，因此預測結果不可能與實際值完全一致，預測誤差是必然存在的。如果誤差過大，則說明預測模型可能有問題，必須進行修正或選用其他模型。

5. 提出預測報告

預測者在對預測結果進行必要的評價、檢驗和修正后，要確定最終預測值，形成書面形式的預測報告，遞交有關部門，供其決策時參考。

第四節　市場營銷預測方法

市場預測方法有很多，根據美國斯坦福研究所統計，市場預測方法不下一二百種，其中常用的方法也有二三十種，大體上可分為兩大類：定性預測法與定量預測法。

一、定性預測法

定性預測法也稱為判斷分析法，由預測者根據已有的歷史資料和現實資料，依靠個人的經驗和知識，憑藉個人的主觀判斷來預測市場未來的變化發展趨勢。

此方法一般在缺少可利用的歷史統計資料的情況下採用，側重於對市場的性質進行分析。

其優點是比較靈活，成本低，費時少。其缺點是受預測者的主觀因素影響較大，較難提供精確的預測數值。

（一）德爾菲法（Delphi Method）

德爾菲法又稱專家調查法，20世紀40年代末期由美國蘭德公司首先提出，很快就在世界上盛行起來的一種調查預測方法。其應用過程如下：

第一步是挑選專家，具體人數視預測課題的大小而定，一般問題需20人左右。在進行函詢的整個過程中，自始至終由預測單位函詢或派人與專家聯繫，不讓專家互相發生聯繫。

專家選定之后，即可開始第一輪函詢調查。預測者一方面向專家寄去預測目標的背景材料，另一方面提出所需預測的具體項目。首輪調查，任憑專家回答，完全沒有框框。專家可以以各種形式回答問題，也可向預測單位索取更詳細的統計材料。

預測單位對專家的第一輪反饋回來的各種回答進行綜合整理，把相同的事件、結論統一起來，剔除次要的、分散的事件，用準確的術語進行統一的描述。然後將結果反饋給各位專家，進行第二輪函詢。

第二輪函詢要求專家對所預測目標的各種有關事件發生的時間、空間、規模大小等提出具體的預測，並說明理由。預測單位對專家的意見進行處理，統計出每一事件可能發生日期的中位數，再次反饋給有關專家。

第三輪是各位專家再次得到函詢綜合統計報告后，對預測單位提出的綜合意見和論據加以評價，修正原來的預測值，對預測目標重新進行預測。

上述步驟，一般經過3~4輪，預測的主持者要求各位專家根據提供的全部預測資料，提出最后的預測意見，若這些意見收斂或基本一致，即可以此為根據做出判斷。

德爾菲法是在專家會議的基礎上發展起來的一種預測方法。其主要優點是簡明

第五章　市場營銷調研與預測

直觀，預測結果可供計劃人員參考，受到計劃人員的歡迎，避免了專家會議的許多弊端。在專家會議上，有的專家崇拜權威，跟著權威一邊倒，不願發表與權威不同的意見；有的專家隨大流，不願公開發表自己的見解。德爾菲法是一種有組織的諮詢，在資料不齊全或不多的情況下均可使用。

德爾菲法同時也存在著缺點。例如，專家的選擇沒有明確的標準，預測結果的可靠性缺乏嚴格的科學分析，最后趨於一致的意見，仍帶有隨大流的傾向。

在使用德爾菲法時必須堅持三條原則。第一條是匿名性。預測者對被選擇的專家要保密，不讓他們彼此通氣，使他們不受權威、資歷等方面的影響。第二條是反饋性。一般的徵詢調查要進行3~4輪，要給專家提供充分反饋意見的機會。第三條是收斂性。經過數輪徵詢后，專家們的意見相對收斂，趨向一致，若個別專家有明顯的不同觀點，應要求他詳細說明理由。

（二）部門主管集體討論法（Jury of Executives）

該討論法通常由高級決策人員召集銷售、生產、採購、財務、研究與開發等各部門主管開會討論。與會人員充分發表意見，提出預測值，然后由召集人按照一定的方法，如簡單平均或加權平均，對所有單個的預測值進行處理，即得預測結果。

這種方法的優點是：①簡單易行；②不需要準備和統計歷史資料；③匯集了各主管的經驗與判斷；④如果缺乏足夠的歷史資料，此法是一種有效的途徑。

這種方法的缺點是：①由於是各主管的主觀意見，故預測結果缺乏嚴格的科學性；②與會人員間容易相互影響；③耽誤了各主管的寶貴時間；④因預測是集體討論的結果，故無人對其正確性負責；⑤預測結果可能較難用於實際目的。

（三）用戶調查法（Users' Expectation）

當對新產品或缺乏銷售記載的產品的需求進行預測時，常常使用用戶調查法。銷售人員通過信函、電話或訪問的方式對現實的或潛在的顧客進行調查，瞭解他們對與本企業產品相關的產品及其特性的期望，再考慮本企業的可能市場佔有率，然后對各種信息進行綜合處理，即可得到所需的預測結果。

這種方法的優點是：①預測來源於顧客期望，較好地反應了市場需求情況；②可以瞭解顧客對產品優缺點的看法，也可以瞭解一些顧客不購買這種產品的原因，有利於改進、完善產品，開發新產品和有針對性地開展促銷活動。

這種方法的缺點是：①很難獲得顧客的通力合作；②顧客期望不等於實際購買，而且其期望容易發生變化；③由於對顧客知之不多，調查時需耗費較多的人力和時間。

（四）銷售人員意見匯集法（Field Sales Force）

這種方法有時也稱基層意見法，通常由各地區的銷售人員根據其個人的判斷或與地區有關部門（人士）交換意見並判斷后做出預測。企業對各地區的預測進行綜合處理后即得企業範圍內的預測結果。有時企業也將各地區的銷售歷史資料發給各銷售人員作為預測的參考；有時企業的總銷售部門還根據自己的經驗、歷史資料、

對經濟形勢的估計等做出預測，並與各銷售人員的綜合預測值進行比較，以得到更加正確的預測結果。

這種方法的優點是：①預測值很容易按地區、分支機構、銷售人員、產品等區分開；②由於銷售人員的意見受到了重視，增加了其銷售信心；③由於取樣較多，預測結果較具穩定性。

這種方法的缺點是：①帶有銷售人員的主觀偏見；②受地區局部性的影響，預測結果不容易正確；③當預測結果作為銷售人員未來的銷售目標時，預測值容易被低估；④當預測涉及緊俏商品時，預測值容易被高估。

二、定量預測法

時間序列模型和因果關係模型是兩種主要的定量預測方法。

時間序列模型以時間為獨立變量，利用過去需求隨時間變化的關係來估計未來的需求。時間序列模型又分為時間序列平滑模型和時間序列分解模型。

因果模型利用變量（可以包括時間）之間的相關關係，通過一種變量的變化來預測另一種變量的未來變化。

需要指出的是，在使用時間序列和因果關係模型時，存在著這樣一個隱含的假設：過去存在的變量間關係和相互作用機理，今後仍將存在並繼續發揮作用。這個假設是使用這兩種定量預測模型的基本前提。

本部分內容會在其他相關課程（大學數學、統計學等）中專門詳細開設，因而本書僅作一般性的介紹。

（一）時間序列分析法

時間序列是按一定的時間間隔和事件發生的先後順序排列起來的數據構成的序列。每天、每週或每月的銷售量按時間的先後所構成的序列，是時間序列的典型例子。

對於這些量的預測，當我們很難確定它與其他因變量的關係，或收集因變量的數據非常困難，我們就不能採用迴歸分析方法進行預測，而只能採用時間序列分析方法；或者說，有時對預測的精度要求不是特別高，這時我們可以使用時間序列分析方法來進行預測。

採用時間序列分析進行預測時需要用到一系列的模型，這種模型統稱為時間序列模型。在使用這種時間序列模型時，預測者總是假定某一種數據變化模式或某一種組合模式總是會重複發生。因此預測者首先可以識別出這種模式，然後採用外推的方式就可以進行預測了。

採用時間序列模型時，關鍵在於假定數據的變化模式（樣式）是可以根據歷史數據識別出來的；同時，決策者所採取的行動對這個時間序列的影響是很小的。因此，這種方法主要用來對一些環境因素，或不受決策者控制的因素進行預測，如宏

第五章 市場營銷調研與預測

觀經濟情況、就業水平、某些產品的需求量；而對於受人的行為影響較大的事物進行預測則是不合適的，如股票價格、改變產品價格後的產品的需求量等。

這種方法的主要優點是數據很容易得到，相對說來成本較低，而且容易被決策者所理解，計算相對簡單。當然對於高級時間序列分析法，其計算也是非常複雜的。此外，時間序列分析法常常用於中短期預測，因為在相對短的時間內，數據變化的模式不會特別顯著。

一個時間序列通常由四種要素組成：趨勢、季節變動、週期波動和不規則波動。

趨勢成分（T）是時間序列在長時期內呈現出來的持續向上或持續向下的變動。

季節成分（S）是時間序列在一年內重複出現的週期性波動。它是諸如氣候條件、生產條件、節假日或人們的風俗習慣等各種因素影響的結果。

週期成分（C）是時間序列呈現出的非固定長度的週期性變動。循環波動的週期可能會持續一段時間，但與趨勢不同，它不是朝著單一方向的持續變動，而是漲落相同的交替波動。

不規則成分（I）是時間序列中除去趨勢、季節變動和週期波動之後的隨機波動。不規則波動通常是夾雜在時間序列中，致使時間序列產生一種波浪形或震盪式的變動。只含有隨機波動的序列也稱為平穩序列。

對於時間序列的四種成分，隨機成分的影響由於無法預測故不在本書討論之列。週期成分也因需要長期的歷史數據而被忽略。本書只討論趨勢成分和季節成分。不過，這樣做並不影響絕大多數生產經營決策的科學性，因為其時間一般都比較短，週期成分對它們不會造成明顯的影響。即使對於長期預測而言，預測也是滾動的，是隨著時間的推移而不斷修改的，因而週期成分的影響也很小。

1. 時間序列平滑模型

若因隨機成分的影響而導致需求偏離平均水平時，應用時間序列平滑模型，通過對多期觀測數據平均的辦法，可以有效地消除或減少隨機成分的影響，從而使預測結果較好地反應平均水平。簡單移動平均、加權移動平均、指數平滑是常用的幾種時間序列平滑模型。

（1）簡單移動平均

$$SMA_{t+1} = \frac{1}{n}\sum_{i=1}^{n} A_{t+i-n}$$

式中：SMA_{t+1} 為週期為 t 週期末的簡單移動平均值，可作為 $t+1$ 期的預測值；A_i 為 i 週期的實際值；n 為移動平均採用的週期數。

（2）加權移動平均

$$WMA_{t+1} = \frac{1}{n}\sum_{i=1}^{n} \alpha A_{t+i-n}$$

式中：WMA_{t+1} 為週期為 t 週期末的加權移動平均值，可作為 $t+1$ 期的預測值；α_1，α_2，…，α_n 為實際需求的權系數。其餘符號意義同前。

简单移动平均法对数据不分远近,同样对待。有时,最近的数据反应了需求的趋势,用加权移动平均法更合适些。加权移动平均法则弥补了简单移动平均法的不足,若对最近的数据赋予较大的权重,则预测数据与实际数据的差别较简单移动平均法的结果要小。一般地说,α_i 和 n 的取值不同,预测值的稳定性和回应性也不一样,受随机干扰的程度也不一样。n 越大,则预测的稳定性就越好,回应性就越差;n 越小,则预测的稳定性就越差,回应性就越好。近期数据的权重越大,则预测的稳定性就越差,回应性就好;近期数据的权重越小,则预测的稳定性就越好,回应性就越差。然而 α_i 和 n 的取值都没有固定的模式,都带有一定的经验性,究竟选择什么数值,要根据预测的实践而定。

(3) 一次指数平滑法

一次指数平滑法是另一种形式的加权移动平均。加权移动平均法只考虑最近的 n 个实际数据,指数平滑法则考虑所有的历史数据,只不过近期实际数据的权重大,远期实际数据的权重小。

一次指数平滑平均值计算公式为:

$$SA_t = \alpha A_t + (1-\alpha)SA_{t-1}$$

若用一次指数平滑平均值 SA_t 作为 $t-1$ 期的一次指数平滑预测值 SF_t,则一次指数平滑法的预测公式为:

$$SF_{t+1} = \alpha A_t + (1-\alpha)SF_t$$

式中:SF_{t+1} 为 ($t+1$) 期的一次指数平滑预测值;A_t 为 t 期的实际值;α 为平滑系数(取值范围为:$0 \leq \alpha \leq 1$)。

一般地,用一次指数平滑法进行预测,当出现趋势时,预测值虽然可以描述实际值的变化形态,但预测值总是滞后于实际值。当实际值呈上升趋势时,预测值总是低于实际值;当实际值呈下降趋势时,预测值总是高于实际值。比较不同的平滑系数对预测的影响,当出现趋势时,取较大的 α 得到的预测值与实际值比较接近。预测值依赖于平滑系数 α 的选择。一般来说,α 选得小一些,预测值的稳定性就比较好;反之,其呼应性就比较好。

在有趋势的情况下,用一次指数平滑法预测,会出现滞后现象。面对有上升或下降趋势的需求序列时,就要采用二次指数平滑法进行预测;对于出现趋势并有季节性波动的情况,则要用三次指数平滑法预测。

2. 时间序列分解模型

实际需求值是趋势的、季节的、周期的或随机的等多种成分共同作用的结果。时间序列分解模型企图从时间序列值中找出各种成分,并在对各种成分单独进行预测的基础上,综合处理各种成分的预测值,以得到最终的预测结果。

时间序列分解方法的应用基于如下的假设:各种成分单独地作用于实际需求,而且过去和现在起作用的机制将持续到未来。因此,在应用该方法时要注意各种成分是否已经超过了其起作用的期限。同时,还应该分析过去出现的「转折点」情

第五章　市場營銷調研與預測

況。比如，1973年的石油危機對美國1973年以后的汽車銷售產生了重大影響。當應用某種模型來預測今後10年的汽車銷售量時，就應該考慮類似石油危機這樣的重大事件是否會發生。

時間序列分解模型有兩種形式：乘法模型和加法模型。乘法模型比較通用，它是通過將各種成分（以比例的形式）相乘的方法來求出需求估計值的。加法模型則是將各種成分相加來預測的。對於不同的預測問題，人們常常通過觀察其時間序列值的分佈來選用適當的時間序列分解模型。

乘法模型： $TF = T \cdot S \cdot C \cdot I$
加法模型： $TF = T + S + C + I$

式中：TF 為時間序列的預測值；T 為趨勢成分；S 為季節成分；C 為週期性變化成分；I 為不規則的波動成分。

例：假設表5-8中數據僅受線性趨勢成分和季節波動兩方面的影響，根據其3年來各個季度的銷售記錄，試預測該公司未來一年的各季度銷售量。

表5-8　　　　　　　　某公司3年各季度銷售記錄

季度	季度序號 t	銷售量 A_t	4個季度銷售總量	4個季度移動平均	季度中點
夏	1	11,800			
秋	2	10,404			
冬	3	8,925			
春	4	10,600	41,729	10,432.3	2.5
夏	5	12,285	42,214	10,553.5	3.5
秋	6	11,009	42,819	10,704.8	4.5
冬	7	9,213	43,107	10,776.8	5.5
春	8	11,286	43,793	10,948.3	6.5
夏	9	13,350	44,858	11,214.5	7.5
秋	10	11,270	45,119	11,279.8	8.5
冬	11	10,266	46,172	11,543.0	9.5
春	12	12,138	47,024	11,756.0	10.5

解：求解可分為三個步驟：

（1）求趨勢直線方程

首先根據表5-8中給出的數據繪出曲線圖形，從此曲線圖可明顯地觀察到數據呈現季節成分的變化。

用移動平均法求出4個季度的平均值（這裡 $n=4$，根據曲線變化呈週期為4的規律得出），移動平均法求出的結果可作為第（$n+1$）的預測值，通過移動平均，可消除/減少隨機成分的影響，使預測結果較好地反應平均需求水平。

市場營銷學

通過求出消除/減少隨機成分影響的移動平均值后，利用最小二乘法或其他方法求出對應於移動平均值的一元線性迴歸公式：$y=ax+b$。我們這裡採用 EXCEL 添加趨勢線並顯示公式的方法直接在圖 5-4 上得出：$T_t = y = 164.18x + 9,709.8$。

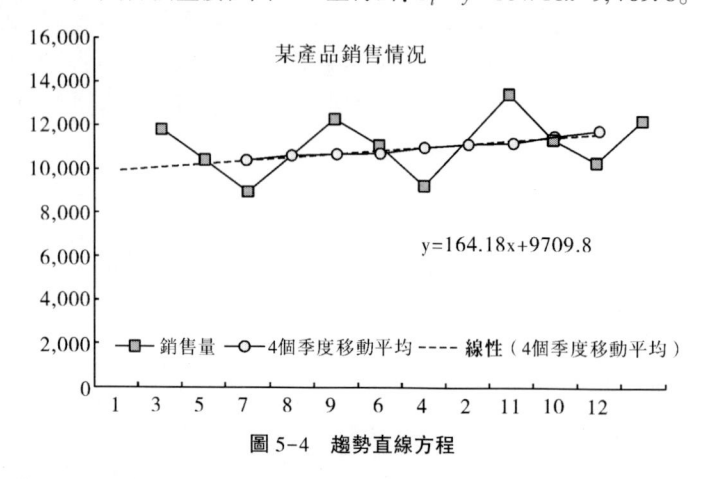

某產品銷售情況

$y=164.18x+9709.8$

──■── 銷售量 ──○── 4個季度移動平均 ---- 線性（4個季度移動平均）

圖 5-4　趨勢直線方程

(2) 估算季節系數

所謂季節系數就是實際值 A_t 與趨勢值 T_t 的比值的平均值。季節系數估計值如表 5-9 所示。

表 5-9　　　　　　　　　　季節系數估計

季度序號	銷售量 A_t	移動平均值	趨勢預測值 T_t	A_t/T_t
1	11,800		9,873.98	1.20
2	10,404		10,038.16	1.04
3	8,925		10,202.34	0.87
4	10,600	10,432.3	10,366.52	1.02
5	12,285	10,553.5	10,530.7	1.17
6	11,009	10,704.8	10,694.88	1.03
7	9,213	10,776.8	10,859.06	0.85
8	11,286	10,948.3	11,023.24	1.02
9	13,350	11,214.5	11,187.42	1.19
10	11,270	11,279.8	11,351.6	0.99
11	10,266	11,543	11,515.78	0.89
12	12,138	11,756	11,679.96	1.04

由於季節 1、5、9 都是夏季，所以求出它們的平均值作為夏季的季節系數：

102

第五章 市場營銷調研與預測

SI（夏）＝（1.20+1.17+1.19）/3＝1.18
SI（秋）＝1.02
SI（冬）＝0.87
SI（春）＝1.03

（3）預測

預測下一年度中各個季度的銷售量，而下一年度的夏、秋、冬、春，分別對應季度序號為13、14、15、16，所以，結合已經求出來的趨勢預測公式和季節影響因子，利用乘法公式有：$TF = T \cdot S$。

夏季：（9,709.8+164.18×13）×1.18＝140.5.12
秋季：（9,709.8+164.18×14）×1.02＝12,242.99
冬季：（9,709.8+164.18×15）×0.87＝10,609.10
春季：（9,709.8+164.18×16）×1.03＝12,688.59

（二）因果模型

在時間序列中，它將需求作為因變量，將時間作為唯一的獨立變量。這種做法雖然簡單，但忽略了其他影響需求的因素，如政府部門公布的各種經濟指數、地方政府的規劃、銀行發布的各種金融方面的信息、廣告費的支出、產品和服務的定價等，都會對需求產生影響。

因果模型則有效地克服了時間序列法的這一缺點，它通過對一些與需求（如書包）有關的先導指數（學齡兒童數）的計算，來對需求進行預測。

由於反應需求及其影響因素之間因果關係的數學模型不同，因果模型又分為迴歸模型、經濟計量模型、投入產出模型等。本書只介紹一元線性迴歸模型預測方法。

一元線性迴歸模型可用下式表達：

$$y_r = a + bx$$

$$b = \frac{n\sum xy - \sum x \sum y}{n\sum x^2 - \left(\sum x\right)^2}$$

$$a = \frac{\sum y - b\sum x}{n}$$

式中：y_r 為一元線性迴歸預測值；a 為截距，為自變量 $x=0$ 時的預測值；b 為斜率；n 為變量數；x 為自變量的取值；y 為因變量的取值。

例：對上例（時間序列分解）應用一元線性迴歸法進行預測。如表5-10所示。

表5-10　　　　　　　　　一元線性迴歸預測

季度	季度序號 t	銷售量 A_t	4個季度銷售總量	4個季度移動平均	季度中點
夏	1	11,800			
秋	2	10,404			

表5-10(續)

季度	季度序號 t	銷售量 A_t	4個季度銷售總量	4個季度移動平均	季度中點
冬	3	8,925			
春	4	10,600	41,729	10,432.3	2.5
夏	5	12,285	42,214	10,553.5	3.5
秋	6	11,009	42,819	10,704.8	4.5
冬	7	9,213	43,107	10,776.8	5.5
春	8	11,286	43,793	10,948.3	6.5
夏	9	13,350	44,858	11,214.5	7.5
秋	10	11,270	45,119	11,279.8	8.5
冬	11	10,266	46,172	11,543.0	9.5
春	12	12,138	47,024	11,756.0	10.5

解：計算 a 和 b，然后求 y_r。

結果如表5-11所示。

表5-11　　　　　　　　　　計算結果

x	y	x^2	xy
2.5	10,432.3	6.25	26,080.75
3.5	10,553.5	12.25	36,937.25
4.5	10,704.8	20.25	48,171.6
5.5	10,776.8	30.25	59,272.4
6.5	10,948.3	42.25	71,163.95
7.5	11,214.5	56.25	84,108.75
8.5	11,279.8	72.25	95,878.3
9.5	11,543	90.25	109,658.5
10.5	11,756	110.25	123,438
$\sum$ = 58.5	$\sum$ = 99,209	$\sum$ = 440.25	$\sum$ = 654,709.5

$b = 164.183$

$a = 9,956.03$

$y_r = 9,956.03 + 164.183 \cdot x$

第五章　市場營銷調研與預測

本章小结

　　市場營銷調研與預測是市場營銷工作的基礎性工作，對市場的準確分析是市場營銷成功的前提條件。
　　本章介紹了市場營銷調研的基本知識，包括三種不同的調研及市場調研內容可以針對營銷工作所涉及的八個方面來展開。而對於市場調研的具體步驟環節，本章著重介紹了調研方法、抽樣方式及問卷的設計。
　　本章對於市場預測也對其預測的原則、種類、預測的基本內容及營銷預測的過程進行了介紹，同時提出兩大類預測方法，即定性預測與定量預測法。

思考与练习

1. 什麼是市場營銷調研？
2. 市場營銷調研有哪些？
3. 市場營銷調研方法有哪些，應該如何選擇？
4. 市場營銷預測的內容包括哪些方面？
5. 市場營銷預測方法有哪些？
6. 理解時間序列平滑模型與時間序列分解模型的組合運用。
7. 理解時間序列模型與因果模型的組合運用。

第六章　市場營銷戰略規劃

学习要点

通過學習本章內容，學會通過對市場環境的分析理解並掌握企業戰略、業務戰略以及營銷戰略三者之間的關係與各自的詳細內容；市場營銷戰略規劃主要涉及在已經決定進入的產品/市場中如何參與競爭，因而需理解並掌握及運用如何劃分戰略業務單位，如何認識並評價各戰略業務單位，在此基礎上理解、掌握並運用戰略業務單位的投資組合與戰略規劃。

开篇案例

余額寶暴富記

名不見經傳的天弘基金公司旗下的一只貨幣基金2013年6月13日上線，截至11月14日下午3點，其投資帳戶數已經接近3,000萬戶，規模超過1,000億元，相當於國內全部78只貨幣基金總規模的近20%。這家基金公司管理的資產規模也借此狂增，擺脫年年虧損上千萬元的厄運，上半年淨利潤達850萬，在85家基金公司中的管理資產規模排名從去年年底的50名開外躥升到前十。這背後的功臣，是天弘基金和支付寶合作推出的名為「余額寶」的產品。

天弘基金副總經理周曉明說，大家把余額寶捧得挺高，但它本身沒什麼大不了：普通的貨幣基金，搭載到大家習以為常的支付平臺，唯一的創新就是所謂嵌入式直銷，把貨幣基金直接放到支付帳戶裡。

國外早已有類似做法。1999年美國的網上支付公司PayPal設立了帳戶余額的貨

幣基金，由於美國連續數年實行零利率政策，貨幣基金整體業績頻降，2011年PayPal最終將該基金清盤。

但不是誰都能想到捅破這一張紙。

大的基金公司用不著，他們日子過得挺爽，傳統業務發展不錯，品牌不錯，員工薪水也不錯。天弘基金則不行。2004年成立的天弘基金是小公司，規模在行業中一直處於中下游，最近幾年年年虧損。

做大規模要靠鋪渠道，銀行幾乎壟斷了基金銷售的渠道，近百家基金公司，上千款基金產品，憑什麼讓銀行優先賣你的產品？只能出高價。按照行業通行標準，基金公司付給銀行的渠道費相當於基金管理費的三四成，甚至更高。

「窮則思變」。2012年下半年，天弘基金開始考慮為支付寶量身定制產品，方案是貨幣基金，加上支付功能，正好能和阿里系的網上購物結合。

余額寶為支付寶搭載了增值功能，而且利用的是風險較低、收入穩定的貨幣基金，對於支付寶的客戶黏性提升非常有幫助。

支付寶看重的，正是每天通過余額寶賺幾毛錢的草根。因為這種方式更接近支付寶用戶的生活。

在和支付寶接洽的過程中，大多數基金公司還是以自己的產品為中心，把支付寶當作銷售自家產品的渠道，借助於支付寶提供的都是自己的投資管理能力。而天弘基金站在支付寶的角度考慮，談自己能為支付寶的用戶提供什麼價值。

余額寶的成功，是因為它服務了傳統體系中得不到很好服務的普通人，傳統金融並非不願服務這些客戶，但成本不劃算。互聯網的特點則是邊際成本遞減，用戶越多，成本越低，甚至趨近零。這讓余額寶能按一塊錢的最低門檻服務那些小客戶。不僅如此，海量客戶、頻繁交易、小客單價組成在一起，通過大數據技術，還形成了相對穩定的趨勢。通過大數據處理技術，余額寶的基金經理可以準確預測第二天的流動性需求，偏離度不超過5%。在此基礎上，基金經理可以更精準地投資，也可以為用戶提供更穩定的收益。

余額寶的規模仍在每天快速增加，海通證券銀行業分析師戴志鋒、劉瑞在此前研究報告中預測，余額寶的潛在規模可以達到2,000億~3,000億元。很多人認為，現在看來這個預測有點保守。但天弘基金副總經理周曉明說：「規模只是結果，關鍵是你到底服務了誰，有什麼獨特價值，你對用戶很有用，也很好用，用戶自然就用你。」

思考：天宏基金推出「余額寶」是基於自身與環境的何種判斷？

「余額寶」是如何構建其業務市場的？

資料來源：軼名. 余額寶暴富記［OL］.（2013-12-03）［2014-12-23］http://finance.ifeng.com/a/20131203/11206815_0.shtml.

第一節　市場營銷戰略規劃概述

一、戰略與市場營銷戰略

（一）戰略的含義

很多學者都認為，真正為企業戰略下定義的第一個人是錢德勒（1962），他將戰略定義為「確定企業基本長期目標、選擇行動途徑和為實現這些目標進行資源分配」。

1965年，安索夫在《公司戰略：面向增長與發展的經營政策的分析方法》一書中提出，戰略就是一種決策規則，它將企業活動與以下四個方面連接起來：產品/市場範圍（企業提供的產品與企業在其中經營的市場）、增長向量（企業打算進入的產品/市場的變化）、競爭優勢（在每一個產品/市場中企業較之競爭者具有較強地位的那些獨特的優勢）以及協同作用（將企業的不同部分有機結合起來以取得單個部分不能實現的方法）。

1980年，哈佛大學的邁克爾·波特教授在《競爭戰略》一書中將戰略定義為「公司為之奮鬥的一些終點（目標）與公司為達到它們而尋求的方法（政策）的結合物」。

20世紀80年代以后，加拿大麥吉爾大學的明茲伯格教授在對以往戰略理論進行梳理和深入研究的基礎上，將人們對戰略的各種定義概括為5P。明茲伯格認為，人們在談及戰略時都是在談論5P中的某一個和幾個含義，實際上，戰略具有多重含義，人們既應當仔細體會每種含義，又應當將多個含義聯繫起來以形成整體的戰略觀念。

明茲伯格的戰略5P定義

（1）戰略是計謀（Ploy）。它是威脅和戰勝競爭者的計謀和謀略。這是軍事謀略在企業管理中的直接引用。

（2）戰略是計劃（Plan）。它是有意識的、正式的、有預計的行動程序。計劃在先，行動在后。這是早期的戰略觀念。

（3）戰略是模式（Pattern）。它是一段時期內一系列行動流的模式。這是明茲伯格為戰略下的一個定義。在明茲伯格看來，企業在某一時期基於資源而形成的使命與目標固然重要，但更重要的是企業已經做了什麼和正在做什麼。早期的戰略觀念強調分析，明茲伯格強調行動。

（4）戰略是定位（Position）。它是在企業的環境中找到一個有利於企業生存與發展的「位置」。

（5）戰略是觀念（Perspective）。它是深藏於企業內部、企業主要領導者頭腦中

第六章 市場營銷戰略規劃

的感知世界的方式。戰略是以思維和智力為基礎的，它具有精神導向性，體現了企業中人們對客觀世界的認識，它同企業中人們的世界觀、價值觀和理想等文化因素相聯繫。

(二) 企業戰略層次與市場營銷戰略

1. 企業戰略層次

一般說來，一個企業的戰略可劃分為三個層次，即公司戰略、業務（事業部）戰略和職能戰略。如圖 6-1 所示。

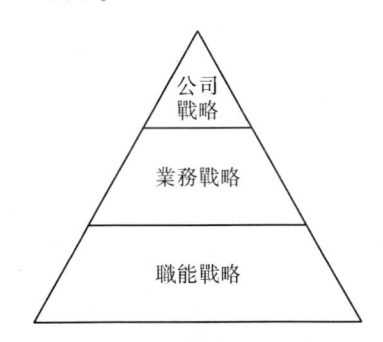

圖 6-1　企業戰略的三個層次

公司戰略：這是企業總體的、最高層次的戰略。公司戰略的側重點在兩個方面：一是從公司全局出發，根據外部環境的變化及企業內部條件，選擇企業所需要從事的經營範圍和領域；二是確定所從事的業務後，提出相應的發展方向，並以此為基礎在各項事業部門之間進行資源分配，以實現公司整體的戰略意圖。

業務戰略（經營戰略）：它處於戰略結構中的第二層次，包括競爭戰略和合作戰略。業務戰略所涉及的決策問題是在選定的業務範圍（市場/產品區域）內，事業部門應在什麼樣的基礎上來進行競爭，以取得超過對手的競爭優勢。為此，事業部門的經理需要努力鑑別並穩固最有盈利性和最有發展前途的市場，發揮其競爭優勢。

職能戰略：它是在職能部門中，如生產、市場營銷、財會、研究與開發、人力資源等部門，由職能管理人員制訂的短期目標和計劃，其目的是實現公司和事業部門的戰略計劃。

公司戰略、業務戰略以及職能戰略之間相互作用，緊密聯繫。企業要想獲得成功，必須將三者有機地結合起來，企業中高一層次的戰略構成下一層次的戰略環境（約束）；低一層次的戰略為上一層次的戰略目標的實現提供保障和支持。

2. 市場營銷戰略

市場營銷戰略作為企業戰略管理的一個職能戰略層面，必然受到其上層次戰略的約束，同時也必然為上層次戰略目標的達成提供保障與支持。具體而言，市場營

市場營銷學

銷戰略要求公司的資產（資源）管理必須根據變化多端的環境，選擇切實可行、得以生存的商業方案，並以期最大限度地獲得經濟回報。市場營銷戰略規劃一個重要的組成部分就是確立企業在某一商業領域內產品或市場的範圍。

吉列（Gillette）鋒速 3 與市場營銷戰略

一段時間以來，吉列公司要面對其剃須刀部發展速度緩慢的問題，因其競爭對手舒適公司（Schick）最近發動了新型剃須刀的競爭攻勢，嚴重威脅其主打產品——剃須刀及刀片的銷售情況，而這兩種產品已在北美和歐洲市場擁有 71% 的市場份額。吉列需要一種新的市場營銷戰略以保護其剃須刀和剃須刀片市場的佔有率。

經過分析，吉列決定推出一款由其實驗室開發並已具備上市條件的新型剃須刀——鋒速 3。吉列有一套不同於他人的創新手段，吉列只有在其產品真正達到技術領先標準時才將其推向市場，而大多數競爭對手僅靠改進產品來應對競爭或滿足市場。吉列需要新事物去鞏固它的市場地位，而它的研究實驗室擁有無可匹敵的產品準備上市。

吉列公司描述出以下市場營銷戰略：

市場（在哪裡競爭）：吉列決定同一天在全美市場推出鋒速 3。

策略手段（如何競爭）：吉列決定將鋒速 3 作為一種升級的產品上市，它的價格比其替代產品——超級感應（Sensor Excel）的價格高 35% 還多，而超級感應比其上一代產品的價格高 60% 還多。

時間安排（何時參與競爭）：吉列決定在公司的首席執行官阿爾·察恩先生退休之前推出這種新產品。公司希望鋒速 3 可以充分利用察恩先生的影響力與人脈關係。

市場營銷戰略的構成應具備以下三項決策條件：

在哪裡競爭，也就是需要進行市場定位。例如，在一個整體市場中或在一個或多個局部市場內參與競爭。

如何競爭，也就是說需要採取一種競爭的手段。例如，為了適應消費者的需求推廣一種新產品，或為現有產品重新定位。

何時競爭，也就是說需要為進入市場制定時間策略。例如，首先上市或等待市場初級需求已形成後再行動。

二、戰略規劃與市場營銷戰略規劃

（一）戰略規劃

戰略規劃也稱戰略管理過程，是指企業為保持其目標與變化環境之間的「戰略適應」而制定長期戰略所採取的一系列重大步驟。一般而方，任何一個層次的戰略規劃，主要過程可分解為四個階段，如圖 6-2 所示。

第六章　市場營銷戰略規劃

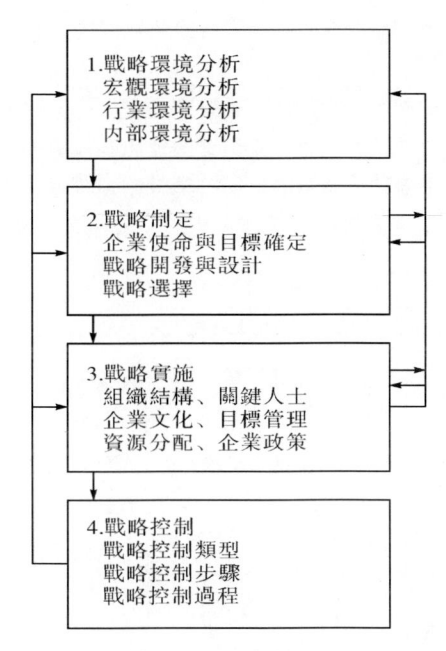

```
┌─────────────────────────┐
│ 1.戰略環境分析           │
│   宏觀環境分析           │
│   行業環境分析           │
│   內部環境分析           │
└─────────────────────────┘
            ↓
┌─────────────────────────┐
│ 2.戰略制定               │
│   企業使命與目標確定     │
│   戰略開發與設計         │
│   戰略選擇               │
└─────────────────────────┘
            ↓
┌─────────────────────────┐
│ 3.戰略實施               │
│   組織結構、關鍵人士     │
│   企業文化、目標管理     │
│   資源分配、企業政策     │
└─────────────────────────┘
            ↓
┌─────────────────────────┐
│ 4.戰略控制               │
│   戰略控制類型           │
│   戰略控制步驟           │
│   戰略控制過程           │
└─────────────────────────┘
```

圖 6-2　戰略規劃過程

1. 戰略環境分析

企業戰略環境分為外部環境與內部環境，其中外部環境又可分為宏觀環境（指社會、政治、經濟、技術等因素）和經營環境（指企業經營的特定行業與競爭者狀況等）。

2. 戰略制定

戰略制定就是在對企業內部、外部環境綜合分析的基礎上，提出今后的中長期發展思路與方案。它包括明確企業的使命、目標與戰略設想。

通常，對於一個跨行業經營的企業來說，它的戰略決策應當解決以下兩個基本的戰略問題：一是企業的經營範圍/領域，即明確企業的性質和所從事的事業，確定企業以什麼樣的產品或服務來滿足哪一類顧客的需求；二是企業在某一特定經營領域的競爭優勢，即要確定企業提供的產品或服務，要在什麼基礎上取得超過競爭對手的優勢。

3. 戰略實施

戰略制定以後，隨之進入戰略實施階段。企業將要採取的步驟包括調整組織結構、組織強有力的領導班子、制定有關職能戰略、搞好資源分配、形成鼓舞士氣的公司文化、訂立有關的企業政策等。此外，對於戰略實施過程當中可能遇到的各種困難，企業也必須設法加以克服。

4. 戰略控制

企業對正在實施的戰略進行監督調控，將戰略實際執行情況與預定標準相比較，然后採取措施糾正偏離標準的誤差。戰略控制的目的是在問題變得嚴重之前就提醒

市場營銷學

企業高層管理者去加以解決，以保證各項戰略的順利實施，達到預期目標。

（二）市場營銷戰略規劃

市場營銷戰略規劃的制定是指這樣一種管理過程：企業的最高管理層通過定出企業的基本任務、目標以及業務組合，使企業的資源和能力同不斷變化著的營銷環境保持適應的關係。一般而言，企業的市場營銷戰略規劃也包括以下四個方面的內容：規定企業使命，確定企業目標，安排企業的業務組合，制定企業的增長戰略。如圖 6-3 所示。

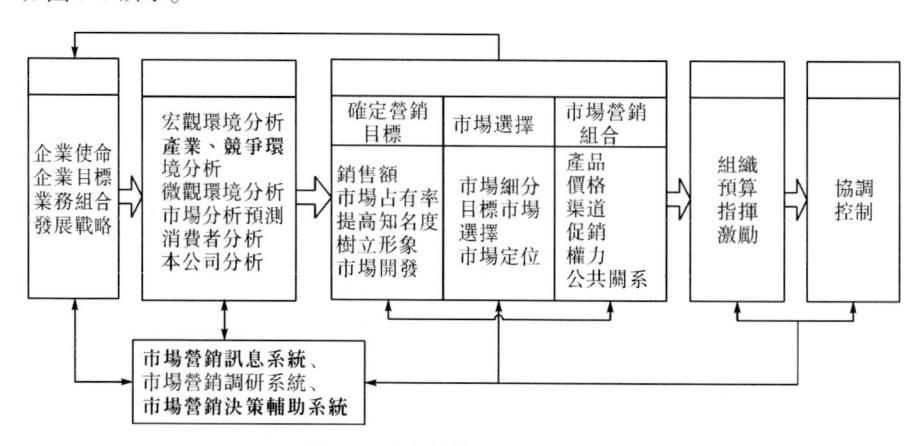

```
┌─────────┐   ┌─────────┐   ┌─────────┐   ┌─────────┐   ┌─────────┐   ┌─────────┐
│ 企業使命 │   │宏觀環境分析│   │確定營銷  │   │市場選擇  │   │市場營銷  │   │組織     │   │協調     │
│ 企業目標 │→  │產業、競爭 │→  │目標     │   │         │   │組合     │→  │預算     │→  │控制     │
│ 業務組合 │   │境分析    │   │         │   │市場細分  │   │產品     │   │指揮     │   │         │
│ 發展戰略 │   │微觀環境分析│   │銷售額   │   │目標市場  │   │價格     │   │激勵     │   │         │
│         │   │市場分析預測│   │市場占有率│   │選擇     │   │渠道     │   │         │   │         │
│         │   │消費者分析  │   │提高知名度│   │市場定位  │   │促銷     │   │         │   │         │
│         │   │本公司分析  │   │樹立形象  │   │         │   │權力     │   │         │   │         │
│         │   │          │   │市場開發  │   │         │   │公共關係  │   │         │   │         │
└─────────┘   └─────────┘   └─────────┘   └─────────┘   └─────────┘   └─────────┘
                   ↑             ↑             ↑             ↑
              ┌─────────────────────────────────────────┐
              │ 市場營銷訊息系統、              │
              │ 市場營銷調研系統、              │
              │ 市場營銷決策輔助系統            │
              └─────────────────────────────────────────┘
```

圖 6-3　市場營銷戰略內容與步驟

市場營銷戰略規劃的作用：

第一，營銷戰略是聯結企業與環境的要素的，它直接關係到企業未來營銷活動的成敗得失，關係到企業的前途和命運。企業的戰略規劃是企業在市場上取勝的法寶，它實現了企業自身與其營銷環境的相互適應。

第二，成功的戰略規劃使企業在某些方面可以引導、改善其營銷環境，產生新的局面，旨在加強企業自身的應變能力和競爭能力的長期性、全局性、方向性的規劃。

第三，營銷戰略規劃的制定可以讓員工清楚自己的使命和明白自己的責任。一旦經理人員和員工理解了企業正在做什麼和為什麼這樣做，他們常常就會感受到自己是企業的一部分，並主動承擔起支持企業發展的責任。

第四，成功的戰略規劃提供向員工授權的機會，通過鼓勵員工參與決策及充分發揮其主動性、想像力來增強員工的效能感。

第五，戰略規劃的制定可以使企業增強銷售能力、獲利能力、生產能力等，避免企業陷入財務困境。

第六，營銷戰略規劃可以讓企業對外部環境的威脅有更深刻的認識，對競爭對手有更深入的瞭解，使員工生產效率提高、變革阻力減小以及對績效與收入之間有更加深入的理解。

第六章　市場營銷戰略規劃

第七，戰略規劃常常為企業帶來良好的秩序和紀律，使得整個管理系統有效率和效能。

對任何事物都應採取一分為二的觀點，戰略規劃儘管有很多好處，但也有一些弊端。戰略規劃不是為企業提供迅速獲得經營成功的靈丹妙藥，相反它需要企業經歷一個過程，且主要是提供提出問題、解決問題的基本框架。

● 第二節　規劃企業使命與目標

我們先界定幾個常用術語：使命（Mission），也被稱作企業理念、信念、遠景、宗旨或企業任務，是指公司存在的目的或理由，或者公司應該努力的方向，眼光放在長遠機會上。策略（Policy）是指公司用於指導和規範某些活動和決策的文字建議，尤其是那些具有重要意義或經常出現的活動。目的（Objective）是一個長期的目標，不能夠局限於某段時間。目標（Goal）是企業可量化的目的，由管理者確定，通過按部就班的行為在未來某一個時候可以實現。戰略方向（Strategic Direction）是一個包括一切術語，如使命、目標和目的的方方面面。雖然我們知道目標和目的之間存在區別，但是為了敘述方便，我們將這兩個術語放到一起同時考慮。

一、確定企業的使命

在公司確定它的使命時，不妨參考彼得・德魯克的五個經典問題：

我們的企業是幹什麼的？

顧客是誰？

我們對顧客的價值是什麼？

我們的業務將是什麼？

我們的業務應該是什麼？

例如，20世紀80年代早期，可口可樂公司將其企業使命從軟飲料市場營銷商轉變為釀造公司，於是，公司購買了三家葡萄酒釀造企業。幾年以後，公司失敗地離開葡萄酒業務。雖然軟飲料和葡萄酒業都屬於飲料行業，但是運作軟飲料業務所需的管理技能與運作葡萄酒業務所需的管理技能卻相差甚遠。可口可樂公司忽略了一些基本常識而自大地變更/擴大了自己的企業使命。

當然，隨著時間的流逝，對於新的機會或變化的市場條件，企業使命也需要修改。亞馬遜在線的使命正在從世界最大的網上書店改變成世界最大的網絡商店。電子海灣（eBay）的使命正從經營在線的受託拍賣變為所有商品的拍賣。

很明顯，企業的使命既不是當前業務的聲明也不是當前業務的任意擴展。它明確了業務的範圍和本質，並不是從今天的角度來講的業務，而是未來可能的業務，

市場營銷學

使命在確定企業經營業務與範圍的界定中起著主要作用。

公司是否有一個書面的企業使命聲明並不重要，重要的是在確定使命時要考慮到相關技術和市場營銷因素（與特定的細分市場和它們的需求有關）。

部分知名企業之企業使命描述

（部分企業只摘錄其概述性描述）

迪斯尼：使人們過得快活。

福　　特：汽車要進入家庭。

微　　軟：致力於提供使工作、學習、生活更加方便、豐富的個人電腦軟件。

索　　尼：體驗發展技術造福大眾的快樂。

惠　　普：為人類的幸福和發展做出技術貢獻。

耐　　克：體驗競爭、獲勝和擊敗對手的感覺。

沃爾瑪：給普通百姓提供機會，使他們能與富人一樣買到同樣的東西。

國際商業機器公司：無論是一小步，還是一大步，都要帶動人類的進步。

萬　　科：建築無限生活。

柯　　達：我們建立統一、重視效益的企業文化。我們為消費者及顧客提供各種有效的方法，使他們無論何時何地都能夠拍攝、保存、處理及打印圖像和照片，並能將圖像和照片傳遞給其他人和設備。我們開發合乎經濟效益、與眾不同的優質產品，並迅速投放市場。我們的員工來自不同的文化背景，具有一流的聰明才智和技能，並共同維護柯達公司在世界影像業的領導地位。

家樂福：家樂福所有的努力的最大目標是顧客的滿意。零售行業是通過選擇商品，提供最佳品質及最低價格，以滿足顧客多變的需求。

二、編寫企業的使命說明書

一份有效的使命說明書向公司的每個成員明確地闡明有關目標、方向和機會等方面的意義。公司的使命說明書充當著一只「無形的手」，引導著廣大而又分散的職工各自地，但卻一致地為實現公司目標而工作。

好的企業使命說明書應該具備三個明顯的特點：

（1）明確公司要參與的主要競爭範圍，包括行業範圍、產品應用範圍、能力範圍、市場細分範圍、縱向合作範圍（企業自己生產自己需要產品的供應程度）以及地理範圍。

（2）強調企業所需要遵守的主要政策和價值觀，即涉及企業的核心價值觀與企業經營指導方針，包括指導員工怎樣處理顧客、供應商、分銷商、競爭者和其他具體問題以及將個人自主的範圍加以限定，以使員工在重大問題上行動一致。

（3）具有激勵性與可操作性。

第六章　市場營銷戰略規劃

界定企業使命的參考因素

（1）歷史和文化。界定企業使命，必須注意自己的歷史和文化的延續問題。

（2）所有者、管理者的意圖和想法。企業的上級主管單位或董事會，對企業的發展和未來會有一定的考慮和打算；企業的高層管理人員，也會有自己的見解和追求。這些都會影響企業對目的、性質和特徵的界定。

（3）市場、環境的發展/變化。市場、環境不是一成不變的，其變動會給企業的發展提供機會或帶來威脅。考慮企業使命，自然是為了順應時代和潮流。

（4）資源條件。不同的企業，資源條件必然不一樣。資源條件的約束，決定了一個企業能夠進入哪些領域，不能開展哪些業務。

（5）核心能力和優勢。每個企業都能從事很多業務，但是只有它最擅長、肯定優於競爭者的特長，才能成為它的優勢所在。界定企業使命必須結合企業的核心能力，使之能夠揚長避短，傾註全力發展優勢，才有可能幹得出色。

三、確定企業市場營銷戰略目標

企業必須有一個指導其行動的目標。雖然目標本身並不能保證某個企業取得成功，但它的存在確定無疑地使管理活動效率更高，管理成本更低。

野心勃勃的戰略目標會導致企業資源的浪費，打擊員工的幹勁，導致企業失去以往的利潤，並對企業未來發展帶來危險；畏畏縮縮的戰略目標會讓企業坐失機會，迷失方向，為妥協與落敗打開大門。

市場營銷戰略目的與目標的制定可以根據企業活動（產品/市場組合目標，即企業在哪些特定市場中銷售哪些特定產品）、財務指數（投資回報、利潤率等）、預期達到的位置（市場份額、質量狀況等）這些因素進行組合表達。

對於一個業務經營單位，我們通常將其目的與目標分解為三個級別：衡量、增長/生存、限定性。某業務單位市場營銷戰略目標如表6-1所示。

表6-1　　　　　　　某業務單位市場營銷戰略目標說明

1. 戰略性業務單位：
   烹飪炊具
2. 企業使命：
   向不同的家庭銷售帶有「烘/烤/煮/燒」功能的炊具，使用電燃料技術
3. 目標：
   A. 衡量性指標
      收益率
      現金流
   B. 增長/生存性指標
      市場地位
      生產效率
      創新

表6-1（續）

　　C. 限定性指標
　　　　在某些技術的研發方面進行投資
　　　　避免具有季節性的業務
　　　　避免反托拉斯問題
　　　　承擔起公眾責任
　4. 目的
　　　特殊目標和實現上述所有目標的時間約束

　　在企業級別上，目標受到企業員工、高層管理者價值系統、企業資源、業務單位的表現和外部環境的影響；業務經營單位目標以客戶、市場競爭和企業戰略為基礎；產品/市場目標由產品/市場優勢和劣勢（在當前的戰略、歷史業績、市場營銷效力和市場營銷環境的基礎上確定優勢和劣勢）和動力（動力是指未來的發展趨勢）所決定。

　　企業一旦設定了一個目標，可以使用下面的標準驗證其正確性：

　　（1）一般來講，它是行動指南嗎？它能幫助管理者選擇最吸引人的行為過程從而方便決策嗎？

　　（2）它是否足夠明確清晰地表達肯定/否定企業某類明示/暗示的行為嗎？例如，「獲得利潤」就並不是一個明確清晰地肯定企業的行為，但是「在電器產品中開展有利可圖的業務」就能清楚地肯定企業的行為。

　　（3）它是衡量和控製業績的工具嗎？

　　（4）它是否具有足夠的雄心與毅力去實現這個挑戰性目標？

　　（5）它認識到外部和內部的約束了嗎？

　　（6）它可以在企業的較高和較低層面上將更廣泛的目標與特定目標結合起來嗎？例如，經營戰略目標可否與公司戰略目標聯繫起來？反過來，它們也可以與其產品/市場目標（職能戰略目標）聯繫起來嗎？

　　以上的六點其實與我們常說的目標應該具備「層次化、數量化、可行性、協調一致性、明確性以及激勵性」是一致的含義與要求。

第三節　規劃企業發展戰略

　　我們接下來從市場營銷的觀點來探討如何規劃公司戰略（經營範圍以及資源的分配），即從市場營銷的觀點來規劃企業通過經營哪些業務來發展自己。

一、密集型增長戰略

　　密集型增長戰略的基本特徵是發掘產品或市場的潛能，增加現有產品/服務的銷

第六章 市場營銷戰略規劃

售額和利潤額，使企業獲得快於當前的增長速度。

在進行密集型增長戰略設計過程中，美國戰略管理學者安索夫（Ansoff）提供了「產品—市場擴展矩陣（Product-market Expansion Grid）」作為分析框架，如圖6-4所示。

	現有產品	新產品
現有市場	市場滲透戰略	產品開發戰略
新市場	市場開發戰略	多樣化戰略

圖 6-4　三種密集型增長戰略

（安索夫「產品—市場」擴展矩陣）

公司採用密集型增長戰略的原因一般有：

（1）競爭對手的銷售量占優勢，存在著競爭缺口，需要通過市場滲透戰略以填補競爭缺口。

（2）銷售系統不健全，存在銷售缺口，需要通過市場開發戰略以填補銷售缺口。

（3）產品品種不合理，存在產品缺口，需要通過產品開發戰略以填補產品缺口。

按照安索夫的思考邏輯，面臨如何壯大、發展自己的問題時，公司應該首先考慮，在現有市場上，對於現有的產品能否得到更多的市場份額（市場滲透戰略）；然後，公司應該考慮是否能為現有產品尋找到新的市場（市場開發戰略）；下一步，公司應該考慮能否在其現有的市場上開發並推廣出若干有潛在利益的新產品（產品開發戰略）；最後，公司還可以考慮走多樣化發展（注意：安索夫在其矩陣中所談的多樣化與我們後面所談的多樣化有所區別）的道路。

星巴克的密集型增長道路

20世紀70年代，星巴克在西雅圖創業，在其店內向當地咖啡愛好者推銷新鮮咖啡豆。

2000年，新任的星巴克首席執行官霍華德·舒爾茲開始決定為顧客直接提供美味咖啡，這就形成了星巴克的市場滲透戰略。

公司將西雅圖運行成功的模式應用到太平洋西北部的其他城市，然後穿越北美洲，最後進入全球，這就是星巴克的市場開發戰略。

再后來，星巴克通過向店內的顧客提供其他新品，包括光盤（CD）和時尚雜誌，實施產品開發戰略來增加顧客的數量。

117

市場營銷學

(一) 市場滲透戰略

市場滲透戰略是企業將現有產品和現有市場兩個因素進行組合而產生的戰略。企業在現有市場上如何擴大現有產品的銷售量，主要取決於兩個因素，即產品使用者的數量和產品使用頻率。所以，市場滲透戰略的具體思路主要就是從這兩個方面入手：

(1) 擴大產品使用者數量：把不使用本公司產品者轉變為使用人，努力發掘潛在的客戶，把競爭對手的顧客吸引過來。

(2) 擴大產品的使用頻率：增加產品使用次數，增加每次使用量，增加產品的新用途。

(3) 改進產品特性：改進產品特性能留住老用戶、吸引新用戶以及增加用戶每次的使用量。

總之，市場滲透戰略希望通過對現有產品進行較小的改進，從現有市場上贏得更多的顧客。這種戰略風險最小，如果市場處於成長期，在短期內此戰略可能會使企業利潤有所增長。

但因以下四個原因，它也許是風險最大的一種發展戰略：第一，除非企業在市場上處於絕對優勢地位，否則必然會出現許多強有力的競爭對手；第二，企業管理者寧願把精力放在現有事務處理上而可能錯過了更好的投資機會；第三，顧客興趣的改變容易導致企業現有目標市場的衰竭；第四，一項大的技術突破可能會使產品的價值全部喪失。

(二) 市場開發戰略

市場開發戰略是通過將現有產品和相關市場兩個因素進行組合而產生的戰略，它通過發現現有產品的新顧客（顧客市場）或新的地域市場（地理市場），擴大產品銷售量，從而延長了產品生命週期。具體而言，實行這種戰略有三種方式：

(1) 地理範圍市場的開發：把本企業的現有產品打入其他相關的市場。

(2) 在新的用戶市場尋找潛在的用戶：例如，對講機過去較多針對安保行業用戶，而現在逐漸向用戶外運動愛好者進行推廣。

(3) 增加新的銷售渠道：例如，某涼茶飲料以前主要通過火鍋店進行推廣銷售，後來進入普通超市，再后來轉戰歌廳（KTV）等銷售渠道。

市場開發戰略比市場滲透戰略風險性大。這種戰略迫使管理人員放開眼界，拓寬視野，重新確定營銷組合。但此戰略仍是一個短期戰略，它仍然不能降低因客戶減少或技術上落後而導致的風險性。

(三) 產品開發戰略

產品開發戰略是指企業通過改進老產品或開發新產品去增加產品在既有市場上的銷售量，擴大市場佔有率。

這種戰略要求企業根據市場需要，不斷改進產品的規格、式樣，使產品具有新的功能和新的用途；同時又要增加產品的花色品種，不斷推出新產品，以滿足不同

第六章　市場營銷戰略規劃

顧客的需要。

二、一體化成長戰略

一體化成長戰略是指企業充分利用自己在產品、技術、市場上的優勢，根據物資流動的方向，使企業不斷地向深度與廣度發展的一種戰略。一體化戰略有利於深化專業分工協作，提高資源的利用深度和綜合利用效率。一體化三種基本形式如圖6-5所示。

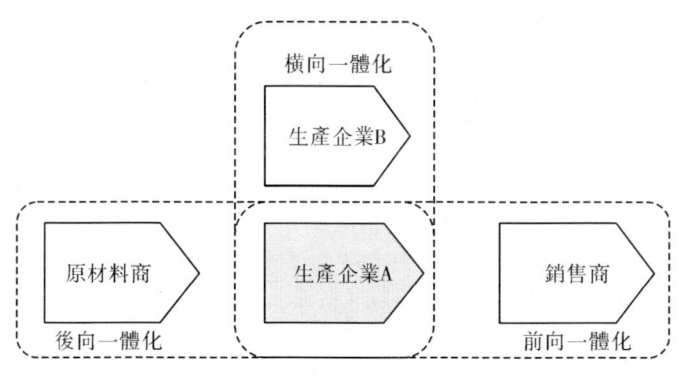

圖6-5　一體化三種基本形式示意圖

（一）前向一體化

企業通過新建或兼併收購下游產業的企業，使企業自己的業務活動更加接近消費者，保證原有產品的市場。例如，成衣廠兼併服裝廠，洗車製造公司開設銷售分公司和維修部，快速消費品生產商開設便利店等。

（二）后向一體化

企業通過新建或兼併收購上游產業的企業，使企業自己的業務活動更加接近原材料供應商，使過去的原材料供應商變為自己的原料生產供給部門，保證原材料的供應。例如，某液態奶生產商為保證奶源的穩定性與安全性，兼併或新建奶牛養殖企業。

（三）水平一體化

水平一體化也稱作「橫向一體化」，是指處於相同行業、生產同類產品或工藝相近的企業實現聯合（收購、合併），擴大生產規模，取得規模經濟，鞏固市場地位。

企業採用一體化戰略需要承擔一定的風險。橫向一體化的風險來自於企業對同一產業的過分投入，一旦市場消失，一個龐大的企業肯定比一個小型企業更難改變經營方向。縱向一體化的風險：①需要大量的資本投入，給企業財務資源管理帶來很大的壓力；②使企業進入了新的不熟悉行業，增加了企業管理的難度；③容易產生各個經營階段生產能力的平衡困難，特別是當企業是通過兼併方式實現一體化時，

新老業務能力如果不平衡，會帶來產能的浪費，甚至會完全抵消一體化可能帶來的收益增加部分。因此，採取一體化戰略要求企業提高管理能力，以承擔更大更多的責任和風險。

三、多樣化成長戰略

如果在原來的經營框架內已經無法發展，或在原經營框架之外有更好的機會，企業也可以考慮多樣化成長。

（1）同心多樣化。這是指企業面對新市場、新顧客，以原有技術、特長和經驗為基礎，增加新業務。如拖拉機廠生產小貨車，電視機廠生產其他家用電器。由於企業是從同一圓心逐漸向外擴展活動領域，沒有脫離原來的經營主線，有利於發揮已有優勢，風險因而相對較小。

（2）水平多樣化。這是指企業針對現有市場和現有顧客，採用不同技術增加新業務。這些技術與企業現有能力沒有多大關係。比如原來生產拖拉機的企業，現在準備生產農藥、化肥。企業在技術、生產方面進入了全新的領域，風險較大。

（3）綜合多樣化。這是指企業以新業務進入新市場，新業務與企業現有的技術、市場及業務沒有聯繫。比如，一家計算機軟件公司投資進入保健品行業，並且還從事房地產等業務。這種做法風險最大。

多樣化成長並不是說企業要利用一切可乘之機大力發展新業務，相反，企業在規劃新的發展方向時必須十分慎重，須結合已有的特長和優勢加以考慮。

第四節　規劃企業投資組合計劃

大多數企業不僅經營一種產品或提供一種服務，不同的產品或服務增長狀況、所需資源的類型與數量以及經營效益各不相同。因此，企業高層決策者必須對現有的各種產品和服務的經營狀況加以分析、評價，確定哪些產品應增加投資、哪些產品應維持投資、哪些產品應減少投資、哪些產品應淘汰。企業根據分析結果，制訂產品投資組合計劃，以便把有限的資源用到發展效益最高、前途最好的產品/服務中去。

一、戰略業務單位的劃分

企業的高層管理者在決定企業資源的分配以及業務發展過程中，首先需要確認「如何區別出公司的業務單位，各個業務單位又經營著什麼業務」。因為區別界定不同的業務單位是進行企業資源分配的前提。

所謂一項業務，通常是指能夠相對獨立地為顧客提供某種價值的最小經營單元。

第六章 市場營銷戰略規劃

一項業務通常可以從三個方面來界定：顧客群、顧客需求以及滿足手段（技術）。通過對這三個問題的回答，我們就可理解一個業務的實質內涵：誰是我們的顧客？他們需要什麼？我們該如何滿足他們的需要？

例如，一個小公司專為電視攝影棚設計白熾照明系統。它的顧客群就是電視演播室；顧客需要就是照明；滿足顧客需求的手段就是白熾照明。公司也可以擴大它的業務領域。例如，它可以決定為其他顧客群生產照明燈，如為家庭、工廠或辦公室；或者它可以提供電視攝影棚所需要的其他服務，如通風、暖氣；再或者它也可以為電視攝影棚提供其他照明技術，如熒光照明等。

所以，我們對業務的定義應該從市場的角度而不是從產品的角度來定義，一項業務必須被看作一個顧客滿足過程，而不是一個產品生產過程。

大公司通常經營著不同的業務範圍，每項業務都要有自己的戰略。在20世紀20年代，美國通用汽車公司（GM）的總裁斯隆提出了「戰略業務單位（Strategic Business Unit，SBU）」這個概念。所謂的戰略業務單位是指在公司中若干事業部或事業部的某些部分組成的戰略組織，以企業所服務的獨立的產品、行業或市場作為劃分的基礎（而不是以產品生產過程不同作為劃分基礎）。戰略業務單位必須在公司的總體目標和戰略約束下，執行自己的戰略管理過程。

如何標示戰略業務單位是一個存在爭議的問題。假設一個大型的、多元化公司內的製造汽車收音機部門存在這樣的可能性：①汽車收音機部門可能代表著一個切實可行的戰略性業務單位；②有選擇性的、帶有自動調節裝置的豪華型汽車收音機部門也有可能組成一個戰略性業務單位，因為這個部門完全不同於標準型號收音機部門組成的戰略性業務單位；③在公司的其他領域，如電視機部門，可能聯合所有或部分汽車收音機部門，建立一個戰略性業務單位。

所以在標示戰略業務單位時會出現兩種情況：過寬的定義與過窄的定義。結合菲利普‧科特勒與薩布哈什‧C. 杰恩的觀點，一個戰略業務單位的結構與行動必須是獨立自主的，並應具有以下三個特徵：

（1）它是一項獨立業務或相關業務的集合體，但在計劃工作時能與公司其他業務分開而單獨作業。

（2）它有自己的競爭者，這個競爭者是可明確定義並區別出來的。

（3）它有一位經理，負責戰略計劃、利潤業績，並且他控制了影響利潤的大多數因素。

多年來，寶潔公司諸多品牌相互抗衡、競爭。佳美（Camay）香皂品牌經理與象牙（Ivory）香皂品牌經理之間競爭的激烈程度如同二者各為其主，基於這種觀念的品牌管理系統長久以來幾乎被所有消費品生產企業所採用。然而1987年秋，寶潔根據「戰略性業務單位」概念進行了重組，根據戰略性業務單位設計方案，寶潔公司在美國市場的39類產品的每一類產品，均由一名產品類別經理全權負責，廣告、銷售、生產、市場研究、工藝技術全部歸屬產品類別經理。這一設想的目的在於著

眼於產品類別，對產品進行合理組合來制定市場營銷戰略，而不是提出產品競爭戰略，各產品瓜分資源。

二、規劃戰略業務單位投資組合

企業必須對各個戰略業務單位及其業務狀況進行評估和分類，確認它們的前景和發展潛力，從而決定向哪些業務單位進行何種程度的投資。在規劃業務單位的投資組合方面，主要有兩種模式被廣為應用。

（一）波士頓諮詢公司（Boston Consulting Group，BCG）矩陣

1. 波士頓矩陣分析基本原理

波士頓諮詢公司是一家領先的管理諮詢公司，設計出了「市場增長率—市場佔有份額」矩陣（Growth-share Matrix），這種方法通過兩個指標（市場增長率、相對市場佔有份額）把公司所有業務分門別類地劃分。

（1）市場增長率，指企業一定時間銷售業績增長的百分比，一般認為大於10%是高的。市場增長率越高，則表示市場前景看好，企業在未來獲取市場份額的機會就越大，獲取利潤的機會也越大；當然，由於市場前景看好，競爭也會越激烈。基於上述兩方面的原因，企業對該項業務的現金投入也越大。

（2）相對市場佔有率，表示該業務單位的市場份額與最大競爭者的市場份額之比。如果公司的該項戰略業務單位的市場份額與競爭者的市場份額旗鼓相當，比值就為「1」；如果比值為「0.1」，則說明公司戰略業務單位的銷售額僅佔最大競爭者銷售額的10%；而比值為「10」，則認為該公司的戰略業務單位是該市場的領先者，且是市場第二位的10倍。相對競爭地位越強，表示企業該項業務的市場地位很牢固，代表企業獲利能力越強，該項業務能夠為企業產生的現金流就越多。

波士頓矩陣的分析前提是認為企業的相對競爭地位（用相對市場佔有率表示）和業務增長率（用市場增長率來表示）決定了企業眾多業務中某一項特定的業務應當採取何種戰略。

2. 波士頓矩陣分析應用

現在我們假設某個公司有8項戰略業務單位，分別計算出各項戰略業務單位的「相對市場份額」以及「市場增長率」兩個數值，然后再將各項業務放置在由「相對市場份額」構成的橫坐標以及由「市場增長率」構成的縱坐標的圖中，也就是說，每項業務的位置表明了它的市場增長率與相對市場份額的狀況。圓圈大小與各項業務的大小成比例。

將矩陣分為四個象限的幾條線是任意的，但基於一般的商業實踐與經驗，通常我們將年增長率10%作為高市場增長率的界限，「1」作為劃定相對競爭地位高低的界限，如圖6-6所示。

第六章　市場營銷戰略規劃

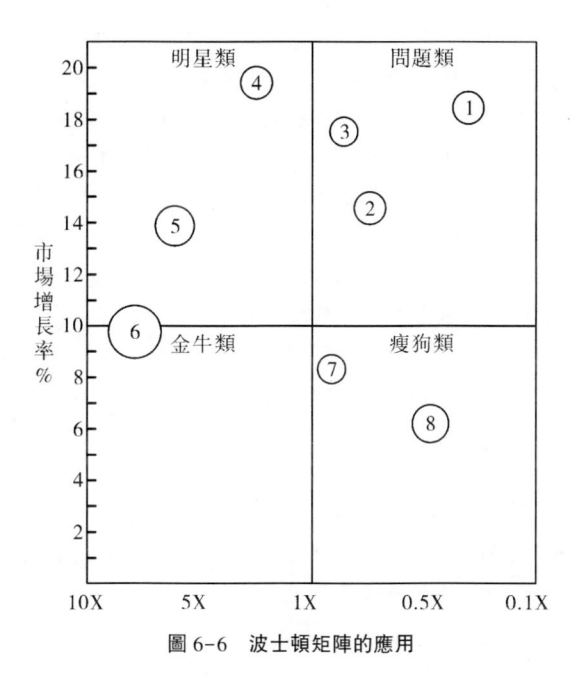

圖 6-6　波士頓矩陣的應用

(1) 明星類

在高增長率的市場中的領先者被稱為明星（Stars）。對於某種明星來說，只有將來甚至是很遠的將來才可能產生現金流。我們為了能得到來自明星業務未來的利潤，必須對明星業務進行現金的投入，以確保其在快速增長的市場中依然佔有穩固的地位並不斷發展。

假設一種明星被用來在短期內收穫大量資金，或是因為縮減投資、價格上漲使得這一產品的市場份額拱手相讓給別人，那麼明星最終將變成瘦狗。

(2) 金牛類

金牛（Cash Cows）的特點是市場的低增長率和高市場份額。由於市場的低增長率減少了競爭者加入的機會，可穩坐釣魚臺；高市場份額可讓該項業務大把斂財。這類業務產生了大量資金剩餘，公司可以用來支付股息紅利、利息，提高籌資能力，補充研發基金，支付企業一般管理費用，並投資於其他業務。金牛類業務是一切經營的立本之源，企業必須妥善保護；為公司生存與發展著想，企業必須要有金牛類業務。

(3) 問題類

佔有一定的市場份額，且處於成長期的業務稱為問題（Question Marks）。這類業務需要的資金多於它們所能產出的資金。

究竟如何可以使問題類業務更具有生存力？一種辦法就是提高其市場份額。因為只有使其處於支配地位，它才能轉變成明星，從而等日後市場逐漸成熟，市場增長率放慢后能夠形成現金牛。否則，由於缺乏大量資金的投入，問題類業務會萎縮

123

成為瘦狗類業務。若要佔有市場，企業必須向問題類業務投入充裕的資金。在短期內，這一戰略代價高昂；長期來看，這是擺脫問題、進入有利形勢的唯一途徑。

另一種戰略則是放棄這項業務，立即將其賣掉。這是較合理的一種選擇。但如果這一戰略不能奏效，就應當果斷決定不再追加任何投資，同時保證現有業務盡可能地獲取利潤。

(4) 瘦狗類

市場佔有率低，處於低市場增長率的產品稱為瘦狗（Dogs）。它們微弱的競爭地位使它們獲利甚微；市場增長緩慢，瘦狗也看不到光明的未來。

通常，它們是資金的淨使用者，獲利低下，企業即使投入再多的資金也無濟於事。因此，如果不當機立斷地砍掉對它的投資，這一業務將變成吸取資金的無底洞。對之採取的另一種對策是尋找機會將瘦狗轉變成資金。通用電氣公司的家用電器就曾是瘦狗類業務，在市場低迷時期，其市場佔有率極低，公司最後決定將此負擔甩賣給其他電器商——法國的湯姆森公司。

在一個典型的公司裡，所有戰略業務單位分散在波士頓組合矩陣的四個象限裡。每一階段適用的戰略大體上如表6-2中建議：

表6-2　　　　　波士頓戰略象限中各業務特點和戰略應用

象限	投資特點	收入特點	現金流特點	戰略應用
明星	對生產能力擴張的連續開支投入大量現金	由低到高	負現金流（淨資金使用者）	不斷提高市場份額，如有必要可犧牲短期收入為代價
金牛	保持生產能力的開支保持市場地位的開支	高	正現金流（淨資金貢獻者）	維持市場份額和領先地位，直到投資達到邊際效應
問題	對初始生產力的大量投入高昂的研發成本	由負到低	負現金流（淨資金使用者）	評估占領細分市場的概率，如果可行繼續追加，以獲得更高的市場份額；如果不可行重新對業務定義或退出
瘦狗	生產能力逐漸枯竭減少直到停止投資負投資（賣掉）	由高到低	負現金流或正現金流	有計劃、有步驟地退出，最大限度地獲取現金流

3. 波士頓矩陣戰略規劃

公司的首要目標是確保現金牛的地位，同時警惕對金牛過度投資的傾向。從金牛中產出的資金應首先運用在明星產品上。剩餘的資金要用來扶植經過精挑細選的問題類業務，使它們能達到市場支配地位。一切沒有投資價值的問題類業務都應堅決捨棄。至於瘦狗類，我們通過敏銳地細分市場，將業務專業化、理性化，使產品在狹小的市場範圍保持領先，這樣做就可能維持其現有地位。如果上述做法實際效果不大，公司就應在時機成熟時，砍掉該業務的所有投資，及時清算將瘦狗處理掉。具體如圖6-7所示。

第六章　市場營銷戰略規劃

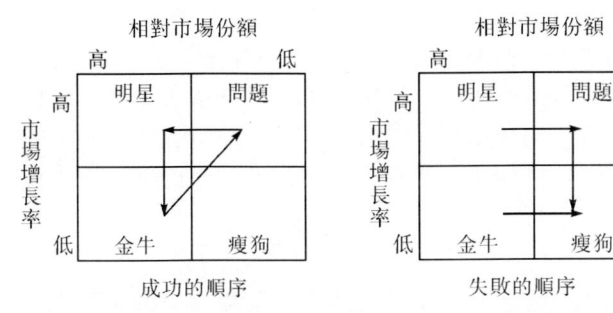

圖 6-7　波士頓矩陣業務戰略規劃應用——投資順序

圖 6-7 顯示了在四個象限裡採取正確或錯誤戰略舉動所產生的結果。如果問題得到足夠的支持，它就可能變為明星，並最終成為現金牛（成功的順序）。如果不能適當投資於明星，明星就可能變為問題，最終淪落成瘦狗（失敗的順序）。

波士頓矩陣有其一定的局限性。它的應用的假設前提是：①行業吸引力由市場增長率來表示，企業實力由相對市場佔有率來表示；②企業銷售量大小和盈利的多少是正相關的；③公司在各項業務間的資金回收和資金投入是平衡的。

這些假設前提大體上是合理的，但並不是無懈可擊的。①反應一個行業吸引力和企業實力的指標應該是多元的，而僅僅用兩個指標數據來表示顯然是不全面的；②企業的銷售量增長和盈利能力不一定正相關；③按照該矩陣的意見，瘦狗類產品不是被清算就是被放棄，但有的專家認為位於低利潤區域的經營業務可獲得有價值的經驗，並為降低明星或金牛業務的成本是有幫助的；另外，如果管理得當，某些瘦狗類業務也能成為現金收入的重要來源（如針對小眾市場推出的特例產品可通過制定高價達到抵銷成本，獲取利潤的結果），只有那些已經失效的瘦狗，才應作為放棄或清算的對象。

（二）通用電氣公司（General Electric，GE）矩陣

波士頓矩陣存在著一些不足，沒有涉及在相異業務之間如何投資，這就會給公司管理者帶來錯誤判斷或者使他們陷入迷茫。有鑒於此，通用電氣公司首創了多因素組合矩陣，因而也被稱作為通用矩陣。

1. 通用矩陣分析基本原理

通用電氣公司矩陣雖然也是使用兩個指標，即「行業吸引力」與「業務優勢」，但每個指標卻包含著對多種因素的綜合分析。正是這種多因素的特點將通用矩陣與上面討論的雙因素組合矩陣方法區分開來。

這種通過綜合分析多種因素並構成「行業吸引力」「業務優勢」兩項指標的組合思考方式對評定一項業務具有極佳的營銷意義。一方面，公司如果進入富有吸引力的市場，並擁有在這些市場中獲勝所需要的各種條件，它就可能成功。如若缺少其中一個條件，就很難得到顯著的效果。另一方面，一個實力雄厚的公司不可能在一個夕陽市場中大展宏圖，同樣，一個孱弱的公司也不可能在一個朝陽市場中大有作為。

2. 通用矩陣分析應用

圖6-8給出了某公司5個戰略業務單位的通用矩陣示意圖。每項戰略業務單位對應不同的坐標位置（業務優勢、行業吸引力），每項業務圓圈大小表示著總體市場規模（而不是該公司業務的大小），陰影部分代表該項業務的絕對市場份額（而不是相對市場份額）。具體而言，我們可以按下列步驟對公司的各項業務進行分析：

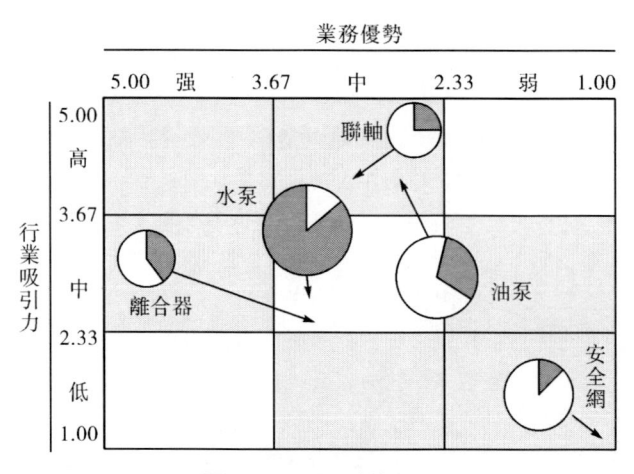

圖6-8 通用矩陣的應用

（1）區分不同的戰略單元業務
（2）衡量「行業吸引力」與「業務優勢」兩個指標

營銷戰略管理者必須識別構成每個指標的各種因素，尋找測量這些因素的方法，並把這些因素合成為每個指標的數值。例如，對水泵業務「行業吸引力」與「業務優勢」的分析如表6-3所示。

表6-3　　　對水泵業務「行業吸引力」與「業務優勢」的分析

指標	多種因素	權數	評分（1~5）	值
行業吸引力	總體市場大小	0.20	4	0.80
	年市場增長率	0.20	5	1.00
	歷史毛利率	0.15	4	0.60
	競爭密集程度	0.15	2	0.30
	技術要求	0.15	4	0.60
	通貨膨脹	0.05	3	0.15
	能源要求	0.05	2	0.10
	環境影響	0.05	3	0.15
	社會/政治/法律	必須是可接受的		
	合計	1.00		3.70

第六章　市場營銷戰略規劃

表6-3(續)

指標	多種因素	權數	評分（1~5）	值
業務優勢	市場份額	0.10	4	0.40
	份額增長	0.15	2	0.30
	產品質量	0.10	4	0.40
	品牌知名度	0.10	5	0.50
	分銷網	0.05	4	0.20
	促銷效率	0，05	3	0.15
	生產能力	0.05	3	0.15
	生產效率	0.05	2	0.10
	單位成本	0.15	3	0.45
	物資供應	0.05	5	0.25
	開發研究績效	0.10	3	0.30
	管理人員	0.05	4	0.20
	合計	1.00		3.40

　　表6-3中，我們列舉了構成這兩個指標的各種因素，並對各因素進行測量（設定各個因素的權重，測定打分，計算該因素的得分），然后計算出該項業務在「行業吸引力」與「業務優勢」兩項指標上的總得分。

　　評分的過程是營銷戰略管理者根據表6-3中的資料，從「1」（毫無吸引力）到「5」（最有吸引力）來逐項評估每一個因素。顯然，在評分的過程中，對營銷管理者個人經驗與能力的要求就相當高，要求營銷管理者做到合理與正確，盡量減少個人的偏見和資料信息的不完善。在表6-3中，我們得到「水泵業務」的「行業吸引力」與「業務優勢」指標的總得分分別為3.70與3.40。這兩個得分就構成該項業務在通用矩陣中的坐標位置。

　　需要注意的是，我們其實已經將波士頓矩陣的兩個因素（市場增長率、市場份額）列入通用矩陣兩個指標之中，也再次說明通用矩陣比波士頓矩陣考慮得更加全面。

　　另外，各項業務的評分測定系統也許並不相同，我們將各項業務按上面的邏輯進行分析、測量、計算，就得出每項業務在通用矩陣中的位置（坐標值）。

　　(3) 通用矩陣中圓圈與陰影的應用

　　得到每項業務對應的坐標值，以此坐標值為圓心，圓的大小與該項業務的總體市場規模大小成一定比例。圓圈越大，代表這項業務的總體市場規模越大。例如，圖6-8中，全國範圍內（如果分析點是針對國內市場的話）的水泵業務的總體市場規模為離合器的2倍，是聯軸市場規模的4倍。

　　陰影大小表示公司的該項業務占總體市場的大小，即我們所稱的絕對市場份額。圖6-8中，該公司的離合器業務就占全國（如果分析點是針對國內市場）離合器市

127

場的 35%。

(4) 關於箭線的應用

營銷管理者還應根據現行的戰略預測每個戰略業務單位在今后 3~5 年的預期位置。這包括分析每個產品所處的產品生命週期，以及預期的競爭者戰略、新技術、經濟事件等。這種預測的結果由圖 6-8 中箭線的長度與方向標出。例如，水泵業務預計其市場吸引力將緩慢下降，離合器業務在公司業務能力的地位將急遽下降。

3. 戰略規劃

實際上，通用矩陣分為九個格子，這些格子分列三個區，如圖 6-9 所示。

	業務優勢 強	業務優勢 中	業務優勢 弱
行業吸引力 高	保持優勢 ●以最快可行的速度投資發展 ●集中努力保持力量	投資建立 ●向市場領先者挑戰 ●有選擇加強力量 ●加強薄弱地區	有選擇發展 ●集中有限力量 ●努力克服缺點 ●無明顯增長就放棄
行業吸引力 中	選擇發展 ●在最有吸引力處重點投資 ●加強競爭力 ●提高生產力和獲利能力	選擇保持現有收入 ●保護現有計劃 ●在獲利能力強、風險相對低的部門集中投資	有限發展或縮減 ●尋找風險小的發展辦法，否則盡量減少投資，合理經營
行業吸引力 低	固守和調整 ●設法保持現有收入 ●集中力量於有吸引力的部門 ●保存防禦力量	設法保持現有收入 ●在大部分獲利部門保持優勢 ●給產品線升級 ●盡量降低投資	放棄 ●在賺錢機會趨於喪盡時售出 ●降低固定成本同時避免投資

圖 6-9 通用矩陣之戰略指導

（1）左上角的三個格子表示最強的戰略業務單位，企業應該採取投資/擴展戰略。

（2）在左下角到右上角對角線上的三個格子表示戰略業務單位的總吸引力處於中等狀態，企業應該採取選擇或盈利戰略。

（3）右下角的三個格子表示戰略業務單位的吸引力很低，企業應該採取收穫或放棄戰略。

例如，安全網業務就是一個在規模較大、但吸引力不強的市場中佔有極小份額的戰略業務單位，同時，在這項業務在公司也無多大的優勢，它就是適用收穫或放棄戰略的候選業務。

第六章　市場營銷戰略規劃

三、規劃業務單位戰略

企業通過常用的波士頓矩陣以及通用矩陣解決了發展哪些業務以及怎樣發展的問題，接下來的工作就是規劃具體戰略去落實相關業務的發展任務。

態勢分析法（SWOT）主要關注企業的內部稟賦運作、外部環境的構成與特點，並強調企業的內外匹配與契合。企業內部分析重點考察企業的優勢（Strength）與劣勢（Weakness）。企業外部分析主要考察機會（Opportunity）與威脅（Threat）。態勢分析法分析框架即得名於上述四個英文單詞：取每個詞的第一個字母，依次組合而成，如圖6-10所示。

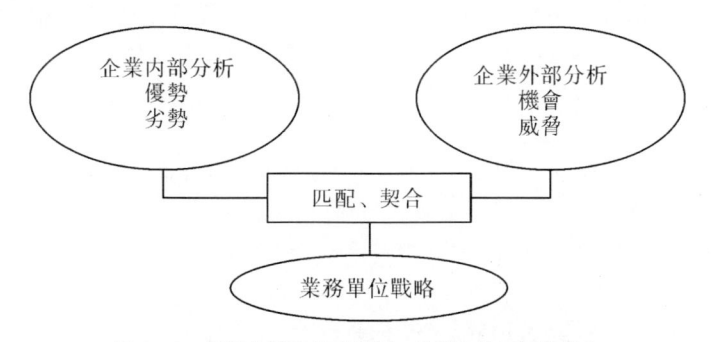

圖6-10　態勢分析法分析框架：企業內外匹配與契合

通常，我們可以利用SWOT模型來規劃業務單位的戰略，因為對於態勢分析法而言，它既是一種基本理論框架，也是一種獨特的思維與分析方法，還是一種戰略規劃基本指南。

（一）態勢分析法是戰略思維與實踐的基本理論框架

態勢分析法對於戰略管理實踐與行動的指導意義是非常直觀的。它強調的所謂內外匹配與契合，實質上是主張揚長避短、善用時機。這就要求企業應該積極努力地去尋求、發現和創造機會；規避、化解或消除來自外部環境的威脅，比如競爭的威脅；發揮、挖掘和利用自己的長項與優勢；避免、改善和扭轉自己的弱勢，從而最大限度地張揚自己的優勢特色，有效地利用外部環境中的機會。

（二）態勢分析法是一種分析框架

1. 外部環境分析：機會與威脅分析

機會是影響企業戰略的一個重要因素。機會的形式有兩種：行業機會和企業機會。行業環境向所有企業提供發展機會，這種機會對每個企業都是平等的。但是，由於每一企業的優勢和劣勢各不相同，捕捉這種機會的能力也不同，對於具備捕捉機會能力的企業來說，行業機會就成為現實的企業機會。

市場機會的產生具有極大的不確定性，它主要來自於外部環境的突發性變化，比如技術的主要變化、新材料的可利用性、顧客的新類型、現有產品的新用途、法

市場營銷學

律法規的變化、市場的發展、新的分銷渠道、新的組織模式的出現、良好的地理環境、高級人才的獲得,等等。

企業對於機會的辨識應該從「吸引力」和「成功性」兩個方面來考慮。
(1) 機會中利益能清晰地表達給特定的目標市場嗎?
(2) 它能夠通過成本有限的載體和交易渠道來到達目標市場嗎?
(3) 公司擁有或是否能得到傳遞顧客利益所需的主要能力或資源?
(4) 公司能比現在或潛在的競爭者更好地傳遞利益嗎?
(5) 投資回報率是否達到或超過公司一開始對投資的期望?

威脅是指環境中對企業不利的因素。它是影響企業當前地位或其未來地位的主要障礙。企業面臨的威脅來自各個方面,其中主要有:競爭者的進入,替代產品的銷售額上升,市場增長速度的放慢,有關國家政策出現了不利於企業的變化,經濟波動,顧客和供應商議價實力的增強,顧客需求和愛好的變化,等等。企業試圖減少威脅的關鍵,是要關注外部環境中可能帶來不利影響的因素。

企業將某項業務面臨的主要機會與威脅匯編起來,就能描繪出它的全部吸引力。這樣可能有四種結果:
(1) 理想的業務是機會多、很少有嚴重威脅的業務。
(2) 風險的業務是機會與威脅都多的業務。
(3) 成熟的業務是機會與威脅都少的業務。
(4) 麻煩的業務是機會少、威脅多的業務。

認清企業所面臨的機會和威脅十分重要,因為這不僅涉及企業地位的變化,而且影響到戰略的制定。企業在設計戰略方案時,即要充分利用自己面臨的一切機會,使其與自身能力相適應。

2. 內部環境分析:優勢與劣勢分析

優勢指能使企業進行有效競爭和良好經營的某些因素或特徵。它通常表現為企業的一種相對優勢。表示企業實力較強的標誌大致有:擁有某些重要的核心競爭力,擁有較為穩定或領先的市場佔有率,實施了較為有效的戰略,顧客的數量及其信任感的增長,擁有一個相對滿意的戰略組合,增長較快的細分市場趨向集中,擁有某些競爭力較強的產品,擁有成本優勢,取得高於行業平均水平的盈利,擁有高於行業平均水平的技術與創新能力,實行富於創新和及時應變的管理,能及時捕捉市場的各種機會,擁有良好的經營技巧,完善的服務系統,專利技術,較好的廣告宣傳,產品創新能力,完善的經營管理,有效的經驗曲線,較好的生產能力,等等。

各種優勢對企業經營的影響是有所不同的,其中某些較為重要,它們對企業競爭成功起著關鍵的作用,即稱之為關鍵的成功因素。

劣勢就是給企業經營帶來不利的因素或特徵。這些因素或特徵的存在和發展,可能會使企業在市場競爭中處於劣勢地位。一個企業潛在的劣勢主要表現在:缺乏明確的戰略導向,缺乏與競爭者較量的基礎,收益低於行業平均水平,資金不足,

第六章 市場營銷戰略規劃

在顧客心目中聲譽下降，產品開發處於落後地位，缺乏建立有效戰略組合的基礎，在大部分具有發展潛力的市場中處於軟弱地位，經營成本較高，規模過小難以在市場中立足，不善於應付市場上新出現的威脅，產品質量較差，設備陳舊，盈利較少甚至虧損，內部管理混亂，缺乏管理經驗知識，過去在執行戰略過程中存在不足之處，研究與開發工作落後，產品線過窄，銷售渠道不力，營銷技巧差，等等。

某些劣勢對企業來說是致命的，而另外一些劣勢則相對不太重要且易補救。

3. 態勢分析法分析應用

一般而言，我們在進行 SWOT 分析過程中，並不會將所有的機會/威脅，優勢/劣勢全部羅列出來，而是針對於某一具體的業務和情境，按重要的先後次序羅列出其中的 3~5 項即可。例如，某品牌香菸 SWOT 矩陣如表 6-4 所示。

表 6-4　　　　　　　　　　某品牌香菸 SWOT 矩陣

	內部環境分析		外部環境分析	
	優勢	劣勢	機會	威脅
企業分析	靈通的市場調查 優異的企劃群 雄厚的資金 通路掌握好	后發品牌 再定位困難 品牌單一 課稅高	市場需求傾向洋菸 市場人口日趨增多	競爭對手多 水貨猖獗 反吸菸聲浪高
競爭者分析	先發品牌 有一定消費層 多品牌	品牌忠誠度不高 定位不明顯 課稅過高	香菸市場逐漸看好 競爭態勢大致已定	水貨猖獗 反吸菸聲浪高
行業分析	國產菸與洋菸優缺點鮮明 洋菸口味支持者日漸增多	相同定位訴求過多 課稅過高	香菸市場日益擴大 定位仍有回旋空間	水貨猖獗 反吸菸聲浪高
顧客分析	年輕人普遍喜好洋菸	品牌選擇不穩定 受拒吸二手菸影響	對口味、價值感、健康訴求、知名度的堅持	拒吸二手菸運動進行頗烈 追求長壽和健康
環境分析	利潤大並不斷擴大 擁有良好的公共關係與政治力量	高課稅影響利潤	吸菸族仍鐘情洋菸之清淡口味 吸菸群體增長快速	經濟形勢影響大 專賣體制的設計

（三）態勢分析法是戰略規劃的指導框架

態勢分析法向營銷管理者提供了一種思維，也提供了一種分析方法，同時態勢分析法也向管理者提供了一種戰略規劃的方法，如圖 6-11 所示。

131

	機會	威脅
優勢	4. SO 戰略 發揮優勢 抓住機會	3. ST 戰略 發揮優勢 迴避威脅
劣勢	1. WO 戰略 克服劣勢 抓住機會	2. WT 戰略 減少劣勢 迴避威脅

圖 6-11　SWOT 戰略規劃

1. 劣勢—機會（WO）組合戰略

企業已經鑑別外部環境所提供的機會，但同時企業本身又存在著限制利用這些機會的組織弱點。在這種情況下，企業應遵循的策略原則是，通過各種方式來彌補企業的弱點以最大限度地利用環境中的機會。如果不採取任何行動，則實際上就是將機會讓給了競爭對手。

2. 弱項—威脅（WT）組合戰略

企業應盡量避免處於這種狀態。然而一旦企業處於這樣的位置，在制定戰略時就要減低威脅和劣勢對企業的影響。事實上，這樣的企業為了生存下去必須要奮鬥，否則可能要選擇破產。而企業要生存下去可以選擇合併或縮減生產規模的戰略，以期能克服劣勢或使威脅隨時間的推移而消失。

3. 優勢—威脅（ST）組合戰略

在這種情況下，企業應巧妙地利用自身的優勢來對付外部環境中的威脅，其目的是發揮優勢而減低威脅。但這並非意味著某個強大的企業，必須以其自身的實力來正面地回擊外部環境中的威脅，合適的戰略應當是慎重而有限度地利用企業的優勢。

4. 優勢—機會（SO）組合戰略

這是一種最理想的組合，任何企業都希望憑藉自身的優勢和資源來最大限度地利用外部環境所提供的多種發展機會。

（四）SWOT 模型的局限性

與很多其他的戰略模型一樣，它也帶有時代的局限性。以前的企業可能比較關注成本、質量，現在的企業可能更強調組織流程。例如以前的電動打字機被打印機取代，該怎麼轉型？是應該做打印機，還是做其他與機電有關的產品？從態勢分析法分析來看，電動打字機廠商優勢在機電，發展打印機就顯得比較有機會。結果有的企業向打印機方向發展，結果卻走向死胡同。態勢分析法沒有考慮到企業改變現狀的主動性，企業是可以通過尋找或培育新的資源來創造企業的優勢，從而達到過去無法達成的戰略目標。

公司也不應去糾正它的所有劣勢，也不必對其優勢全部加以利用。主要的問題

第六章 市場營銷戰略規劃

是公司應該去探究，它究竟是應只局限在已擁有優勢的機會中，還是去獲取和發展某些優勢，以找到更好的機會。例如，在得州儀器公司的經理中有兩種意見：一種認為公司應堅守工業電子產品（它有明顯優勢），而另一種認為公司應繼續引進電子消費產品（在這方面它缺少營銷優勢）。有時，業務發展慢並非因為其各部門缺乏優勢，而是因為它們不能很好地協調配合。

四、一般性競爭戰略模式的規劃

目標指出向何處發展，戰略思想則說明達到目標的基本打算，而業務層面的競爭所涉及的主要問題是在一個給定的業務或行業內（產品/市場範圍內），企業如何競爭取勝，即在什麼基礎上進行市場定位和確立競爭優勢。根據美國學者波特的觀點，有三種一般性的競爭戰略可供參考，如圖 6-12 所示。

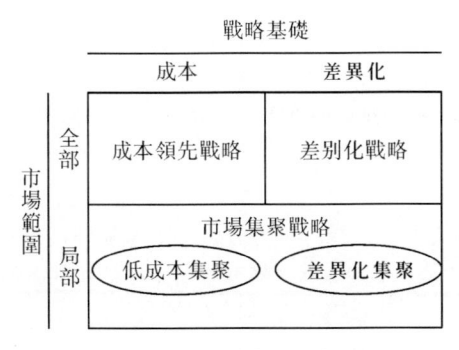

	戰略基礎	
	成本	差異化
市場範圍 全部	成本領先戰略	差別化戰略
市場範圍 局部	市場集聚戰略	
	低成本集聚	差異化集聚

圖 6-12　一般性業務競爭戰略

（一）成本領先

成本領先戰略是指一個企業力爭使其總成本降到行業最低水平，並以此作為戰勝競爭者的基本前提。企業採用這種戰略，核心是爭取最大的市場份額，通過標準化大量生產使單位產品成本最低，從而以較低售價贏得競爭優勢。實現成本領先的目標，要求企業具有良好、通暢的融資渠道，能夠保證資本持續不斷投入；產品便於製造，工藝過程精簡；擁有低成本的分銷渠道；實施緊張、高效的勞動管理。另外，更先進的技術、設備，更熟練的員工，更高的生產效率，更嚴格的成本控制，結構嚴密的組織體系和責任管理和以滿足數量目標為基礎的激勵制度等，都是實施這一戰略的重要保障。這樣，企業依靠成本低廉為其戰略特色，並在此基礎上爭取有利的價格地位，在與對手的抗爭中也就能夠占據優勢。

（二）差別化或別具一格

企業實施這種戰略的競爭優勢，主要依託於產品及其設計、工藝、品牌、特徵、款式和服務等各個方面或幾個方面，與競爭者相比能有顯著的獨到之處。由於不同的企業產品各有特色，顧客難以直接比較其間的「優劣」，故而可以有效抑制市場

133

對價格的敏感程度，企業同樣有可能獲得不亞於成本領先企業的效益。一旦消費者對企業或者品牌建立了較高的信任度，還能為競爭者的進入設置較高的屏障。企業有效地實施這一戰略的前提，是企業在市場營銷、研究與開發、產品技術和工藝設計等方面具有強大的實力；在質量、技術和工藝等方面，享有優異、領先的良好聲譽；進入行業的歷史久遠，或從事其他行業時累積的許多獨特能力依然有用；可以得到來自銷售渠道各個環節的大力支持和合作；等等。因此，一個企業必須能夠對它的基礎研究、新產品開發和市場營銷等職能進行有效的協調和控製，具有可以吸引高技能的員工、專家和其他創造性人才，以及有助於創新的激勵機制和企業文化。

（三） 重點集中或市場「聚焦」

一般的成本領先和差別化戰略多著眼於整個市場、整個行業，從大範圍謀求競爭優勢。重點集中或市場「聚焦」則把目標放在某個特定的、相對狹小的領域內，在局部市場爭取成本領先或差別化，建立競爭優勢。一般來說它是中小企業使用的一種戰略。雖然在整個市場上，企業沒有低成本和差別化的絕對優勢，但在一個較狹小的領域中卻能取得這些方面的相對優勢。這種戰略的風險在於，一旦局部市場的需求變化，或強大的競爭者執意進入、一決雌雄，現有的企業就可能面臨重大災難。

在同一市場上採用同一戰略的企業之間，事實上形成了一個所謂的「戰略群落」。由於彼此採用相同的「武器」，一般來說只有戰略運用最佳的企業才能夠收效最好。尤其需要注意的是，那些採用模糊戰略的企業，往往經營最差。它們試圖集所有戰略的優點於一身，結果在哪一方面都沒有突出的成就。

本章小结

企業戰略確定企業的未來，並與風險緊緊相連。企業戰略首先確定戰略目標，然后使達到目標的機會最大化。為了適應來自國內外全面挑戰的激烈競爭，要求有新型的管理規劃程序，使企業具有較強的適應環境變化的能力。企業戰略規劃便應運而生，主要包括確定企業的任務與目標，選擇合適的市場機會並制定相應的增長策略，制訂投資組合計劃等。

企業在規定了企業的總任務和目標之后，需要指定產品或服務的投資組合計劃。制定產品或服務的投資組合最有效的方法就是進行戰略業務單位的劃分並對其評價。常用的評價方法有波士頓矩陣法、通用矩陣分析法。

企業為了達到預期的市場佔有率或者實現擴大資金來源的目的，在對各業務單位進行分析之后，企業應著手制訂業務組合計劃，確定對各個業務單位的投資戰略。

第六章　市場營銷戰略規劃

思考与练习

1. 總體戰略、業務戰略與市場營銷戰略之間有什麼聯繫？
2. 如何界定企業的使命？
3. 什麼是戰略業務單位？
4. 簡述企業的發展戰略。
5. 闡述戰略業務單位評價方法及其應用？
6. 如何充分利用SWOT工具？
7. 一般的業務競爭戰略是哪三種，它們的具體內容是什麼？

第七章　目標市場戰略

学习要点

通過學習本章內容，明確市場細分的作用及其依據；應用市場細分的原理對消費者市場和產業市場進行細分；掌握選擇目標市場的三種戰略；掌握市場定位步驟及定位戰略。

开篇案例

麥當勞瞄準細分市場的不同需求

麥當勞作為一家國際餐飲巨頭，創始於20世紀50年代中期的美國。由於當時創始人及時抓住高速發展的美國經濟下的工薪階層需要方便快捷的飲食的良機，並且瞄準細分市場需求特徵，對產品進行準確定位而一舉成功。當今麥當勞已經成長為世界上最大的餐飲集團，在109個國家開設了2.5萬家連鎖店，年營業額超過34億美元。

回顧麥當勞公司發展歷程后發現，麥當勞一直非常重視市場細分的重要性，而正是這一點讓它取得令世人驚羨的巨大成功。

市場細分是1956年由美國市場營銷學家溫德爾·斯密首先提出來的一個新概念。它是指根據消費者的不同需求，把整體市場劃分為不同的消費者群的市場分割過程。每個消費者群便是一個細分市場，每個細分市場都是由需要與慾望相同的消費者群組成。市場細分主要是按照地理細分、人口細分和心理細分來劃分目標市場，以達到企業的營銷目標。

第七章　目標市場戰略

而麥當勞的成功正是在這三項劃分要素上做足了功夫。它根據地理、人口和心理要素準確地進行了市場細分，並分別實施了相應的戰略，從而達到了企業的營銷目標。

一、麥當勞根據地理要素細分市場

麥當勞有美國國內和國際市場，而不管是在國內還是國外，都有各自不同的飲食習慣和文化背景。麥當勞進行地理細分，主要是分析各區域的差異。如美國東西部的人喝的咖啡口味是不一樣的。麥當勞通過把市場細分為不同的地理單位進行經營活動，從而做到因地制宜。

每年，麥當勞都要花費大量的資金進行認真的嚴格的市場調研，研究各地的人群組合、文化習俗等，再書寫詳細的細分報告，以使每個國家甚至每個地區都有一種適合當地生活方式的市場策略。

例如，麥當勞剛進入中國市場時大量傳播美國文化和生活理念，並以美國式產品牛肉漢堡來徵服中國人。但中國人愛吃雞，與其他洋快餐相比，雞肉產品也更符合中國人的口味，更加容易被中國人所接受。針對這一情況，麥當勞改變了原來的策略，推出了雞肉產品。在全世界從來只賣牛肉產品的麥當勞也開始賣雞了。這一改變正是針對地理要素所做的，也加快了麥當勞在中國市場的發展步伐。

二、麥當勞根據人口要素細分市場

通常人口細分市場主要根據年齡、性別、家庭人口、生命週期、收入、職業、教育、宗教、種族、國籍等相關變量，把市場分割成若干整體。而麥當勞對人口要素細分主要是從年齡及生命週期階段對人口市場進行細分，其中，將不到開車年齡的劃定為少年市場，將20~40歲之間的年輕人界定為青年市場，還劃定了老年市場。

人口市場劃定以後，要分析不同市場的特徵與定位。例如，麥當勞以孩子為中心，把孩子作為主要消費者，十分注重培養他們的消費忠誠度。在餐廳用餐的小朋友，經常會意外獲得印有麥當勞標誌的氣球、折紙等小禮物。在中國，還有麥當勞叔叔俱樂部，參加者為3~12歲的小朋友，俱樂部定期開展活動，讓小朋友更加喜愛麥當勞。這便是相當成功的人口細分，抓住了該市場的特徵與定位。

三、麥當勞根據心理要素細分市場

根據人們生活方式劃分，快餐業通常有兩個潛在的細分市場：方便型和休閒型。在這兩個方面，麥當勞都做得很好。

例如，針對方便型市場，麥當勞提出「59秒快速服務」，即從顧客開始點餐到拿著食品離開櫃臺標準時間為59秒，不得超過一分鐘。

針對休閒型市場，麥當勞對餐廳店堂布置非常講究，盡量做到讓顧客覺得舒適自由。麥當勞努力使顧客把麥當勞作為一個具有獨特文化的休閒好去處，以吸引休閒型市場的消費者群。

市場細分案例總結

通過案例分析，麥當勞對地理、人口、心理要素的市場細分是相當成功的，不

市場營銷學

僅在這方面累積了豐富的經驗，還注入了許多自己的創新，從而繼續保持著餐飲霸主的地位。當然，麥當勞在三要素上如果繼續深耕細作，更可以在未來市場上保持住自己的核心競爭力。

(1) 在地理要素的市場細分上，要提高研究出來的市場策略應用到實際中的效率。麥當勞其實每年都有針對具體地理單位所做的市場研究，但應用效率卻由於各種各樣的原因不盡如人意。如麥當勞在中國市場的表現，竟然輸給了全球市場遠不如它的肯德基，這本身就是一個大問題。麥當勞其實是輸給了本土化的肯德基。這應該在麥當勞開拓市場之初便研究過的，但是麥當勞一上來還是主推牛肉漢堡，根本就沒重視市場研究出來的細分報告。等到後來才被動改變策略，推出雞肉產品，這是一種消極的對策，嚴重影響了自身的發展步伐。

所以，針對地理細分市場，一定要首先做好市場研究，並根據細分報告開拓市場，注意揚長避短是極其重要的。

(2) 在人口要素細分市場上，麥當勞應該擴大劃分標準。麥當勞不應僅僅局限於普遍的年齡及生命週期階段。麥當勞可以加大對其他相關變量的研究，拓寬消費者群的「多元」構成，配合地理細分市場，進行更有效的經營。

例如，麥當勞可以針對家庭人口考慮舉行家庭聚會，營造全家一起用餐的歡樂氣氛。公司聚會等也是可以考慮的市場。

(3) 對於心理細分市場，有一個突出的問題，便是健康型細分市場浮出水面。這對麥當勞是一個巨大的考驗。如果固守已有的原料和配方，繼續製作高熱和高脂類食物，對於關注健康的消費者來說是不可容忍的。

首先，應該仍是以方便型和休閒型市場為主，積極服務好這兩種類型的消費者群。同時，針對健康型消費者，開發新的健康綠色食品。這個一定要快速準確。總之，不放過任何類型的消費者群。

其次，在方便型、休閒型以及健康型消費者群外，還存在體驗型消費者群。麥當勞可以服務為舞臺，以商品為道具，環繞著消費者，創造出值得消費者回憶活動的感受。如在餐廳室內設計上注重感官體驗、情感體驗或者模擬體驗等。深入挖掘體驗型消費者群，這應該是未來的一個方向。

第一節　市場細分

一、市場細分的概念

市場細分（Market Segmentation）是由美國市場營銷學家溫德爾·史密斯（Wendell R. Smith）在1956年提出來的一個概念，此后，美國營銷學家菲利普·科特勒進一步發展和完善了溫德爾·史密斯的理論並最終形成了成熟的STP理論（市

第七章　目標市場戰略

場細分 Segmentation、目標市場選擇 Targeting 和定位 Positioning）。今天，市場細分與定位理論早已被業界所普遍接受，該理論也已經成為營銷領域最重要、最有效、最常用的戰略工具之一。可以說市場細分是市場營銷理論的新發展，順應了賣方市場向買方市場轉變這一新的市場形勢，是企業經營貫徹市場導向的必然產物。

市場細分是指企業通過市場調查研究，根據消費者需求的不同特徵，把市場分割成兩個或多個的消費者群的過程。也就是企業把一個異質的整體市場割分為若干個相對同質的子市場或亞市場，以用來確定目標市場，使企業相對有限資源達到效益最大化的一個過程。

市場作為一個複雜而龐大的整體，由不同的購買者和群體組成。由於這些購買個體和群體在地理位置、資源條件、消費心理、購買習慣等方面的差異性，在同類產品市場上，會產生不同的購買行為。為此，一個企業在市場營銷中可能為消費對象中的不同群體制訂不同的營銷計劃，也可能是只展開一種營銷活動以針對某一確定群體。也就是說，市場細分理論認為，在多元選擇的市場背景下，消費者由於各種因素的區別，本身也呈現為多樣化，用任何單一的營銷策略來對應所有不同的消費者群體，都不是一種優秀的戰略選擇。

消費者購買行為的差異程度有時候顯著，有時候卻並不明顯。市場細分的目的是使同類產品市場上，同一細分市場的顧客具有更多的共同性，不同細分市場之間的需求具有更多的差異性，以使企業明確有多少數目的細分市場及各細分市場需求的主要特徵。

二、市場細分戰略的產生與發展

有什麼樣的市場條件，就會產生什麼樣的營銷戰略思想。市場細分戰略同樣如此，它是在總結企業市場營銷實踐經驗的基礎之上產生和發展的。市場細分作為現代市場營銷理論與時間結合的產物，經歷了以下幾個主要階段：

（一）大眾化營銷階段（Mass Marketing）

早在 19 世紀末 20 世紀初，西方經濟發展的重心是速度和規模，企業市場營銷的基本方式是大量營銷，即企業將同一種產品大量生產、大量分銷和大量促銷給所有的買主。比如，可口可樂公司就曾經使用這一戰略，只生產一種容量為 6.5 盎司的包裝、式樣完全一樣的可樂，以吸引所有的消費者；亨利·福特向市場上推出著名的 T 型車時，也是採用統一的設計和唯一的黑色款式。

由於大眾化營銷方式具有較低的成本和銷售價格，在當時的市場環境下，可以獲得較高的利潤。大眾化營銷以市場的共性為基礎，忽略市場需求的差異，力圖以標準化的產品和分銷影響最廣泛的市場範圍。在商品不充足、消費個性不突出或產品需求同質性的市場前提條件下，大眾化營銷能夠有效地實現規模經濟，為企業所推崇。

市場營銷學

(二) 產品差異化營銷階段（Product Different Marketing）

在20世紀30年代，發生了震撼世界的資本主義經濟危機，西方企業面臨產品嚴重過剩問題。市場迫使企業轉變經營觀念，企業營銷方式經歷了從大量營銷向差異化營銷的轉變。產品差異化營銷較大量營銷是一種進步。但是，由於該策略的前提是以企業現有的能夠提供的設計、技術為基礎進行的生產，結果是使企業向市場推出了具有不同質量、外觀和品種規格等與競爭者不同的產品或產品線。由於其產品差異化缺乏市場基礎，因此不能大幅度地提高產品的適銷率。由此可見，在產品差異化營銷階段，企業仍沒有重視市場需求的研究，市場細分戰略仍無產生的基礎和條件。

(三) 目標營銷階段（Target Marketing）

20世紀50年代以後，在科學技術革命的推動下，生產力水平大幅度提高，產品日新月異，生產與消費的矛盾日益尖銳，以產品差異化為中心的推銷體制遠遠不能解決西方企業所面臨的市場問題。於是，市場迫使企業再次轉變經營觀念和經營方式，由產品差異化營銷轉向以市場需求為導向的目標營銷，即企業在研究市場和細分市場的基礎上，結合自身的資源與優勢，選擇其中最有吸引力和最能有效地為之提供產品和服務的細分市場作為目標市場從事經營，設計與目標市場需求特點相互匹配的營銷組合等。於是，市場細分戰略應運而生。

市場細分理論的產生和發展，使傳統營銷觀念發生了根本變革，在理論和實踐中都產生了極大的影響，以至於被西方理論家稱之為「市場營銷革命」。市場細分化理論經過了一個不斷完善的過程。最初，人們認為把市場割分得越細越能適應顧客需求，從而取得更大收益。但是，20世紀70年代以來，由於能源危機和整個資本主義市場不景氣，營銷管理者們發現過分的細分市場必然導致企業總經營成本上升，因而導致總收益下降。因此，又出現了一種「市場同合化」的理論。這一理論不是對市場細分化理論的簡單否定，而是從成本和收益的比較出發，主張適度細分，是對過度細分的反思和矯正。而這一理論在20世紀90年代全球營銷環境下，又有了新的內涵，適應了全球化營銷的趨勢。總之，這些變化都反應了市場細分化理論的演變，是該理論趨於成熟完善的表現。

【案例】市場細分大勢所趨 民生銀行瞄準網民

細分市場、找準定位，成為眼下商業銀行在銀行卡市場競爭中爭相使用的制勝法寶。日前，中國民生銀行濟南分行又將目光瞄準日漸龐大的網民群體，與山東三聯電子有限公司攜手推出民生百靈聯名卡。

這種聯名卡除具有借記卡的固有功能外，還針對上網用戶附加了多項增值服務，既是一張銀行卡，也是百靈網客戶的會員卡，享受會員的多種優惠。據介紹，最近民生銀行濟南分行還將針對不同客戶群體的需求，陸續推出一系列的聯名卡，滿足持卡人不同的需要，以期在市場細分中搶占更大份額。

第七章　目標市場戰略

三、市場細分的理論依據和客觀基礎

消費者購買行為受到很多因素的影響，產品屬性是其中非常重要的一個因素。根據消費者對產品不同屬性的重視程度即識別偏好，可以將消費者分為三種偏好模式。這種需求偏好差異的存在是市場細分的理論依據。以冰激凌為例，根據消費者對甜份和奶油的不同偏好，可以產生同質偏好、分散偏好、集群偏好三種偏好模式，見圖7-1。

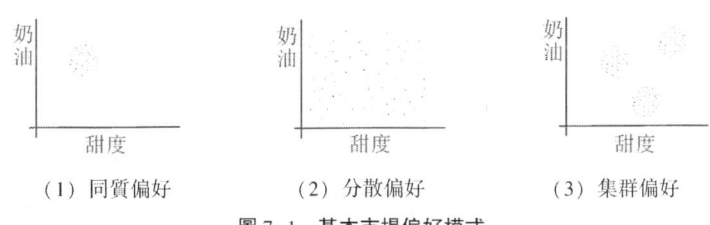

（1）同質偏好　　　　（2）分散偏好　　　　（3）集群偏好

圖7-1　基本市場偏好模式

（一）同質偏好

同質偏好指所有的消費者具備大致相同的偏好，如圖7-1（1）。這種市場不存在自然形成的細分市場，消費者對產品不同屬性的重視程度大致相同，現有產品品牌基本相似，且集中在偏好的中心。

（二）分散偏好

分散偏好指消費者的偏好可能呈分散形態在空間四處散布，這表示消費者對產品的需求存在差異。但在這種模式下，消費者偏好很不集中，相似性不明顯，集合較為困難，如圖7-1（2）。對這類市場，先進入市場的品牌可能定位在市場的中央，通過適應眾多消費者某些方面的需要，以迎合併滿足盡可能多的消費者的需求。

（三）集群偏好

集群偏好指不同的消費者群體有不同的消費偏好，但同一消費群體的消費偏好大致相同，如圖7-1（3）。這種市場也被稱為自然細分市場。進入該市場的第一家企業可以有三種選擇：一是定位於偏好中心，來迎合所有的消費者，即無差異營銷；二是定位於最大的細分市場，即集中性營銷；三是同時開發幾種品牌，分別定位於不同的細分市場，即差異化營銷。

四、市場細分的標準

市場細分的理論依據是消費者偏好和需求的差異性，因此可以運用影響消費者需求的因素作為市場細分的標準（也稱細分指標或者細分變量）對市場進行細分。總的來說，可以把這些因素分為兩個部分，即消費者市場的細分標準和產業市場的細分標準，分別說明如下：

市場營銷學

(二) 消費者市場細分標準

概括地說，細分消費者市場的變量主要有三類，即環境細分、心理細分、行為細分。以這些變量為標準來細分市場就產生出地理細分、人口細分、心理細分和行為細分4種市場細分的基本形式。

1. 地理變量

由於處於不同地理位置和不同地理環境的消費者，會形成不同的消費需求、消費習慣和偏好，因此地理細分是常用的市場細分方法。按照消費者所處的地理位置、自然環境來細分市場，具體來講有國別、地區、城市規模、人口密度、氣候等細分標準。

小案例：蚝油調味系列產品市場細分的成敗

香港一家食品公司在亞洲的食品商店推銷它生產的蚝油調味產品，採用的包裝是一位亞洲婦女和一個男孩坐在一條漁船上，船裡裝滿了大蚝，效果很好。可是這家公司將這種東方食品調料銷往美國，仍使用原來的包裝，卻沒有取得成功，因為美國消費者不理解這樣的包裝設計是什麼含義。后來這家公司在舊金山一家經銷商和裝潢設計諮詢公司的幫助下，改換了名稱和包裝。新設計的包裝是一個放有一塊美國牛肉和一個褐色蚝的盤子，這樣才引起美國消費者的興趣。經過一年的努力，這家香港公司在美國推出的新包裝蚝油調味系列產品吸引了越來越多的消費者，超級市場也願意經銷該產品了，產品終於在美國打開了銷路。

處在不同地理環境下的消費者對於同一類產品往往有不同的需求與偏好，他們對企業採取的營銷策略與措施會有不同的反應。比如，中國南方人喜歡吃辛辣的食品，而北方人則偏愛吃面食，因此餐飲市場上，粵菜館、湘菜館、川菜館、東北菜館等各具地方特色的餐館爭奇鬥艷，在深圳這座移民城市表現得尤為突出。美國通用食品公司根據東西部地區消費者對咖啡口味的不同需求，分別推出不同的產品，東部消費者偏愛清淡的咖啡，而西部消費者偏好口味醇厚的咖啡。

地理變量易於識別，是細分市場應考慮的重要因素，但處於同一地理位置的消費者需求仍會有很大差異。比如，在中國的一些大城市，如北京、上海，流動人口逾百萬，這些流動人口本身就構成一個很大的市場，很顯然，這一市場有許多不同於常住人口市場的需求特點。所以，簡單地以某一地理特徵區分市場，不一定能真實地反應消費者的需求共性與差異，企業在選擇目標市場時，還必須進一步考慮其他因素。

小資料：地理細分變量

①國家：歐美、中亞、東亞、東南亞、中東、拉美、非洲、西亞、北亞、澳大利亞／發達國家、發展中國家

第七章　目標市場戰略

②城市規模：超大城市、特大城市、大城市、中等城市、小城市
③人口密度：人口密集區、人口中等區、人口稀少區、人口極稀區
④氣候：寒帶、溫帶、熱帶／海洋性、大陸性
⑤地形地貌：平原、高原、盆地、山地、丘陵

2. 人口變量

企業可按人口統計變量，如年齡、性別、家庭規模、家庭生命週期、收入、職業、教育程度、宗教、種族、國籍等為基礎細分市場。消費者需求、偏好與人口統計變量有著很密切的關係，比如，只有收入水平很高的消費者才可能成為高檔服裝、名貴化妝品、高級珠寶等的經常買主。人口統計變量比較容易衡量，有關數據相對容易獲取，由此構成了企業經常以它作為市場細分依據的重要原因。

由於生理上的差別，男性與女性在產品需求與偏好上有很大不同，如在服飾、髮型、生活必需品等方面均有差別。像美國的一些汽車製造商，過去一直是迎合男性要求設計汽車，現在，隨著越來越多的女性參加工作和擁有自己的汽車，這些汽車製造商正研究市場機會，設計具有吸引女性消費者特點的汽車。

不同年齡的消費者有不同的需求特點，如青年人對服飾的需求，與老年人的需求差異較大。青年人需要鮮豔、時髦的服裝，老年人需要端莊、素雅的服飾。

高收入消費者與低收入消費者在產品選擇、休閒時間的安排、社會交際與交往等方面都會有所不同。比如，同是外出旅遊，在交通工具以及食宿地點的選擇上，高收入者與低收入者會有很大的不同。正因為收入是引起需求差別的一個直接而重要的因素，在諸如服裝、化妝品、旅遊服務等領域根據收入細分市場相當普遍。

職業與教育細分市場，指按消費者職業的不同，所受教育的不同以及由此引起的需求差別細分市場。比如，農民購買自行車偏好載重自行車，而學生、教師則是喜歡輕型的、樣式美觀的自行車；又如，由於消費者所受教育水平的差異所引起的審美觀具有很大的差異，不同消費者對居室裝修用品的品種、顏色等會有不同的偏好。

除了上述方面，經常用於市場細分的人口變數還有家庭規模、國籍、種族、宗教等。實際上，大多數公司通常是採用兩個或兩個以上人口統計變量來細分市場。

【案例】第二次世界大戰以后的美國市場

第二次世界大戰以后，美國的嬰兒出生率迅速提高。到20世紀60年代，戰后出生的一代已長成為青少年。加之美國這個時期經濟繁榮，家庭可支配的收入增加，所以，幾乎所有定位於青少年市場的產業及產品都獲得了成功。舉世聞名的迪斯尼樂園就是成功的典範。20世紀70年代后期，受美國經濟不景氣的影響，出生率迅速下降。到20世紀80年代中期，幾乎所有原來定位於嬰幼兒和兒童市場的產品市場都出現了不同程度的蕭條，這必然使那些原來定位於兒童和青少年市場的企業重

市場營銷學

新定位或擴大經營範圍。如迪斯尼集團也不得不放下架子，除了繼續以青少年為對象外，還增加了成人遊樂項目，並經營酒店、高爾夫球等業務，使企業在新的市場環境下繼續發展。

小資料：人口細分變量

①年齡：學齡前、小學生、中學生、青年、中年、老年

②性別：男性、女性

③家庭規模：單身貴族、二人世界、三口之家、四口之家、六口之家、氏族之家

④家庭生命週期：形成、擴展、穩定、收縮、空巢與解體

⑤民族：漢族、五十五個少數民族、其他

⑥籍貫：中國大陸（省份）、臺灣、中國香港、中國澳門、海外華僑、外國

⑦宗教信仰：佛教、道教、天主教、基督教、伊斯蘭教

⑧受教育程度：文盲、小學、初中、高中、大學專科、大學本科、研究生、博士

⑨經濟收入（月收入：元）：1,500以下、1,500～3,000、3,000～5,000、5,000～8,000、8,000以上

⑩職業：國家機關、黨群組織、企業、事業單位負責人、專業技術人員、辦事人員和有關人員，商業、服務業人員，農、林、牧、漁、水利業生產人員，生產、運輸設備操作人員及有關人員，軍人，不便分類的其他從業人員

⑪階層：最頂端的王者階層、地方性的豪族、公務員、事業單位人員、國企管理人員、壟斷國企人員和私營企業主管等、生活安逸的一般民眾、城市平民和農村中生活比較好的農民、貧困群體、赤貧階層、災難性赤貧階層

3. 心理變量

根據購買者所處的社會階層、生活方式、個性特點等心理因素細分市場就叫心理細分。

社會階層是指在某一社會中具有相對同質性和持久性的群體。處於同一階層的成員具有類似的價值觀、興趣愛好和行為方式，不同階層的成員則在上述方面存在較大的差異。很顯然，識別不同社會階層的消費者所具有不同的特點，對於很多產品的市場細分將提供重要的依據。

通俗地講，生活方式是指一個人怎樣生活。人們追求的生活方式各不相同，如有的追求新潮時髦，有的追求恬靜、簡樸；有的追求刺激、冒險，有的追求穩定、安怡。西方的一些服裝生產企業，為「簡樸的婦女」「時髦的婦女」和「有男子氣的婦女」分別設計不同服裝；菸草公司針對「挑戰型吸菸者」「隨和型吸菸者」及「謹慎型吸菸者」推出不同品牌的香菸，均是依據生活方式細分市場。

第七章　目標市場戰略

個性是指一個人比較穩定的心理傾向與心理特徵，它會導致一個人對其所處環境做出相對一致和持續不斷的反應。俗語說「人心不同，各如其面」，每個人的個性都會有所不同。通常，個性會通過自信、自主、支配、順從、保守、適應等性格特徵表現出來。因此，個性可以按這些性格特徵進行分類，從而為企業細分市場提供依據。在西方國家，對諸如化妝品、香菸、啤酒、保險之類的產品，有些企業以個性特徵為基礎進行市場細分並取得了成功。

小資料：心理細分變量
①生活方式：傳統型、新潮型、節儉型、奢華型、嚴肅性、活潑型、樂於社交型、愛好家庭生活型
②個性：活潑好動型、沉默寡言型、傳統保守型、從一而終型、見異思遷型、優雅型、追逐潮流型、放蕩不羈型
③購買動機：求異心理（吸引異性）、求實心理、攀比心理、求新心理、炫耀心理、求安心理、求廉心理、愛美心理
④價值取向：理性型、追求完美型、服務型、無私奉獻型、利益至上型、信仰至上型、追求權力地位型
⑤商品供求形勢：供過於求、供不應求、供求平衡
⑥銷售方式的感應程度：敏感型、遲鈍型、理性型、排斥型、接受能力強型

4. 行為變量

行為變量主要指消費者在購買過程中對產品的認知、態度、使用等行為特點，主要的細分依據有尋求利益、使用率、消費時機、使用者狀況等。

（1）購買時機。消費時機是指顧客需求和消費產品的時間特性，根據消費者提出需要、購買和使用產品的不同時機，將他們劃分成不同的群體。如對旅遊的需求一般在公共假期和寒暑假處於高峰；「白加黑」感冒片，因為能夠「白天吃白片不瞌睡，晚上吃黑片睡得香」，而比其他感冒藥品更受上班族的歡迎；城市公共汽車運輸公司可根據上班高峰時期和非高峰時期乘客的需求特點劃分不同的細分市場並制定不同的營銷策略；生產果珍之類清涼解暑飲料的企業，可以根據消費者在一年四季對果珍飲料口味的不同需求，將果珍市場消費者劃分為不同的子市場。

（2）尋求利益。尋求利益指消費者對所購買的產品能帶給自己的好處有不同的要求，如購車時，消費者可能會有以下要求：款式好、安全、省油、耐用等。因此，經營者應瞭解消費者在購買某種產品時所重視的主要利益是什麼，消費者還有哪些利益沒有得到滿足，進而使自己的產品突出這些利益要求，就可以更好地引起消費者的興趣。

市場營銷學

小資料：受益細分

按消費者尋求的利益可分為求實、求美、求檔次、求安、求廉、求異、求新、追求地位和名牌等細分市場，具體的受益細分因不同的產品而不同。

①保養品：美白、祛斑、保濕、防曬。
②牙膏：美白、防蛀牙、口氣清新、全面護理、經濟實惠。
③服裝：舒服、實惠、個性、大方。
④汽車：安全、省油、貴族、時尚、實惠。
⑤食品：包裝搶眼、營養、美味、獨特。

（3）使用者狀況。根據顧客是否使用和使用程度細分市場，通常可分為經常購買者、首次購買者、潛在購買者、非購買者。大公司往往注重將潛在使用者變為實際使用者，較小的公司則注重於保持現有使用者，並設法吸引使用競爭產品的顧客轉而使用本公司產品。

（4）使用率或使用數量。使用率反應的是消費者使用量的多寡。根據消費者使用量的不同，可將消費者分為少量使用者、中量使用者、大量使用者。大量使用者人數可能並不是很多，但他們的消費量在全部消費量中占很大的比重。美國一家公司發現，美國啤酒的 80% 是被 50% 的顧客消費掉的，另外一半的顧客的消耗量只占消耗總量的 12%。因此，啤酒公司寧願吸引重度飲用啤酒者，而放棄輕度飲用啤酒者，並把重度飲用啤酒者作為目標市場。公司還進一步瞭解到大量喝啤酒的人多是工人，年齡在 25~50 歲，喜歡觀看體育節目，每天看電視的時間不少於 3~5 小時。很顯然，根據這些信息，企業可以大大改進其在定價、廣告傳播等方面的策略。

（5）品牌忠誠程度。企業還可根據消費者對產品的忠誠程度細分市場。有些消費者經常變換品牌，另外一些消費者則在較長時期內專注於某一或少數幾個品牌。通過瞭解消費者品牌忠誠情況和品牌忠誠者與品牌轉換者的各種行為與心理特徵，不僅可為企業細分市場提供一個基礎，同時也有助於企業瞭解為什麼有些消費者忠誠於本企業的產品，而另外一些消費者則忠誠於競爭企業的產品，從而為企業選擇目標市場提供啟示。

（6）購買的準備階段。消費者對各種產品的瞭解程度往往因人而異。有的消費者可能對某一產品確有需要，但並不知道該產品的存在；還有的消費者雖已知道產品的存在，但對產品的價值、穩定性等還存在疑慮；另外一些消費者則可能正在考慮購買。針對處於不同購買階段的消費群體，企業進行市場細分並採用不同的營銷策略。

（7）態度。企業還可根據市場上顧客對產品的熱心程度來細分市場。不同消費者對同一產品的態度可能有很大差異，如有的很喜歡持肯定態度、有的持否定態度、還有的則處於既不肯定也不否定的無所謂態度。企業可針對持不同態度的消費群體進行市場細分，並在廣告、促銷等方面應當有所不同。

第七章　目標市場戰略

【案例】 酒類市場細分女士專用酒流行起來

據一位業內人士介紹，近年來，隨著人們生活水平的提高，年輕人越來越崇尚個性化的生活方式，女性尤其是年輕女性飲酒的人數在不斷增加。根據一項調查顯示，近三年來，中國各大城市中時常有飲酒行為的女性人數正在以每年22%的速度增長，各種國產的、進口的、專門針對女性的酒類品種目前已達到幾十種。一位啤酒經銷商介紹，由於飲酒的女士數量增長很快，各種女士酒近來不斷上市。僅在最近一段時間，燕京啤酒集團推出了無醇啤酒，吉林長白山酒業也出了「艾妮靚女女士專用酒」，還有臺灣菸酒公司研製成功一種功能性飲料——五芝啤酒，其出發點很大程度上也是針對女性市場的。此外還有哈爾濱泉雪啤酒有限公司推出的有保健功能的含「肽」啤酒，也推出營養概念，搶占女性啤酒市場。業內專家介紹說，目前國內市場上的各種女士酒大約有40種，都是近來才出現的，預計還會有更多類似的酒出現。

小資料：行為細分變量
①消費者進入市場的程度：經常購買者、初次購買者、潛在購買者、非購買者
②消費的數量：大量客戶、中量客戶、少量客戶
③對品牌的忠誠度：忠誠者、轉變者、多變者
④品牌偏好：單一品牌忠誠者、幾種品牌忠誠者、無品牌偏好者
⑤購買或使用產品的時機：普通時機、特殊時機（節假日）
⑥使用率：經常使用、偶爾使用、從未使用
⑦對產品的態度：相當熱情、無所謂、厭惡反感

（二）產業市場細分的標準

許多用來細分消費者市場的標準，同樣可用於細分生產者市場，如根據地理、追求的利益和使用率等變量加以細分。不過，由於生產者與消費者在購買動機與行為上存在差別，所以，企業除了運用前述消費者市場細分標準外，還可用一些新的標準來細分生產者市場。

1. 用戶的行業類別

用戶的行業類別可分為農業、工業、軍工、食品、紡織、機械、電子、冶金、汽車、建築等。不同行業的用戶其需求和要求不同。計算機公司通常將其市場細分為公司集團、小企業、機關學校、家庭。

2. 用戶規模

企業用戶按規模可以分為大型、中型、小型企業，或大客戶、小客戶等。用戶規模不同，其購買力、購買數量、購買的行為和方式等都有很大差別。

在生產者市場中，有的用戶購買量很大，而另外一些用戶購買量很小。以鋼材

市場營銷學

市場為例，像建築公司、造船公司、汽車製造公司對鋼材需求量很大，動輒數萬噸的購買，而一些小的機械加工企業，一年的購買量也不過幾噸或幾十噸。企業應當根據用戶規模大小來細分市場，同時，用戶或客戶的規模不同，企業的營銷組合方案也應有所不同。比如，對於大客戶，企業宜於直接聯繫，直接供應，在價格、信用等方面給予更多優惠；而對眾多的小客戶，企業則宜於使產品進入商業渠道，由批發商或零售商去組織供應。

3. 產品的最終用途

產品的最終用途也是工業者市場細分的標準之一。工業品用戶購買產品，一般都是供再加工之用，對所購產品通常都有特定的要求。比如，同是鋼材用戶，有的需要圓鋼，有的需要帶鋼；有的需要普通鋼材，有的需要硅鋼、鎢鋼或其他特種鋼。企業此時可根據用戶要求，將要求大體相同的用戶集合成群，並據此設計出不同的營銷策略組合。

4. 用戶購買狀況

企業可根據工業者購買方式來細分市場。工業者購買的主要方式如前所述，包括直接重購、修正重購及新任務購買。不同的購買方式的採購程度、決策過程等不相同，因而可將整體市場細分為不同的小市場群。

五、市場細分的原則

企業可根據單一因素，亦可根據多個因素對市場進行細分。企業選用的細分標準越多，相應的子市場也就越多，每一子市場的容量相應就越小。相反，選用的細分標準越小，子市場就越少，每一子市場的容量則相對較大。如何尋找合適的細分標準，對市場進行有效細分，在營銷實踐中並非易事。一般而言，成功、有效的市場細分應遵循以下基本原則，如圖7-2所示。

（一）可衡量性

可衡量性指細分的市場是可以識別和衡量的，亦即細分出來的市場不僅範圍明確，而且對其容量大小也能大致做出判斷。有些細分變量，如具有「依賴心理」的青年人，在實際中是很難測量的，以此為依據細分市場就不一定有意義。可衡量性主要表現為：對要明確瞭解到細分市場上消費者對商品需求的差異性的各項要求，通過產品或服務反應和說明讓消費者感覺到你的差異。衡量細分市場主要體現在以下幾個方面：

（1）對細分后的市場範圍清楚界定。如禮品市場可分為國內市場、國際市場，其中國內市場還可進一步細分為華中市場、西南市場、東北市場等；也可根據消費行為細分為青年人禮品市場、兒童禮品市場、老年人禮品市場等。如對生產資料市場進行細分，則可選擇最終用戶、用戶規模和生產能力、用戶地點等因素作為細分標準。

第七章　目標市場戰略

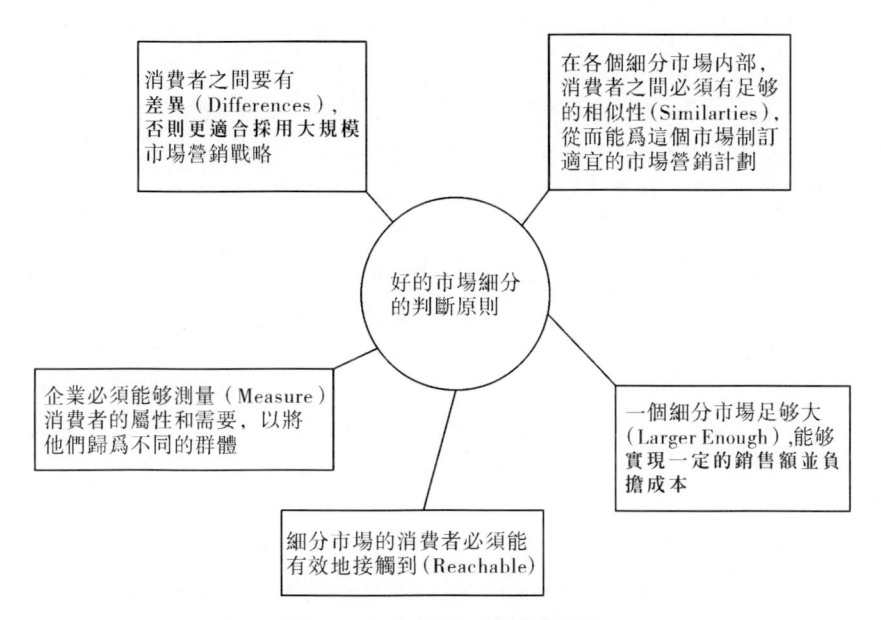

好的市場細分的判斷原則：
- 消費者之間要有差異（Differences），否則更適合採用大規模市場營銷戰略
- 在各個細分市場內部，消費者之間必須有足夠的相似性（Similarties），從而能為這個市場制訂適宜的市場營銷計劃
- 企業必須能夠測量（Measure）消費者的屬性和需要，以將他們歸為不同的群體
- 一個細分市場足夠大（Larger Enough），能夠實現一定的銷售額並負擔成本
- 細分市場的消費者必須能有效地接觸到（Reachable）

圖7-2　好的市場細分的判斷原則

（2）對市場容量的衡量。在細分市場后作為企業就要明確細分範圍內的市場容量是多大，因為細分市場就是為了對市場進行全面徹底的開發和利用。

（3）對市場潛力的衡量。成功營銷最大的定律是就不斷開發新的有需求的市場，對於一種商品來說不是所有的地區都有無限的市場，所以在細分市場時我們除了考慮到現有的市場容量，還要考慮在將來的很長一段時間內，對於這個細分範圍內還有很多潛在的市場需求。

（二）可進入性（可接觸）

可進入性指細分出來的市場應是企業營銷活動能夠抵達的，亦即是企業通過努力能夠使產品進入並對顧客施加影響的市場。不管多麼好的市場如果你的企業或是商品沒法進入這塊市場，那麼再細分也是沒有意義的。比如，生產冰激凌的企業，如果將中國中西部農村作為一個細分市場，恐怕在一個較長時期內都難以進入。企業在細分市場時一定要考慮到企業進入這個市場有多大的銷售額。根據這一要求我們要從各個細分市場的規模、發展潛力、購買力等方面進行著手。通常說，在企業對營銷策略和商品有絕對信心時，市場的規模、發展潛力、購買力等越大，那麼你的企業進入這個市場后占據性就會更強，銷售額就會更大。

（三）可盈利性（足夠大的容量）

企業通過細分，必須使子市場有足夠的需求量，能夠保證企業獲取足夠的利潤，有較大的利潤上升空間。即細分出來的市場其容量或規模要大到足以使企業獲利。進行市場細分時，企業必須考慮細分市場上顧客的數量，以及他們的購買能力和購

149

買產品的頻率。如果細分市場的規模過小，市場容量太小，細分工作繁瑣，成本耗費大，獲利小，就不值得去細分。因此，市場在很多情況下不能無限制地細分下去，避免造成規模上的不經濟。市場細分必須要把握一個前提條件，即細分出的子市場必須有足夠的需求水平，是現實可能中最大的同質市場，值得企業為它制訂專門的營銷計劃，只有這樣，企業才可能進入該市場，才可能有利可圖。

（四）差異性

差異性指各細分市場的消費者對同一市場營銷組合方案會有差異性反應，或者說對營銷組合方案的變動，不同細分市場會有不同的反應。一方面，如果不同細分市場顧客對產品需求差異不大，行為上的同質性遠大於其異質性，此時，企業就不必費力對市場進行細分。另一方面，對於細分出來的市場，企業應當分別制訂出獨立的營銷方案。如果無法制訂出這樣的方案，或其中某幾個細分市場對是否採用不同的營銷方案不會有大的差異性反應，便不必進行市場細分。

【案例】汽車目標市場的界定

福特汽車公司曾經在 20 世紀 50 年代打算專門為 1.2m 以下的侏儒生產特製汽車，如特殊的產品設計、與大眾化汽車生產不同的生產線及工裝設備，這必然造成成本的大量增加，但更好地滿足了特殊消費者的需求。公司通過市場調研與細分后，發現這一汽車細分市場的需求極其有限，人口較少，盈利前景暗淡，最終放棄了這一構想。

六、市場細分的作用

前些年中國曾向歐美市場出口真絲花綢，這種產品在歐美市場上的消費者是上流社會的女性。由於中國外貿出口部門沒有認真進行市場細分，更沒有掌握目標市場消費者的需求特點，因而營銷策略發生了較大失誤：產品配色不協調、不柔和，未能贏得消費者的喜愛；價格採取了未能迎合消費者心理的低價策略，而目標市場消費者要求的是與其社會地位相適應的高價產品；銷售渠道選擇了街角商店、雜貨店，甚至跳蚤市場，大大降低了真絲花綢的華貴地位；廣告宣傳也流於一般。這個失敗的營銷個案，恰好從反面告誡我們，市場細分對於制定營銷組合策略具有多麼重要的作用。

（一）細分市場是企業發展市場機會的起點

在發達的商品經濟「買方市場」條件下，企業營銷決策的起點在於發現具有吸引力的市場環境機會，這種環境機會能否發展成市場機會，取決於兩點：一方面，這種環境機會是否與企業戰略目標一致；另一方面，利用這種環境機會能否比競爭者具有優勢，並獲得顯著收益。顯然，這些必須以市場細分為起點。通過細分市場，企業可以發現哪些市場需求已得到滿足，哪些只滿足了一部分，哪些仍是潛在需求。

第七章　目標市場戰略

相應地，企業可以發現哪些產品競爭激烈，哪些產品較少競爭，哪些產品亟待開發。

發展最優的市場機會，對於中小企業至關重要。因為中小企業資源能力有限，技術水平相對較低，因此在市場上與實力雄厚的大企業相比，缺乏競爭力。通過市場細分，中小企業就可以根據自身的經營優勢，選擇一些大企業不願顧及、相對市場需求量小一些的細分市場，集中力量滿足某一特定市場的需求，即可在整體競爭激烈的市場條件下，在某一局部市場取得較好的經濟效益，在競爭中求得生存和發展。

（二）細分市場有助於掌握目標市場的特點

不進行市場細分，企業選擇目標市場必定是盲目的，不認真地鑑別各個細分市場的需求特點，就不能進行有針對性的市場營銷。20世紀80年代中期中國糧油公司出口日本市場凍雞的銷售起伏，是一個很有說服力的啟示。

（三）細分市場是企業制定市場營銷組合策略的前提條件

市場營銷組合是企業綜合考慮產品、價格、促銷形式和銷售渠道等各種因素而制訂的市場營銷方案。上述幾個因素各自又存在不同的層次，各個因素之間又有多種組合形式。但就每一個企業特定的市場而言，卻只有一種最佳的組合形式，而這種最佳組合只能是進行市場細分的結果。

（四）細分市場有利於提高企業的競爭能力

在市場經濟條件下，競爭作為市場經濟的內在規律必然發揮作用。一個企業競爭能力的強弱要受到客觀因素的影響，但通過有效的營銷戰略可以改變現狀。市場細分戰略是提高企業競爭能力的一個有效方法。因為，在市場細分後，每一個細分市場上競爭者的優勢和劣勢就明顯地暴露出來。企業只有看準市場機會，利用競爭者的劣勢，同時有效地開發本企業的資源優勢，用相對較少的資源把競爭者的顧客和潛在顧客變為本企業產品的購買者，提高市場佔有率，增加競爭能力。

細分市場是有一定客觀條件的。社會經濟的進步，人們生活水平的提高，顧客需求呈現出較大差異時，細分市場才成為企業在營銷管理活動中亟需解決的問題。因此只有商品經濟發展到一定階段，市場上商品供過於求，消費者需求多種多樣，企業無法用大批量生產產品的方式或差異化產品策略有效地滿足所有消費者需要的時候，細分市場的客觀條件才具備。但是，細分市場不僅是一個分解的過程，也是一個聚集的過程。所謂聚集的過程，就是把對某種產品特點最易做出反應的消費者集合成群。這種聚集過程可以依據多種標準連續進行，直到識別出其規模足以實現企業利潤目標的某一個消費者群。

第二節　目標市場戰略

一、目標市場的概念及其評估

（一）目標市場的概念

目標市場就是企業期望並有能力占領和開拓，能為企業帶來最佳營銷機會與最大經濟效益的具有大體相近需求、企業決定以相應商品和服務去滿足其需求並為其服務的消費者群體。

企業通過市場細分，有利於明確目標市場，通過市場營銷策略的應用，有利於滿足目標市場的需要。即目標市場就是通過市場細分后，企業準備以相應的產品和服務滿足其需要的一個或幾個子市場。目標市場有一個選擇策略的問題，即關於企業為哪個或哪幾個細分市場服務的決定。具體講，所謂目標市場選擇，就是指企業在市場細分之后的若干「子市場」中，所運用的企業營銷活動之「矢」而瞄準的市場方向之「的」的優選過程。

例如，現階段中國城鄉居民對照相機的需求，可分為高檔、中檔和普通三種不同的消費者群。調查表明，33%的消費者需要物美價廉的普通相機，52%的消費者需要使用質量可靠、價格適中的中檔相機，16%的消費者需要美觀、輕巧、耐用、高檔的全自動或多鏡頭相機。國內各照相機生產廠家，大都以中檔、普通相機為生產營銷的目標，因而市場出現供過於求，而各大中型商場的高檔相機，多為高價進口貨。如果某一照相機廠家選定16%的消費者目標，優先推出質優、價格合理的新型高級相機，就會受到這部分消費者的歡迎，從而迅速提高市場佔有率。

（二）目標市場的評估

企業的目標市場是企業營銷活動所要滿足的市場需求，是企業決定要進入的市場。企業的一切營銷活動都是圍繞目標市場進行的。選擇和確定目標市場，是企業制定營銷戰略的首要內容和基本出發點，不僅直接關係著企業的經營成果以及市場佔有率，而且還直接影響到企業的生存。因此，企業在選擇目標市場時，必須認真評價目標市場的營銷價值，從市場潛力、競爭狀況以及本企業的資源條件、營銷能力和營銷特點全面分析評估是否值得去開拓、能否實現以最小的消耗取得最大的營銷成果。一般來說企業考慮進入的目標市場應做以下幾方面的評估：

1. 有一定的市場規模和增長潛力

企業要評估細分市場是否有適當規模和增長潛力，因為適當規模是與企業規模和實力相適應的。較小的市場對於大企業，不利於充分利用企業的生產能力；而較大市場對於小企業，則小企業缺乏能力，來滿足較大市場的有效需求或難以抵禦較大市場上的激烈競爭。增長的潛力是要有尚未滿足的需求，有充分發展的潛力。

第七章　目標市場戰略

2. 細分市場結構有足夠的市場吸引力

吸引力主要是從獲利的角度看市場長期獲利率的大小。市場可能具有適當規模和增長潛力，但從利潤立場來看不一定具有吸引力。波特認為有 5 種力量決定整個市場或其中任何一個細分市場的長期的內在吸引力。細分市場可能具備理想的規模和發展特徵，然而從盈利的觀點來看，它未必有吸引力。這 5 個群體是同行業競爭者、潛在的新參加的競爭者、替代產品、購買者和供應商。企業必須充分估計這 5 種因素對長期獲利率所造成的影響，預測各細分市場的預期利潤的多少。它們具有如下 5 種威脅性（圖 7-3）：

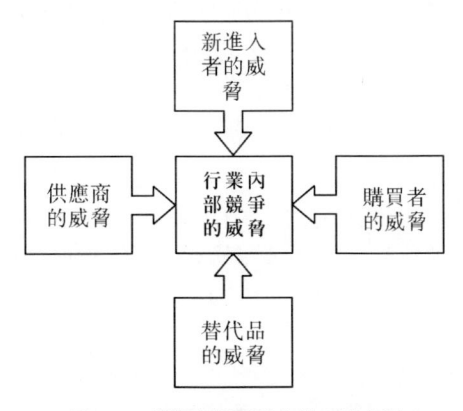

圖 7-3　影響市場吸引力的五種力量

第一，行業內激烈競爭的威脅。如果某個行業市場已經有了眾多的、強大的或者競爭意識強烈的競爭者，那麼該細分市場就會失去吸引力。如果出現該細分市場處於穩定或者衰退，生產能力不斷大幅度擴大，固定成本過高，撤出市場的壁壘過高，競爭者投資很大的情況，那麼情況就會更糟。這些情況常常會導致價格戰、廣告爭奪戰、企業推出新產品，公司要參與競爭就必須付出高昂的代價。

第二，新進入競爭者的威脅。如果某個細分市場會增加新的生產能力和大量資源並爭奪市場份額的新的競爭者，那麼該細分市場就會沒有吸引力。問題的關鍵是新的競爭者能否輕易地進入這個細分市場。如果新的競爭者進入這個細分市場時遇到森嚴的壁壘，並且遭受到細分市場內原來的公司的強烈報復，他們便很難進入。保護細分市場的壁壘越低，原來占領細分市場的公司的報復心理越弱，這個細分市場就越缺乏吸引力。某個細分市場的吸引力隨其進退的難易程度而有所區別。根據行業利潤的觀點，最有吸引力的細分市場應該是進入的壁壘高、退出的壁壘低；細分市場進入和退出的壁壘都高，利潤量大，但伴隨較大的風險；細分市場進入和退出的壁壘都較低，公司便可以進退自如，然而獲得的報酬雖穩定但不高；最壞的情況是進入細分市場的壁壘較低，而退出的壁壘卻很高。於是在經濟良好時，大家蜂擁而入，但在經濟蕭條時，卻很難退出。其結果是大家都生產能力過剩，收入下降。

市場營銷學

　　第三，替代產品的威脅。如果某個細分市場存在著替代產品或者有潛在替代產品，那麼該細分市場就失去吸引力。替代產品會限制細分市場內價格和利潤的增長。公司應密切注意替代產品的價格趨向。如果在這些替代產品行業中技術有所發展，或者競爭日趨激烈，這個細分市場的價格和利潤就可能會下降。

　　第四，購買者的威脅。如果某個細分市場中購買者的討價還價能力很強或正在加強，該細分市場就沒有吸引力。購買者便會設法壓低價格，對產品質量和服務提出更高的要求，並且使競爭者互相鬥爭，所有這些都會使銷售商的利潤受到損失。對於購買者比較集中、該產品在購買者的成本中占較大比重、產品無法實行差別化、顧客的轉換成本較低等購買者的討價還價能力就會加強。銷售商為了保護自己，可選擇議價能力最弱或者轉換銷售商能力最弱的購買者。企業較好的防衛方法是提供顧客無法拒絕的優質產品供應市場。

　　第五，供應商的威脅。如果公司的供應商——原材料和設備供應商、公用事業單位、銀行等，能夠提價或者降低產品和服務的質量，或減少供應數量，那麼該公司所在的細分市場就會沒有吸引力。如果供應商集中或有組織，或者替代產品少，或者供應的產品是重要的投入要素，或轉換成本高，或者供應商可以向前實行聯合，那麼供應商的討價還價能力就會較強大。因此，企業與供應商建立良好關係和開拓多種供應渠道才是防禦上策。

　　3. 符合企業的目標和資源

　　某些細分市場雖然有較大吸引力，但不能推動企業實現發展目標，甚至分散企業的精力，使之無法完成其主要目標，這樣的市場應考慮放棄。企業還應考慮企業的資源條件是否適合在某一細分市場經營。只有選擇那些企業有條件進入、能充分發揮其資源優勢的市場作為目標市場，企業才會立於不敗之地。因此企業選擇目標市場必須考慮：第一，目標市場是否符合企業的長遠目標，如果不符合就只有放棄；第二，企業是否具備了在該市場獲勝所需的技術和資源，如企業的人力、物力、財力等，如果不具備，也只能放棄。但是僅擁有必備的力量是不夠的，企業還必須具備優於競爭者的技術和資源，具有競爭的優勢，才適宜進入該細分市場。

二、目標市場模式選擇

小案例：一家小油漆廠如何選擇自己的目標市場

　　英國有一家小油漆廠，訪問了許多潛在消費者，調查他們的需要，並對市場做了以下細分：本地市場的60%，是一個較大的普及市場，對各種油漆產品都有潛在需求，但是本廠無力參與競爭。另有四個分市場，各占10%的份額。一個是家庭主婦群體，特點是不懂室內裝飾需要什麼油漆，但是要求質量好，希望油漆商提供設計，油漆效果美觀；一個是油漆工助手群體，顧客需要購買質量較好的油漆，替住

第七章　目標市場戰略

戶進行室內裝飾，他們過去一向從老式金屬器具店或木材廠購買油漆；一個是老油漆技工群體，他們的特點是一向不買調好的油漆，只買顏料和油料自己調配；最後是對價格敏感的青年夫婦群體，收入低，租公寓居住，按照英國的習慣，公寓住戶在一定時間內必須油漆住房，以保護房屋，因此，他們購買油漆不求質量，只要比白粉刷漿稍好就行，但要價格便宜。

經過研究，該廠決定選擇青年夫婦作為目標市場，並制定了相應的市場營銷組合策略：

（1）產品。經營少數不同顏色、大小不同包裝的油漆。並根據目標顧客的喜愛，隨時增加、改變或取消顏色品種和裝罐大小。

（2）分銷。產品送抵目標顧客住處附近的每一家零售商店。目標市場範圍內一旦出現新的商店，立即招徠經銷本廠產品。

（3）價格。保持單一低廉價格，不提供任何特價優惠，也不跟隨其他廠家調整價格。

（4）促銷。以「低價」「滿意的質量」為號召，以適應目標顧客的需求特點。定期變換商店布置和廣告版本，創造新穎形象，並變換使用廣告媒體。

由於市場選擇恰當，市場營銷戰略較好適應了目標顧客，雖然經營的是低檔產品，該企業仍然獲得了很大成功。

目標市場模式如圖7-4所示。

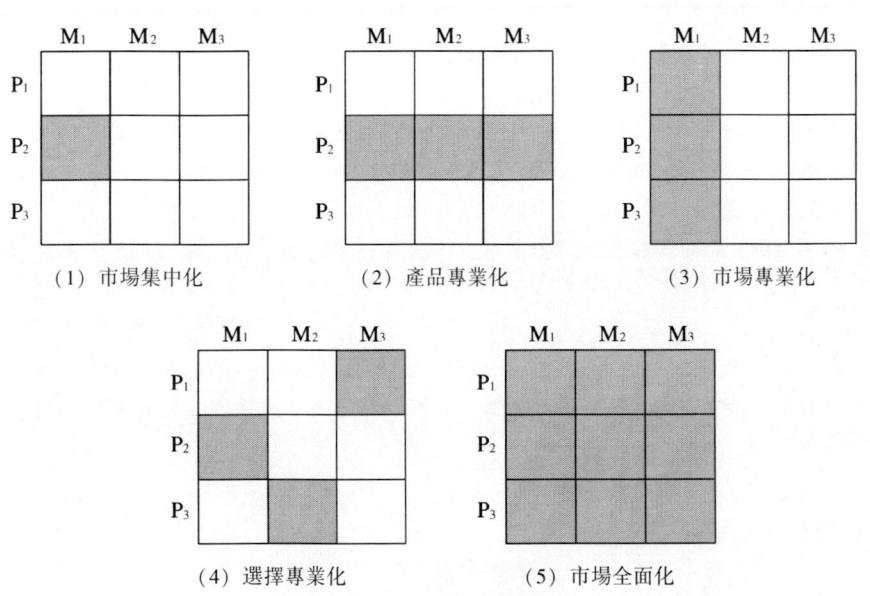

(1) 市場集中化　　(2) 產品專業化　　(3) 市場專業化

(4) 選擇專業化　　(5) 市場全面化

圖7-4　目標市場選擇的模式

155

(一) 市場集中化

市場集中化是指企業選擇一個細分市場，集中力量為之服務。較小的企業一般這樣專門填補市場的某一部分。集中營銷使企業深刻瞭解該細分市場的需求特點，採用有針對性的產品、價格、渠道和促銷策略，從而獲得強有力的市場地位和良好的聲譽，但同時隱含較大的經營風險。

市場集中化也是最簡單的目標市場模式，指企業的目標市場都高度集中在一個市場面上，企業只生產一種產品，供應一個顧客群。市場集中化模式具有經營對象單一、可集中力量在一個細分市場上取得較高市場份額等優點，其缺點是目標市場狹窄，經營風險較高，見圖7-4（1）。

(二) 產品專業化

產品專業化指企業生產一種產品向各類消費者銷售，可在特定的產品領域樹立良好信譽（如綠箭口香糖）。但如果這一領域發展出全新的替代技術，該企業則面臨經營滑坡的危險，見圖7-4（2）。

(三) 市場專業化

市場專門化指企業專門為一個顧客群服務，生產、經營他們需要的各種產品。美國一家公司專門為喜愛男裝的女性提供她們所需的各種產品，如服裝、鞋帽、手包和化妝品等。市場專門化有助於發展和利用與顧客之間的關係，降低交易成本，樹立良好形象，分散經營風險。但該顧客群需求一旦下降，企業會遇到收益下降的危險，見圖7-4（3）。

(四) 選擇專業化

選擇專業化指企業有所選擇地生產幾種產品，有目的地進入幾個不同的細分市場，滿足這些市場面的不同需求。選擇專業化實際上是一種多角化經營模式，能分散企業風險。企業須具有較強的資源和營銷實力，見圖7-4（4）。如鄂爾多斯煤炭集團在進入煤炭市場的同時，又成立了蒙西高科技園區和神農甘草公司等。

(五) 市場全面化

市場全面化指企業在各個細分市場上生產各種不同的產品，分別滿足各類顧客的不同需求，以期覆蓋整個市場。只有實力雄厚的大企業才有可能採取這種模式。見圖7-4（5）。

在現實經濟生活中，企業運用這5種目標市場模式時，一般總是首先進入最有利可圖的細分市場，只有在條件和機會成熟時，才會逐步擴大目標市場範圍，進入其他細分市場。

三、目標市場戰略

企業確定目標市場戰略有以下三種選擇：

(一) 無差異市場營銷戰略

無差異市場營銷指企業在市場細分之後，不考慮各子市場的特性，只注重子市

第七章　目標市場戰略

場的共性，決定只推出單一產品，運用單一的市場營銷組合，力求滿足盡可能多的顧客的需求。該戰略的優點是產品的品種、規格、款式簡單統一，有利於標準化與大規模生產，有利於降低生產、存貨、運輸、研究、促銷等成本費用。其主要缺點是某種單一產品要以同樣的方式廣泛銷售並受到所有購買者的歡迎，這幾乎是不可能的。

　　採用無差異市場營銷戰略的企業將產品的整個市場視為一個目標市場，用單一的營銷策略開拓市場，即用一種產品和一套營銷方案吸引盡可能多的購買者。無差異營銷策略只考慮消費者或用戶在需求上的共同點，而不關心他們在需求上的差異性。可口可樂公司在 20 世紀 60 年代以前曾以單一口味的品種、統一的價格和瓶裝、同一廣告主題將產品面向所有顧客，就是採取的這種策略（無差異市場營銷戰略圖 7-5）。

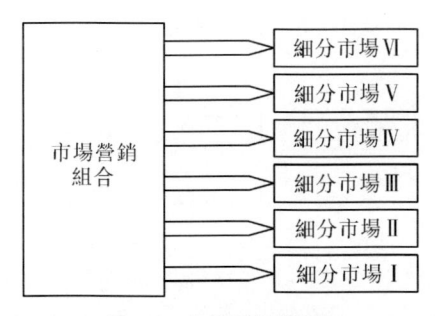

圖 7-5　無差異市場戰略

　　無差異營銷的理論基礎是成本的經濟性。生產單一產品，可以減少生產與儲運成本；無差異的廣告宣傳和其他促銷活動可以節省促銷費用；無差異營銷可以減少企業在市場調研、產品開發、制訂各種營銷組合方案等方面的營銷投入。這種策略對於需求廣泛、市場同質性高且能大量生產、大量銷售的產品比較合適。

　　無差異市場營銷策略一般適用於壟斷產品、專利產品、新產品的導入期且市場同質性高或供不應求的產品，對於大多數企業、大多數產品來說並不一定合適。首先，消費者需求客觀上千差萬別並不斷變化，一種產品長期為所有消費者和用戶所接受非常罕見。其次，當眾多企業如法炮制，都採用這一策略時，會造成市場競爭異常激烈，同時在一些小的細分市場上消費者的需求得不到滿足，這對企業和消費者都是不利的。再次，易於受到競爭企業的攻擊。當其他企業針對不同細分市場提供更有特色的產品和服務時，採用無差異策略的企業可能會發現自己的市場正在遭到蠶食，但又無力有效地予以反擊。正由於這些原因，世界上一些曾經長期實行無差異營銷策略的大企業最後也被迫改弦更張，轉而實行差異性營銷策略。被視為實行無差異營銷典範的可口可樂公司，面對百事可樂、七喜等企業的強勁攻勢，也不得不改變原來策略。一方面向非可樂飲料市場進軍，另一方面針對顧客的不同需要推出多種類型的新可樂。

157

(二) 差異市場營銷戰略

差異市場營銷指企業決定同時為幾個子市場服務，設計不同的產品，並在渠道、促銷和定價方面都加以相應的改變，以適應各個子市場的需要。該戰略的優點是可提高消費者對企業的信任感，進而提高重複購買率，會使總銷售額增加。但是也可能使企業的生產成本和市場營銷費用增加。

實行這種策略的企業，需要先對整體市場做市場細分，然後根據每個細分市場的特點，分別為它們提供不同的產品，制訂不同的營銷計劃，並開展有針對性的營銷活動。例如，自行車廠為了滿足不同消費者的需求和偏好，分別提供男車、女車、賽車、山地車、變速車、載重車、童車等多種產品，就是在自行車市場上實行差異性市場營銷策略。差異性市場營銷策略如圖 7-6 所示。

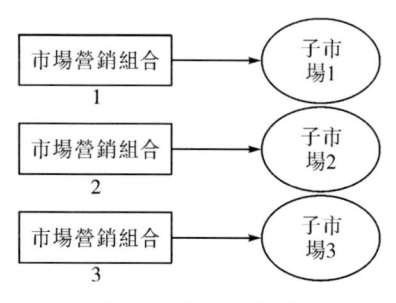

```
市場營銷組合1  →  子市場1
市場營銷組合2  →  子市場2
市場營銷組合3  →  子市場3
```

圖 7-6　差異市場營銷

實行差異性策略的優點：一是企業可以採用小批量、多品種的生產方式，並在各個細分市場上採用不同的市場營銷組合，以滿足不同消費者的需求，實現企業銷售量的擴大；二是企業具有較大的經營靈活性，不是依賴於一個市場一種產品，從而有利於降低經營風險。但採取差異性營銷策略，缺點也是顯而易見的：一是增加了生產成本、管理費用和銷售費用，由於需要制訂多種營銷計劃，使得生產組織和營銷管理大大地複雜化了；二是要求企業必須擁有高素質的營銷人員、雄厚的財力和技術力量。為了減少這些因素的影響，企業在實施差異性策略時，一是要注意不可將市場劃得過細，二是不宜捲入過多的細分市場。

(三) 集中市場營銷戰略

集中市場營銷是指企業集中所有力量，以一個或少數幾個性質相似的子市場作為目標市場，試圖在較少的子市場上取得較大的市場佔有率。實行這種營銷的企業，一般是資源有限的中小企業，或是初次進入新市場的大企業。實行集中性市場營銷有較大的風險性，因為目標市場範圍比較狹窄，一旦市場情況突變、競爭加劇、消費者偏好改變，企業有可能陷入困境。

實行這種策略的企業，既不是面向整體市場，也不是把營銷分散在若干個細分市場，追求在較大的市場上佔有較小的市場份額；而是把力量集中在一個或少數幾個細分市場上，實行有針對性的專業化生產和銷售。採用集中性策略的意義就在於，

第七章　目標市場戰略

與其在大市場上佔有很小的份額，不如集中企業的營銷優勢在少數細分市場上佔有較大的、甚至是居支配地位的份額，以向縱深發展。如服裝廠專為中老年婦女生產服裝，汽車製造廠專門生產大客車等，均屬於集中性策略，如圖7-7所示。

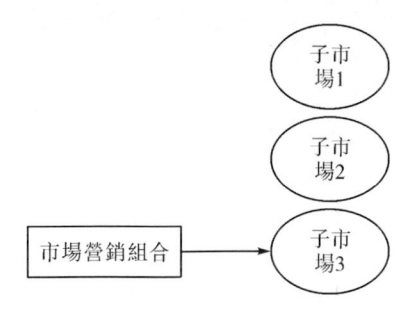

圖 7-7　集中市場營銷

集中性策略的優點是：有利於企業準確地把握顧客的需求，有針對性地開展營銷活動，也有利於降低生產成本和營銷費用，提高投資收益率。這種策略特別適用於小企業。因為小企業的資源力量是有限的，如果能夠集中力量在大企業不感興趣的少數細分市場上建立優勢就有可能取得成功。集中性策略的缺點是經營風險較大。因為採用這一策略使得企業對一個較為狹窄的目標市場過於依賴，一旦這個目標市場上的情況突然發生變化，比如消費者的需求偏好突然發生變化，或者有比自己更強大的競爭對手進入這個市場，企業就有可能陷入困境。因此，採用集中性策略的企業必須密切注意目標市場的動向，隨時做好應變的準備。

上述三種目標市場戰略各有利弊，企業在進行決策時要具體分析產品和市場狀況和企業本身的特點。也就是要關注企業目標市場策略的影響因素：企業資源、產品特點、市場特點和競爭對手的策略。

首先來看企業的資源特點。資源雄厚的企業，如擁有大規模的生產能力、廣泛的分銷渠道、產品標準化程度高、內在質量好和品牌信譽高等，可以考慮實行無差異市場營銷策略；如果企業擁有雄厚的設計能力和優秀的管理素質，則可以考慮施行差異市場營銷策略；而對實力較弱的中小企業來說，適於集中力量進行集中營銷策略。企業初次進入市場時，往往採用集中市場營銷策略，在累積了一定的成功經驗后再採用差異市場營銷策略或無差異市場營銷策略，擴大市場份額。

其次是產品特點。產品的同質性表明了產品在性能、特點等方面的差異性的大小，是企業選擇目標市場時不可不考慮的因素之一。一般對於同質性高的產品如食鹽等，宜施行無差異市場營銷；對於同質性低或異質性產品，差異市場營銷或集中市場營銷是恰當選擇。

此外，產品因所處的生命週期的階段不同，而表現出的不同特點亦不容忽視。產品處於導入期和成長初期，消費者剛剛接觸新產品，對它的瞭解還停留在比較粗淺的層次，競爭尚不激烈，企業這時的營銷重點是挖掘市場對產品的基本需求，往

往採用無差異市場營銷策略。等產品進入成長后期和成熟期時，消費者已經熟悉產品的特性，需求向深層次發展，表現出多樣性和不同的個性來，競爭空前的激烈，企業應適時地轉變策略，採用差異市場營銷或集中市場營銷。

再次是市場特點。供與求是市場中兩大基本力量，它們的變化趨勢往往是決定市場發展方向的根本原因。供不應求時，企業重在擴大供給，無暇考慮需求差異，所以採用無差異市場營銷策略；供過於求時，企業為刺激需求、擴大市場份額殫精竭慮，多採用差異市場營銷或集中市場營銷策略。

從市場需求的角度來看，如果消費者對某產品的需求偏好、購買行為相似，則稱之為同質市場，可採用無差異市場營銷策略；反之，為異質市場，差異市場營銷和集中市場營銷策略更合適。

最後要考慮的因素是競爭者的策略。企業可與競爭對手選擇不同的目標市場覆蓋策略。例如，競爭者採用無差異市場營銷策略時，你選用差異市場營銷策略或集中市場營銷策略更容易發揮優勢。

總之，企業的目標市場戰略應慎重選擇，一旦確定，應該有相對的穩定性，不能朝令夕改。但靈活性也不容忽視，沒有永恆正確的策略，企業一定要密切注意市場需求的變化和競爭動態。

四、選擇目標市場營銷戰略的條件

企業選擇目標市場是否適當，直接關係到企業的營銷成敗以及市場佔有率。因此，企業選擇目標市場時，必須認真評價細分市場的營銷價值，分析研究是否值得去開拓，能否實現以最少的人財物消耗，取得最大的銷售效果。一般來說，一個細分市場要能成為企業的目標市場，必須具備以下三個條件：首先要擁有一定的購買力，有足夠的銷售量及營業額；其次要有較理想的尚未滿足的消費需求，有充分發展的潛在購買力，以作為企業市場營銷發展的方向；最後是市場競爭還不激烈，競爭對手未能控制市場，有可能乘勢開拓市場營銷並佔有一定的市場份額，在市場競爭中取勝。

所以，企業選擇目標市場就是選擇一個或一個以上的市場，從而有利於本企業擴大產品銷售，保持市場的相對穩定性，目標市場不是越多越好。據英國市場營銷協會的安德魯·泰斯勒教授對英國、法國、德國等國家的360家出口大企業的調查，90%的出口產品集中在少數幾個目標市場，而盈利卻比無目標市場的企業高出30%~40%。

第七章 目標市場戰略

第三節 市場定位

一、市場定位的概念

目標市場範圍確定后，企業就要在目標市場上進行定位了。市場定位是指企業全面地瞭解、分析競爭者在目標市場上的位置后，確定自己的產品如何接近顧客的營銷活動。

市場定位（Market Positioning）是20世紀70年代由美國學者阿爾·賴斯提出的一個重要營銷學概念。所謂市場定位就是企業根據目標市場上同類產品的競爭狀況，針對顧客對該類產品某些特徵或屬性的重視程度，為本企業產品塑造強有力的、與眾不同的鮮明個性，並將其形象生動地傳遞給顧客，求得顧客認同。市場定位的實質是使本企業與其他企業嚴格區分開來，使顧客明顯感覺和認識到這種差別，從而在顧客心目中佔有特殊的位置。

傳統的觀念認為，市場定位就是在每一個細分市場上生產不同的產品，實行產品差異化。事實上，市場定位與產品差異化儘管關係密切，但有著本質的區別。市場定位是通過為自己的產品創立鮮明的個性，從而塑造出獨特的市場形象來實現的。一項產品是多個因素的綜合反應，包括性能、構造、成分、包裝、形狀、質量等，市場定位就是要強化或放大某些產品因素，從而形成與眾不同的獨特形象。產品差異化乃是實現市場定位的手段，但並不是市場定位的全部內容。市場定位不僅強調產品差異，而且要通過產品差異建立獨特的市場形象，贏得顧客的認同。

需要指出的是，市場定位中所指的產品差異化與傳統的產品差異化概念有本質區別，它不是從生產者角度出發單純追求產品變異，而是在對市場分析和細分化的基礎上，尋求建立某種產品特色，因而它是現代市場營銷觀念的體現。

市場定位的概念提出來以後，受到企業界的廣泛重視。越來越多的企業運用市場定位，參與競爭、擴大市場。市場定位勾畫企業產品在目標市場即目標顧客心目中的形象，使企業所提供的產品具有一定特色，適應一定顧客的需要和偏好，並與競爭者的產品有所區別。江蘇森達集團開發的「好人緣」牌皮鞋就定位為面向大眾的質優價廉產品，科龍公司實行高技術、高起點的產品定位，海爾集團是質量爭先、技術領先的產品定位。

資料：中國是最懂得運用「定位策略」的國家

如果單以「國家」的角度來看，其實，中國是最懂得運用「定位策略」的國家。在多屆奧運會上，中國健兒頻頻摘金，為全球華人掙足了面子。1996年亞特蘭大奧運會，中國攻下了16枚金牌排名第四，2000年悉尼奧運會，中國更上一層樓，摘下了28枚金牌，名列全球第三，2004年雅典奧運會則是摘下了32枚金牌，名列

全球第二,使中國體育真正使入第一軍團。特別是在希臘舉行的2004年雅典奧運會上,共有202個國家(或地區)、10,500位頂尖選手,角逐301個項目的金牌,競爭之激烈可想而知。不可否認的是,東方人與西方人的體型先天上就有些差距,東方人靈巧,西方人高大,因此,中國摘金的定位是專攻西方人的弱項──「不夠靈巧」,換句話說,也就是主攻「靈巧、技術含量高」的項目,如跳水(8金)、游泳(32金)、射擊(17金)、體操(18金)、乒乓球(4金)、羽毛球(5金),其次是攻取限制體型、分級分量的項目,如舉重(15金)、柔道(14金)。今天,中國在奧運會上能夠大放光芒,除了教練、選手及相關單位的努力之外,最大的功勞首推中國體育局正確地使用「市場區隔」和「定位策略」,以中國人的靈巧和技術優勢,在奧運會上為中國選手創造了新的「市場空間」。

中國在奧運會上的偉大成就即是定位策略的成功案例之一,也非常值得企業界學習借鑑和研究。企業營銷的重要任務之一就是要找到自己的目標市場,然后根據目標市場的特點來確定營銷方案,這就是企業的市場定位,其實質是取得目標市場的競爭優勢,是決定營銷組合策略實施成敗的關鍵。

小案例:麥當勞不是餐飲業,是娛樂業

早在1959年,年收入不過243萬美元的麥當勞公司就以每月500美元的費用聘請芝加哥的一家公關公司做廣告。到1973年,麥當勞各店平均營業額高達62.1萬美元時,全國廣告經銷費已達到了2,000美元,負責麥當勞廣告的伊登廣告公司拿著這筆巨資策劃廣告時,針對不同的市場──兒童、青少年、青年及中年,提出不同的銷售主張,但在任何一項銷售主張中,都以歡樂、溫暖和親切為廣告設計的主題。

伊登為麥當勞策劃了一整套的兒童故事:「漢堡神偷」(Hamburglar)、「芝士漢堡市長」(Mayor McOheese)、「巨無霸警長」(Officer Big Mac)和「奶昔小精靈」(Grimace)。他們都成為麥當勞餐廳中最受歡迎的人物,也是許多麥當勞廣告中的主角。麥當勞建造兒童樂園在快餐業同行中亦為少見,自從20世紀60年代以來在美國國內推出「麥當勞兒童樂園」後,它已成為麥當勞餐廳中最主要的特色之一。現在全球30%的麥當勞餐廳中都設有「兒童樂園」。

二、市場定位的方式

市場定位作為一種競爭戰略,顯示了一種產品或一家企業同類似的產品或企業之間的競爭關係。定位方式不同,競爭態勢也不同。下面分析四種主要定位方式。

(一)初次定位

初次定位指新成立的企業初入市場、企業新產品投入市場,或產品進入新市場時,企業必須從零開始,運用所有的市場營銷組合,使產品特色符合所選擇的目標

第七章　目標市場戰略

市場，根據競爭對手在目標市場的位置，確定本企業產品的有利位置。

（二）重新定位

重新定位指企業變更產品特色，改變目標顧客對其原有的印象，使目標顧客對其產品新形象有一個重新認識的過程。市場重新定位對於企業適應市場環境、調整市場營銷戰略是必不可少的。產品在市場最初定位即使很好，隨著時間的推移也必須重新定位：

（1）競爭者推出一個品牌把它定位在企業的旁邊，侵占了企業本品牌的一部分市場定位。

（2）有些消費者的愛好發生了變化。

企業在重新定位時，要考慮兩個因素：

（1）要考慮把自己的品牌全面從一個子市場轉移到另一個子市場的成本費用。

（2）要考慮把自己的品牌換成新品牌時能獲得多少收入。

重新定位策略是指企業對已經上市的產品實施再定位，一般情況下，這種定位目的在於擺脫困境，重新獲得增長與活力。例如，美國強生公司的洗髮液由於產品不傷皮膚和眼睛，最初被定位於嬰兒市場，當年曾暢銷一時。后來由於人口出生率下降，嬰兒減少，產品逐漸滯銷。經過分析，該公司決定重新將產品定位於年輕女性市場，突出介紹該產品能使頭髮松軟、富有光澤等特點，再次吸引了大批年輕女性。又如20世紀50年代美國年產銷自行車400萬輛，后下降為年產銷130萬輛。企業對其重新定位：健身休閒用品，同時增加品種類型和花色。再如橘汁的傳統定位是：維生素C保健飲品（保健功能）。而新定位是：消暑解渴、提神、恢復體力的飲品。

（三）對峙定位

對峙定位策略又稱競爭性定位策略，指企業選擇在目標市場上與現有的競爭者靠近或重合的市場定位，要與競爭對手爭奪同一目標市場的消費者，彼此在產品、價格、分銷及促銷等各個方面差別不大。這種定位方法有一定的風險性，但能激勵企業學習競爭者的長處，充分發揮自己的優勢。實行這種定位策略的企業，必須具備以下條件：

（1）能比競爭者生產出更好的產品。

（2）該市場容量足以吸納兩個以上競爭者的產品。

（3）擁有比競爭者更多的資源和更強的實力。

例如，美國可口可樂與百事可樂是兩家以生產銷售碳酸型飲料為主的大型企業。可口可樂自1886年創建以來，以其獨特的味道揚名全球，第二次世界大戰後百事可樂採取了針鋒相對的策略，專門與可口可樂競爭。半個多世紀以來，這兩家公司為爭奪市場而展開了激烈競爭，而它們都以相互間的激烈競爭作為促進自身發展的動力及最好的廣告宣傳，百事可樂借機得到迅速發展。1988年，百事可樂榮登全美十大頂尖企業榜，成為可口可樂強有力的競爭者。當大家對百事可樂—可口可樂之戰興趣盎然時，雙方都是贏家，因為喝可樂的人越來越多，兩家公司都獲益匪淺。

(四) 迴避定位

迴避定位策略也叫填補空隙策略，指企業盡力避免與實力較強的其他企業直接發生對抗競爭，尋找新的尚未被占領的，但又為許多消費者所重視的市場「空白點」進行定位，如開發並銷售目前市場上還沒有的某種特色產品，開拓新的市場領域。其優點在於能迅速立足於市場，在目標顧客心目中樹立良好的形象。風險較小，成功率較高。例如，金利來進入中國內地市場時，就是填補了男士高檔衣物的空位。企業通常在兩種情況下適用這種策略：一是這部分潛在市場即營銷機會沒有被發現，在這種情況下，企業容易取得成功；二是許多企業發現了這部分潛在市場，但無力去占領，這就需要企業有足夠的實力才能取得成功。

在金融業興旺發達的香港，「銀行多過米鋪」這句話毫不過分。在這一彈丸之地各家銀行使出全身解數，走出了一條利用定位策略突出各自優勢的道路，使香港的金融業呈現出一派繁榮景象。匯豐銀行定位於分行最多、實力最強、全港最大的銀行，是實力展示式的訴求。20世紀90年代以來，為拉近與顧客的情感距離，匯豐銀行新的定位立足於「患難與共、伴同成長」，旨在與顧客建立同舟共濟、共謀發展的親密朋友關係。恒生銀行定位於充滿人情味、服務態度最佳的銀行，通過走感性路線贏得顧客心，突出服務這一賣點也使它有別於其他銀行。渣打銀行定位於歷史悠久、安全可靠的英資銀行，這一定位樹立了可信賴的「老大哥」形象，傳達了讓顧客放心的信息。中國銀行定位於有強大后盾的中資銀行，這一定位直接針對有民族情結、信賴中資的目標顧客群。

三、市場定位的步驟

企業實現產品市場定位，需要通過識別潛在競爭優勢、企業核心優勢定位和制定發揮核心優勢的戰略三個步驟實現。

(一) 識別潛在競爭優勢

識別潛在競爭優勢是市場定位戰略的基礎。通常企業的競爭優勢表現在兩方面：成本優勢和產品差別化優勢。成本優勢使企業能夠以比競爭者低廉的價格銷售相同質量的產品，或以相同的價格水平銷售更高質量水平的產品。產品差別化優勢是指產品獨具特色的功能和利益與顧客需求相適應的優勢，即企業能向市場提供在質量、功能、品種、規格、外觀等方面比競爭者能夠更好地滿足顧客需求的能力。為實現此目標，企業首先必須進行規範的市場研究，切實瞭解目標市場需求的特點以及這些需求被滿足的程度。一個企業能否比競爭者更深入、更全面地瞭解顧客，是能否取得競爭優勢、實現產品差別化的關鍵。另外，企業還要研究主要競爭者的優勢和劣勢，知己知彼，方能戰而勝之。企業可以從以下三個方面評估競爭者：一是競爭者的業務經營情況，譬如，估測其近三年的銷售額、利潤率、市場份額、投資收益率等；二是評價競爭者的核心營銷能力，主要包括產品質量和服務質量的水平等；

第七章　目標市場戰略

三是評估競爭者的財務能力，包括獲利能力、資金週轉能力、償還債務能力等。

（二）企業核心優勢定位

所謂核心優勢是企業與主要競爭對手相比（如在產品開發、服務質量、銷售渠道、品牌知名度等方面），在市場上可獲取明顯的差別利益的優勢。顯然，這些優勢的獲取與企業營銷管理過程密切相關。所以企業在識別核心優勢時，應把企業的全部營銷活動加以分類，並對各主要環節在成本和經營方面與競爭者進行比較分析，最終定位和形成企業的核心優勢。

（三）制定發揮核心優勢的戰略

企業在市場營銷方面的核心優勢不會自動地在市場上得到充分表現。對此，企業必須制定明確的市場戰略來充分表現其優勢和競爭力。譬如，通過廣告傳導核心優勢戰略定位，使企業核心優勢逐漸形成一種鮮明的市場概念，並使這種概念與顧客的需求和追求的利益相吻合。

四、市場定位的關鍵

市場定位的關鍵：企業塑造自己的產品比競爭者更具競爭優勢的特性即找出消費者心智上的坐標位置，定位是「攻心之戰」，取勝的關鍵是要在消費者的心中找到一個恰當的坐標位置。在此，坐標軸變量的選擇至關重要，而我們經常性地採用產品定位圖作為我們對產品定位進行直觀分析的輔助工具。

五、產品定位方法

各個企業經營的產品不同，面對的顧客不同，所處的競爭環境也不同，因而可選擇的市場定位戰略也不同。總體上，企業可以選擇的市場定位的方法有以下幾種：

（一）特色定位法

這是指企業根據具體的產品特殊定位也就是根據自己產品的某種或某些特點，或者根據目標顧客所看重的某種或某些利益去進行定位。這裡的產品特色包括企業生產該產品所使用的技術、設備、生產流程及產品的功能等消費者關心的信息，也包括與該產品有關的原料、產地、歷史等因素。當企業的某些特性超出競爭對手的水平時，企業就應該在市場上強調產品的這些特性以獲得市場的認可。企業可實行市場定位與產品差異化相結合起來。這種定位更多表現在心理特徵方面，它產生的結果是使潛在的消費者對一種產品形成觀念和態度，在類似產品之間形成區別。比如，迪斯尼樂園在其廣告中宣傳自己是世界上最大的主題公園。大，就是一種產品特色，它蘊含了一種利益，即有最多的娛樂項目可供選擇。又如，龍井茶、瑞士表等都是以產地及相關因素定位，而一些名貴中成藥的定位則充分體現了原料、秘方和特種工藝的綜合。

（二）利益定位法

這是根據產品為顧客提供的利益定位，這裡的利益既包括顧客購買產品時所追

求的利益，也包括購買產品時能獲得的附加利益，產品本身的屬性及消費者獲得的利益能使人們體會到它的定位。如大眾汽車「氣派」，豐田車「經濟可靠」，沃爾沃車「耐用」，而奔馳是「高貴、王者、顯赫、至尊」的象徵，奔馳的電視廣告中較出名的廣告詞是「世界元首使用最多的車」。如手機市場中，摩托羅拉向目標消費者提供的利益點是「小、薄、輕」，而諾基亞則宣稱「無輻射」。如無鉛皮蛋、不含鉛的某種汽油等將其定為不含鉛，間接地暗示含鉛對消費者健康不利。有一則廣告說，七喜汽水「非可樂」，強調七喜不是可樂型飲料，意在回應美國當時的反咖啡因運動，暗示可樂飲料中含咖啡因，對消費者健康不利。這種定位的關鍵是要突出本企業產品的優勢和特點，以及他對目標顧客有吸引力的因素，從而在競爭者中突出自己的形象。

（三）用途定位法

這是指企業根據產品使用場合及用途來定位。例如，金嗓子喉寶專門用來保護嗓子，丹參地丸專門用來防治心臟疾病。為老產品找到一種新用途，是為該產品創造定位的好方法。尼龍從軍用到民用，便是一個最好的用途定位例證。小蘇打一度被廣泛用作家庭的刷牙劑、除臭劑和烘烤配料等，現在國外開始把它作為冰箱除臭劑、作為調味汁和肉鹵的配料、作為夏令飲料的原料之一等。各種品牌的香水，在定位上也往往不同，有的定位於雅致的、富有的、時髦的，有的定位於生活方式的活躍。如防曬霜被定位於防止紫外線將皮膚曬黑曬傷，而保持和補充水分的潤膚霜則被定位於防止皮膚干燥。

（四）使用者定位法

這是指企業根據使用者的類型來定位。企業常常試圖把某些產品指引給適當的使用者即某個細分市場，以便根據該細分市場的看法塑造恰當的形象。企業使用者定位主要是針對某些特定消費者群體進行的促銷活動，以期在這些消費者心中建立起企業產品「專屬性」特點，激發消費者的購買慾望。這種定位戰略能在一定程度上滿足消費者的心理需求，促進消費者對企業產生信任，採用此戰略時，企業要為目標客戶設計專門產品並採取不同的營銷措施。如，在房地產廣告中常聽到「成功人士的家園」，或者文藝界人士和教師等的最佳選擇，這就是通過特定的使用者類型為自己定位。再比如，奔馳和寶馬兩款車在面向同一市場時都採用使用者定位戰略，分別選擇了不同的形象定位，從而有效地避免了正面競爭。具體來講，奔馳以企業董事長、銀行經理、企業主和政府要員為主要使用者，他們通常年齡較大，一般都配有專職司機；而寶馬的使用者多為年輕的經理、部門主管及各行業的成功人士，他們喜歡自己駕車。而康佳集團針對農村市場的福臨門系列彩電，充分考慮農民消費者的需求特殊性，定位為質量過硬、功能夠用、價位偏低，同時增加了寬頻帶穩壓器等配件產品。再如強生公司將其嬰兒洗髮液重新定位於常常洗頭而特別需要溫和洗髮液的年輕女性，使其市場佔有率由 3%提高至 14%。

第七章　目標市場戰略

（五）競爭定位法

競爭者定位指一個企業可以通過將自己同市場聲望較高的某一同行企業進行比較，借助競爭者的知名度來實現自己的市場定位。比較常見的做法是，企業通過推出比較性廣告來說明本企業產品與競爭產品在某個或某些性能特點方面的相同之處，從而達到引起消費者注意並在心目中形成印象的目的。比如，有「東方威尼斯」之稱的蘇州在旅遊市場定位方面可謂典型的利用競爭者定位戰略。企業根據競爭者來定位可以接近競爭者定位，如康柏公司要求消費者將其個人電腦與 IBM 個人電腦擺在一起比較，企圖將其產品定位為使用簡單而功能更多的個人電腦；也可遠離競爭者定位，如七喜將自己定位為「非可樂」飲料，從而成為軟飲料的第三大巨頭。

（六）檔次定位法

不同的產品在消費者心目中按價值高低有不同的檔次。對產品質量和價格比較關心的消費者來說，選擇在質量和價格上的定位也是突出本企業形象的好方法。企業可以採用優質高價定位和優質低價定位。在各種家電產品價格大戰如火如荼的同時，海爾始終堅持不降價，保持較高的價位，這是優質高價的典型表現。如勞力士表價格高達幾萬元人民幣，是眾多手錶中的至尊，也是財富與地位的象徵。擁有它，無異於暗示自己是一名成功的人士或上流社會的一員。

（七）形狀定位法

這是指企業根據產品的形式、狀態定位。這裡的形狀可以是產品的全部，也可以是產品的一部分。如白加黑感冒藥、大大泡泡糖都是以產品本身表現出來的形式特徵為定位點，打響了其市場競爭的一炮。

（八）消費者定位法

這是指企業按照產品與某類消費者的生活形態和生活方式的關聯定位。以勞斯萊斯為例，它不僅是一種交通工具，而且是英國富豪生活的一種標誌。90 多年來勞斯萊斯公司出產的勞斯萊斯豪華轎車總共才幾十萬輛，但其最昂貴的車價格高達 34 萬美金。

（九）感情定位法

這是指企業運用產品直接或間接地衝擊消費者的感情體驗而進行定位。如田田口服液以「田田珍珠，溫柔女性」為主題來體現其訴求和承諾，由於「田田」這一品牌名稱隱含「自然、清純、迷人、溫柔」的感情形象，因而其感情形象的價值迅速通過「溫柔女性」轉為對「女性心理」的深層衝擊。「田田」這一女性化特質的品牌名稱，明確將一種感情形象的價值傾向作為其產品定位的出發點，並以此獲得了市場商機。

（十）文化定位法

將某種文化內涵注入產品之中，形成文化上的品牌差異，稱為文化定位。文化定位可以使品牌形象獨具特色。如萬寶路引入男性文化因素，改換代表熱烈、勇敢和功名的紅色包裝；用粗體黑字來描畫名稱，表現出陽剛、含蓄和莊重；並讓結實粗獷的牛仔擔任萬寶路的形象大使，強調「萬寶路的男性世界」。萬寶路不斷塑造

強化健壯的男子漢形象，終於使萬寶路香菸的銷售和品牌價值位居世界香菸排名榜首。

(十一) 附加定位法

企業通過加強服務樹立和加強品牌形象，稱為附加定位。對於生產性企業而言，附加定位需要借助於生產實體形成訴求點，從而提升產品的價值；對於非生產性企業來說，附加定位可以直接形成訴求點。例如，「海爾真誠到永遠」是海爾公司一句響徹全球的口號。

市場定位實際上是一種競爭策略，是企業在市場上尋求和創造競爭優勢的手段，要根據企業及產品的特點、競爭者及目標市場消費者需求特徵加以選擇。企業在實際營銷策劃中往往是多種方法結合採用。

本章小结

市場細分是指企業通過市場調查研究，根據消費者需求的不同特徵，把市場分割成兩個或多個的消費者群的過程。消費者市場細分標準包括地理變量、人口變量、心理變量、行為變量。產業市場細分的標準包括用戶的行業類別、用戶規模、產品的最終用途、用戶購買狀況。市場細分的原則包括可衡量性、可進入性、可盈利性和對營銷策略反應的差異性。

企業確定目標市場的戰略有三種選擇：無差異市場營銷戰略、差異市場營銷戰略和集中市場營銷戰略。

市場定位的實質是使本企業與其他企業嚴格區分開來，使顧客明顯感覺和認識到這種差別，從而在顧客心目中佔有特殊的位置。市場定位的關鍵在於企業塑造自己的產品比競爭者更具競爭優勢的特性，即找出消費者心智上的坐標位置。

思考与练习

1. 何謂市場細分？市場細分戰略的產生和發展經歷了哪些階段？
2. 市場細分的理論依據以及市場細分的標準是什麼？
3. 市場細分過程中應注意哪些問題？
4. 什麼是目標市場？
5. 目標市場選擇的方式有哪些？
6. 目標市場的戰略內容是什麼？
7. 什麼是市場定位？市場定位的關鍵是什麼？
8. 市場定位的方式和步驟分別是什麼？

第七章 目標市場戰略

課後案例

奇瑞QQ——年輕人的第一輛車

「奇瑞QQ賣瘋了!」在北京亞運村汽車交易市場2003年9月8日至14日的單一品牌每週銷售量排行榜上,奇瑞QQ以227輛的絕對優勢榮登榜首!奇瑞QQ能在這麼短的時間內拔得頭籌,歸結為一句話:這車太酷了,討人喜歡。

在北京街頭已經能時不時遭遇奇瑞QQ的靚麗身影了,雖然只是5萬元的小車,但是奇瑞QQ那豔麗的顏色、玲瓏的身段、俏皮的大眼睛、鄰家小女兒般可人的笑臉,在滾滾車流中是那麼顯眼,仿佛街道就是她一個人表演的T型臺!

一、微型車行業概述

微型客車曾在20世紀90年代初持續高速增長,但是自90年代中期以來,各大城市紛紛取消「面的」,限制微客,微型客車至今仍然被大城市列在另冊,受到歧視。同時,由於各大城市在安全環保方面的要求不斷提高,成本的抬升使微型車的價格優勢越來越小,因此主要微客廠家已經把主要精力轉向轎車生產,微客產量的增幅迅速下降。

在這種情況下,奇瑞汽車公司經過認真的市場調查,精心選擇微型轎車打入市場。它的新產品不同於一般的微型客車,是微型客車的尺寸,轎車的配置。QQ微型轎車在2003年5月推出,6月就獲得良好的市場反應,到2003年12月,已經售出28,000多輛,同時獲得多個獎項。

二、市場細分

令人驚喜的外觀、內飾、配置和價格是奇瑞公司占領微型轎車這個細分市場成功的關鍵。

奇瑞QQ的目標客戶是收入並不高但有知識有品位的年輕人,同時也兼顧有一定事業基礎、心態年輕、追求時尚的中年人。一般大學畢業兩三年的白領都是奇瑞QQ潛在的客戶。人均月收入2,000元即可輕鬆擁有這款轎車。

許多時尚男女都因為QQ的靚麗、高配置和優性價比就把這個可愛的小精靈領回家了,從此與QQ成了快樂的夥伴。

奇瑞公司有關負責人介紹說,為了吸引年輕人,奇瑞QQ除了轎車應有的配置以外,還裝載了獨有的「I-say」數碼聽系統,成為了「會說話的QQ」,堪稱目前小型車時尚配置之最。據介紹,「I-say」數碼聽是奇瑞公司為用戶專門開發的一款車載數碼裝備,集文本朗讀、MP3播放、U盤存儲多種時尚數碼功能於一身,讓QQ與電腦和互聯網緊密相連,完全迎合了離開網絡就像魚兒離開水的年輕一代的需求。

三、品牌策略

QQ的目標客戶群體對新生事物感興趣,富於想像力,崇尚個性,思維活躍,

追求時尚。雖然由於資金的原因他們崇尚實際，對品牌的忠誠度較低，但是對汽車的性價比、外觀和配置十分關注，是容易互相影響的消費群體；從整體的需求來看，他們對微型轎車的使用範圍要求較多。奇瑞把 QQ 定位於「年輕人的第一輛車」，從使用性能和價格比上滿足他們通過駕駛 QQ 所實現的工作、娛樂、休閒、社交的需求。

奇瑞公司根據對 QQ 的營銷理念推出符合目標消費群體特徵的品牌策略：

在產品名稱方面，QQ 在網絡語言中有「我找到你」之意，QQ 突破了傳統品牌名稱非洋即古的窠臼，充滿時代感的張力與親和力，同時簡潔明快，朗朗上口，富有衝擊力。

在品牌個性方面，QQ 被賦予了「時尚、價值、自我」的品牌個性，將消費群體的心理情感注入品牌內涵。

在引人注目的品牌語言方面，富有判斷性的廣告標語「年輕人的第一輛車」及「秀我本色」等流行時尚語言配合創意的廣告形象，將追求自我、張揚個性的目標消費群體的心理感受描繪得淋灕盡致，與目標消費群體產生情感共鳴。

四、整合營銷傳播

QQ 作為一個嶄新的品牌，在進行完市場細分與品牌定位後，投入了立體化的整合傳播，以大型互動活動為主線，具體的活動包括 QQ 價格網絡競猜、QQ 秀個性裝飾大賽、QQ 網絡 Flash 大賽等，為 QQ2003 年的營銷傳播大造聲勢。

相關信息的立體傳播：奇瑞公司通過目標群體關注的報刊、電視、網絡、戶外、雜誌、活動等媒介，將 QQ 的品牌形象、品牌訴求等信息迅速傳達給目標消費群體和廣大受眾。

各種活動「點」「面」結合：通過新聞發布會和傳媒的評選活動，形成全國市場的互動，並為市場形成了良好的營銷氛圍。所有的營銷傳播活動，特別是網絡大賽、動畫和個性裝飾大賽，都讓目標消費群體參與進來，在體驗之中將品牌潛移默化地融入消費群體的內心，與消費者產生情感共鳴，起到了良好的營銷效果。

QQ 作為奇瑞諸多品牌戰略中的一環，抓住了微型轎車這個細分市場的目標用戶。但關鍵在於要用更好的產品質量去支撐品牌，在營銷推廣中注意客戶的真實反應，及時反饋並主動解決會更加突出品牌的公信力。

據奇瑞汽車銷售有限公司總經理金弋波介紹說：「因為廣大用戶的厚愛，QQ 現在供不應求。作為獨立自主的企業，奇瑞公司什麼時候推出什麼樣的產品完全取決於市場需求。對於一個受到市場熱烈歡迎的產品，奇瑞公司的使命就是多生產出質量過硬的產品，讓廣大用戶能早一天開上自己中意的時尚個性小車 QQ。」

QQ 的成功，引起了其他微型車廠商的關注，競爭必將日益激烈。2004 年 3 月奇瑞推出 0.8L 的 QQ 車，該車具有全自鎖式安全保障系統、遙控中控門鎖、四門電動車窗等功能，排量更小、燃油更經濟、價格更低。新的 QQ 車取了「炫酷派」「先鋒派」等前衛名稱，希望能夠再掀市場熱潮。

第八章　產品策略

学习要点

通過學習本章內容，理解產品的整體概念、產品生命週期的概念及其階段劃分、產品組合及其相關概念；掌握產品組合策略和產品生命週期各階段的特徵及營銷策略；瞭解新產品開發的含義、種類和必要性，掌握新產品開發程序和新產品的採用與擴散過程；瞭解品牌和包裝的含義和作用，掌握品牌和包裝的基本策略。

开篇案例

蘋果公司的產品策略

蘋果公司自成立以來，一直以產品創新聞名於世。其主要產品線包括蘋果電腦、蘋果數碼播放器（iPod）及相關音樂產品、蘋果手機（iPhone）、顯示器等配件以及軟件。

一、產品創新的軌跡

（一）蘋果電腦

1. 蘋果電腦 1 代（Apple I）和蘋果電腦 2 代（Apple II）

1976 年大多數的電腦沒有顯示器，蘋果電腦 1 代卻能以電視作為顯示器；蘋果電腦 1 代主機更容易啟動；設計者沃茲尼亞克設計了一個用於裝載和儲存程序的卡式磁帶界面，以 1,200 位秒高速運行。儘管蘋果電腦 1 代的設計相當簡單，但它仍然是一件傑作。緊接著推出的蘋果電腦 2 代一反過去個人電腦沉重粗笨、設計複雜、難以操作的形象，它設計新穎、功能齊全、價格便宜、使用方便，看上去像一部漂

市場營銷學

亮的打字機。這是當時全球第一臺使用彩色圖形界面的微電腦,因此被公認為是個人電腦發展史上的里程碑。

2. 麥金塔(Macintosh)電腦

20世紀80年代蘋果公司推出的麥金塔電腦,運用了圖形用戶界面、滑鼠、面向對象程序和網絡功能等技術,獲得了巨大的成功,引發了一場計算機世界的革命。

3. 手提電腦 PowerBook

20世紀90年代蘋果公司推出PowerBook手提電腦,為現今流行的手提電腦設立了現代的外形標準。

(二)蘋果數碼音樂播放器+蘋果媒體播放程序(iTunes)網絡音樂商店

2001年11月,蘋果公司推出蘋果數碼音樂播放器,配合其獨家的蘋果媒體播放程序網絡付費音樂下載系統,一舉擊敗了索尼公司的隨身聽(Walkman)系列,成為全球佔有率第一的便攜式音樂播放器。蘋果公司隨後推出的數個蘋果數碼播放器系列產品,更加鞏固了蘋果在商業數字音樂市場不可動搖的地位。蘋果數碼播放器不是第一個MP3播放器,但它確是第一個最易於使用的和具有最「酷」外觀的MP3播放器。蘋果數碼播放器正在改變現有音樂的消費方式。首先,蘋果數碼播放器讓消費者擁有更龐大的音樂控製權,由於蘋果數碼播放器以硬件作為儲存技術,一臺蘋果數碼播放器可以儲存上千、上萬首音樂,能讓消費者隨時隨地都可以找到符合當下心情的音樂;其次,使用者可以自行編排播放清單;最后,經典的單曲,會因為蘋果媒體播放程序下載排行的機制,一再地成為暢銷金曲,而不會因為專輯過時而被淘汰。在2008年剛進入第3周年,蘋果媒體播放程序售出了第40億首歌曲。

蘋果公司蘋果數碼播放器的市場表現如此之「酷」,是因為它在以下方面的創新超過了其他的競爭對手:

1. 商業模式

蘋果數碼播放器+蘋果媒體播放程序相結合的商業模式為音樂人、音樂出版商和蘋果找到了一種通過下載音樂賺錢的方式,蘋果也從蘋果數碼播放器的銷售中獲得收益,而消費者獲得了前所未有的消費體驗。

在蘋果數碼播放器推出后不到一年半,蘋果媒體播放程序網上音樂店也於2003年4月開張,以每首歌曲99美分的價格提供網上音樂下載服務,其中65美分付給唱片公司,25美分用來負擔技術成本和信用卡交易費用。這種收費模式非常簡單,用戶只需擁有一張以美國為帳單郵寄地址的信用卡即可。用戶可以通過蘋果媒體播放程序網上音樂商店付費下載音樂到蘋果數碼播放器播放,獲得全程服務。

蘋果數碼音樂播放器+蘋果媒體播放程序網絡音樂商店模式獲得了巨大成功,在美國所有的合法音樂下載服務當中,蘋果公司的蘋果媒體播放程序音樂下載服務佔據了82%。與此同時,蘋果也推出適合視窗操作系統(Windows)個人電腦的蘋果媒體播放程序版本,將蘋果數碼播放器和蘋果媒體播放程序音樂店的潛在市場擴大到整個世界。通過蘋果數碼播放器和蘋果媒體播放程序音樂店,蘋果改寫了個人

第八章 產品策略

電腦（PC）、消費電子、音樂這三個產業的游戲規則。

2. 合作

蘋果通過與多方合作擴大蘋果數碼播放器的市場份額和品牌影響。

蘋果公司與汽車生產商合作。寶馬發布了首個由汽車製造商製造的汽車界面，界面允許駕駛者在汽車中通過內置於方向盤上和收音機上的按鍵控制他們的蘋果數碼播放器，並在汽車的儲物櫃中放有保護蘋果數碼播放器的安全帶。2005年1月，包括奔馳和法拉利在內的更多的製造商宣布在2005年春季開始推出類似的系統。

蘋果公司與運動產品生產商合作。2006年5月23日，耐克公司和蘋果公司宣布，雙方合作推出了創新的耐克（Nike）+蘋果數碼播放器系列產品，首次將運動與音樂世界完美地結合起來，這兩家公司合作開發的首款產品為耐克+蘋果數碼播放器運動組件。它可以通過設計在耐克運動鞋中的裝置將人們跑步時的相關指標（如速度、消耗的熱量等）傳送到蘋果數碼播放器中，為人們帶來全新的最佳跑步和鍛煉的體驗。

3. 產品功能和設計創新

蘋果提供了易於使用、外形美觀、觸感優良的產品，創建了一條在市場上具有明顯差異性的硬件產品線。在蘋果的設計中，色彩與具體的形態相結合，便具有了極強的感情色彩和表現特徵，具有強大的精神影響。

4. 產品體系健全和蘋果數碼播放器經濟

蘋果建立了一個無縫的網絡，有蘋果數碼播放器硬件和軟件、媒體播放程序網上音樂商店及蘋果零售店和全世界的配件組成的網絡，創新了蘋果數碼播放器經濟，各參與方的利益都得到了保證。

5. 品牌和體驗

蘋果通過卓越的界面和媒體播放程序音樂軟件產品，在使用者中建立起蘋果的形象。蘋果成為一家真正適合銷售數字娛樂產品和營運數字娛樂服務的公司，「精致」「高雅」「酷」「自由」等符號成為其公眾形象的一部分。作為時尚新寵，蘋果數碼播放器吸引了各界的關注，如今的蘋果數碼播放器已經是一種符號、一個寵物或者一種身分的象徵。

6. 渠道完備

蘋果公司實現了在線音樂合法銷售的突破，並且建立起一個在網上、電子商品店及蘋果專賣店銷售硬件的網絡。2001年蘋果宣布開設蘋果零售店，最初只在美國開店。2003年年底，銀座店在東京開業。2004年，大阪店、名古屋店和倫敦店相繼開業。

（三）蘋果手機

2007年6月29日，蘋果手機在全美正式開售後，持續熱銷，成為蘋果公司的又一典範產品。蘋果手機的獨特之處主要體現在以下幾方面：

第一，蘋果手機是便捷的智能手機，功能齊全，使用方便。它具有新的地址簿功能、可視語音郵件列表功能、會話的同時收發短信的功能、日曆功能、照相和圖

升管理功能。

第二，蘋果手機是互聯網服務+數字終端。蘋果手機強大的互聯網功能，使人們從個人電腦的制約中解脫出來，從而獲得更為自由的數字體驗。它具有網頁瀏覽功能、搜索功能、電子郵件功能、地圖服務功能。

第三，蘋果手機是音樂播放器。它具有音樂庫導航功能、觀看電視節目和電影的功能、與蘋果媒體播放程序在線商店兼容功能、與蘋果數碼播放器兼容功能。

第四，蘋果手機擁有人性化的用戶頁面。蘋果手機採用了先進的內置傳感器，可以防止因使用者面部接觸觸摸屏幕而造成的錯誤輸入，節省耗電量，增強用戶體驗。蘋果手機還可以用手指代替書寫筆進行操作。

第五，商業模式創新。蘋果公司為蘋果手機建立了分享通信營運商收益的新商業模式。蘋果公司選擇獨家合作的營運商，營運商需要將收入的一定百分比分成給蘋果公司。

二、產品創新成功的分析

（一）創新的文化

蘋果公司產品創新來自於其創新時尚的企業文化。蘋果公司的符號意義為設計、科技、創造力和高端的時尚文化。

第一，另類。蘋果公司是一個以奇特、另類為核心理念的創新型企業。在創辦初期，蘋果公司曾在樓頂懸掛海盜旗，向世人宣稱自己與眾不同。蘋果公司力圖讓每一項產品都符合消費者心目中的蘋果文化印記。因為要求苛刻，以至於蘋果每年只能開發出一兩款產品，但幾乎每款產品都能讓消費者欣喜若狂。

第二，流行文化。喬布斯歷來就是技術行業流行文化的風向標。喬布斯具有一種敏銳的感覺和能力，能將技術轉化為普通消費者所渴望的東西，並通過各種市場營銷手段刺激消費者成為蘋果「酷玩產品」俱樂部的一員，使蘋果用戶都有時尚、品味的標籤和自豪感。

第三，產品設計精益求精成就蘋果文化符號。卓越的產品設計成就了蘋果產品「另類、品味、時尚」的文化符號。iMac 電腦以半透明的、果凍般圓潤的藍色機身重新定義了個人電腦的外貌，打破了原有電腦枯燥乏味的米黃色盒子的呆板模式，並迅速成為一種時尚象徵。而風格極簡、純白的蘋果數碼播放器，在充斥著各種顏色的數字家電市場中特立獨行。可以這樣形容蘋果的設計：簡潔的、純淨的、空洞的。就如現在的蘋果手機，只有一個巨大的空洞洞的屏幕和唯一的一個按鍵，比蘋果數碼播放器還要簡單乾淨。喬布斯追求產品完美細節的激情使其被媒體形容為「魔鬼性的完美主義者」，正因為他的執著、精益求精，蘋果產品才會有眾多的追隨者。

第四，人才精英文化。蘋果公司在人才的使用上，極力強調「精」和「簡」，強調「質量比數量更加重要」。喬布斯的用人標準是使用「那些每天挑戰彼此，而讓產品最佳化的人才」。

第八章　產品策略

他相信由頂尖人才所組成的一個小團隊能夠運轉巨大的輪盤,僅僅是擁有較少的這樣的頂尖團隊就夠了。為此,他花費大量精力和時間打電話,用於尋找那些他耳聞過的最優秀人員以及那些他認為對於蘋果各個職位最適合的人選。

(二) 創新過程管理

蘋果公司產品的卓越設計與其嚴格的創新過程管理是分不開的。蘋果產品的設計流程有以下階段:

第一,從10到3到1。對於任何一項新的設計,蘋果的設計師們首先要拿出10種完全不同的模擬方案,使設計師們有足夠的空間,在沒有限制的情況下放開設計。然後他們從中挑出3個方案,再花幾個月的時間仔細研究這3個方案,最終得出1個最優秀的設計方案。

第二,兩次設計會議。設計團隊每週會有兩次會議。一次是頭腦風暴會議,完全忘記任何的條件限制,自由地思考,甚至提出瘋狂的想法。第二次是成果會議,這個會議與前一次會議正好相反,設計師和工程師必須明確每一件事情,明確前面瘋狂的想法是否可能在實際中應用。儘管在這個過程中,重心已經轉移到一些應用的開發和進展上,但團隊還是要盡量多地考慮到其他各個應用的潛在發展可能。即使到了最後階段,也要保持一些創造性的想法做後備選項。

第三,小馬駒會議。設計團隊將每週兩次會議上最好的幾個想法交給領導層,由領導層的「小馬駒會議」決定方案,以確保蘋果的產品線不會出現低級的錯誤。

(三) 以用戶為本

蘋果產品設計的目標是簡便易用。蘋果公司把消費者的需求放在第一位,在一切看似複雜的技術面前,蘋果公司往往能化繁為簡,讓消費者容易使用。蘋果產品的設計總是貫穿著以人為本的設計理念,清爽的外觀、簡潔的按鈕、便捷的操作模式是產品的靈魂。

產品創新源於用戶需求。蘋果產品的產生往往源於一項潛在的消費者需求,如蘋果數碼播放器原本的設計思路是為了讓用戶能夠更妥善地保存和管理音樂文件。而蘋果數碼播放器和蘋果媒體播放程序的結合則來自於顧客對有質量保障的音樂、攜帶便利的數字格式音樂及大量數據的強烈需求。蘋果公司把科技與消費者的需求進行了完美的結合,實現了產品策略的飛躍。

● 第一節　產品整體概念

一、產品整體概念

對於產品概念的理解,通常人們習慣地認為產品是具有某種形狀和用途的物體,比如汽車、手錶、服裝、食品等。這種認識強調的是產品的物質形態,也就是有形

的實體。現代市場營銷對產品的理解則更為廣泛深入，不僅包括物質形態的實體，同時也包括非物質形態的服務，是一個整體產品的概念。所謂整體產品是指能夠通過交換來滿足市場需要和慾望的任何有形物品和無形的服務。有形產品主要包括產品實體及其品質、特色、式樣、商標和包裝等；無形產品主要包括可以為顧客帶來附加利益和心理滿足感及信任感的售後服務、承諾、企業形象、信譽等。具體用五個層次來表述產品整體概念，即核心產品、有形產品、期望產品、延伸產品、潛在產品，如圖8-1所示。

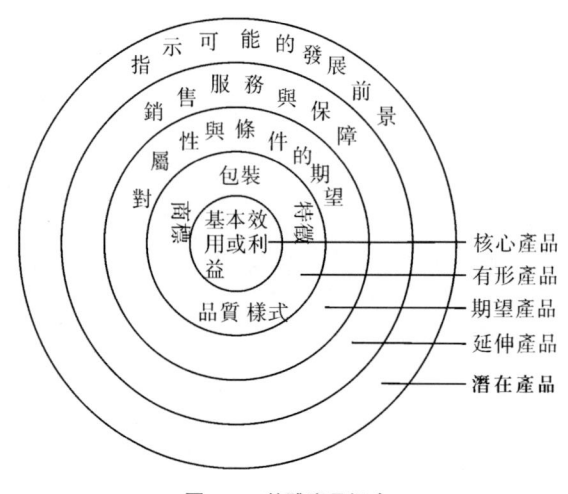

圖8-1　整體產品概念

（一）核心產品

核心產品是最基本的層次，它是指向顧客提供特定的利益或功效。顧客購買產品的目的是為了獲得某種好處或利益，而不僅僅是獲得產品本身。比如，人們購買空調，並不是為獲得一個櫃式或窗式鐵箱，而是為了滿足在夏季得到清涼，在冬季得到溫暖的需求。

市場營銷學中有一句非常著名的話：「你賣的不是一個鑽頭，而是一個洞。」意思是說，產品本身只是一種滿足消費者需求的工具，其本質是使顧客的某種需求得到滿足，核心產品就是這種對顧客需求的滿足。由此可以看出，在產品整體概念中，核心產品是最基本的，是顧客需求的實質。

（二）有形產品

有形產品是指能看得見的產品實體，是核心產品實現其功效的形式。商店裡銷售的各種商品實體，都是有形產品。有形產品的主要構成因素有產品的質量、款式、特色、品牌、包裝等。例如格力空調，它由品牌、功能部件、窗式或櫃式造型、特徵、質量、包裝等形式組成，為的是產生核心功效——滿足凉爽舒適的需求。可見企業不但要滿足顧客購買產品時對核心產品利益的需求，還須在有形產品上下功夫，

第八章　產品策略

使產品在外觀造型、質量水平、花色品種、品牌包裝等方面取得競爭優勢。

（三）期望產品

期望產品是指顧客在購買產品時期望得到的與產品密切相關的一整套屬性和條件。比如，顧客在賓館消費時，期望得到清潔的床鋪、洗漱用品、浴巾、洗衣服務等。由於大多數的賓館能滿足住宿者的最低的期望，所以顧客在檔次大致相同的賓館中選擇時，一般不是選擇哪家賓館能提供其產品，而是根據哪家賓館就近和方便而來確定。

（四）延伸產品

延伸產品是指現有產品包括的全部的附加服務和附加利益，包括產品說明書、保證、上門服務、送貨、免費安裝、技術培訓等。儘管附加產品沒有具體的實物形態，沒有物理、化學屬性，但它可以滿足人們的需求，因此是產品的重要組成部分。許多情況表明，新的競爭不在於企業生產什麼產品，而在於為產品發展延伸產品。發展延伸產品成為許多企業打造其核心競爭力的重要途徑。

（五）潛在產品

潛在產品是指現有產品包括所有附加產品在內的、可能發展成為未來最終產品的潛在狀態的產品。有形產品表明產品的現狀，而潛在產品則預示產品的演變趨勢和發展前景。如彩電可能會發展成計算機顯示器，賓館也許會發展成為人們休閒、娛樂、購物、餐飲等的綜合性場所。

二、產品整體概念的意義

產品整體概念體現了以顧客為導向的現代市場營銷觀念，對於企業市場營銷實踐活動具有十分重要的理論指導意義。

第一，產品整體概念體現了「以顧客需求為中心」的現代市場營銷觀念。產品的五個層次，十分清晰地體現了以顧客需求為標準、以顧客利益為原則的觀念。顧客所追求的是整體產品，企業所提供的也必須是整體產品。沒有產品整體概念，企業就不可能真正貫徹現代市場營銷觀念。

第二，產品整體概念把產品由傳統意義上的實體性產品擴展為多層次的組合。如果企業還是一味追求產品的優質耐用，而忽視顧客對品牌、包裝、服務等各方面的要求，很難發揮產品的競爭優勢。

第三，產品整體概念強調了服務是產品組成中的一個不可或缺的部分。隨著顧客購買能力的增強和需求的不斷變化，用提供全方位的服務增加產品的附加值，增加顧客的利益和滿意度，對市場競爭具有決定性的意義。服務再好也不能使產品成為優質產品，而優質產品卻會因服務不好而失去市場。

隨著市場競爭的日趨激烈，向顧客提供能滿足其效用、完善的整體產品已成為企業提高競爭能力的重要手段。正如美國學者西奧多・李維特所說：「未來競爭的

關鍵不在於企業能生產什麼產品，而在於其產品所提供的附加價值：包裝、服務、廣告、用戶、用戶諮詢、融資、送貨安排、倉儲和人們所重視的其他價值。」

第二節 產品生命週期

一、產品生命週期的概念

市場營銷學認為產品同任何事物一樣，是有生命的，有一個產生、發展、衰亡的過程。所謂產品生命週期是指某產品從進入市場到最后退出市場所經歷的市場生命循環的過程，一般分為導入期、成長期、成熟期和衰退期四個階段。產品生命週期四個階段的劃分是以銷售額和利潤額為衡量標準，來顯示產品在生命週期的不同階段的發展變化過程的，用曲線表示如圖 8-2。產品生命週期曲線描述了一個產品在市場上從無到有、高速發展、市場飽和直至被市場淘汰退出市場的運動過程。

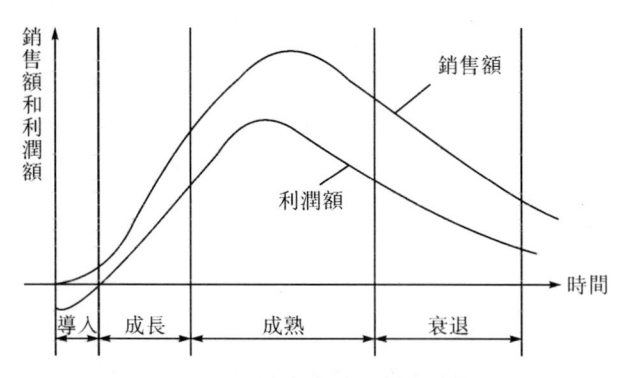

圖 8-2 產品市場生命週期曲線圖

由於產品所處的各個生命週期階段具有不同的市場機會和利潤潛力，所以分析產品生命週期，正確把握產品在市場所處的階段，研究產品在生命週期各階段中所體現出來的特點，及時採取相應的營銷策略，對企業的經營有著非常重要的意義。

二、產品生命週期各階段的主要特點

（一）導入期

產品的導入期是指新產品剛剛投放市場的階段。這個時期通常表現出以下特點：

（1）由於產品剛剛投放市場，消費者對產品還不知道或瞭解很少，產品銷售量小。企業為了提高產品的知名度和吸引經銷商進貨，需要花費大量的廣告、公關、銷售促進、人員推銷費用，所以產品的單位成本較高，利潤少甚至虧損。

（2）企業尚未建立有效、完善的分銷渠道，分銷費用比較高。

第八章　產品策略

（3）價格決策難以確定。價格定高了，可能成為銷售障礙，限制了購買；價格定低了，又難以盡快收回成本。

（4）產品的技術、性能、包裝等還不夠完善。

（5）市場上競爭者較少，市場競爭不激烈。

（二）成長期

產品的成長期是指產品在市場上逐步被顧客接受，銷售量和利潤迅速增長的階段。這個時期通常表現出以下主要特點：

（1）產品銷售量迅速上升，這是產品成長期的主要標誌。

（2）生產規模不斷擴大，企業產銷量迅速增加，產品的單位成本逐步降低，利潤快速增長。

（3）競爭者看到有利可圖，紛紛進入市場，他們推出具有新特點的產品，競爭加劇。

（4）企業已建立起比較穩定的分銷渠道，並在繼續擴大。

（5）產品已基本定型，技術工藝比較成熟。

（6）產品價格比較穩定或略有下降。

（三）成熟期

產品的成熟期是指大多數消費者已接受該產品，銷售量保持較高水平狀態。這一時期的特點主要表現在：

（1）產品銷售量和利潤達到最高點，市場漸趨飽和，銷售量增長速度明顯放慢。在成熟期的后期，銷量和利潤開始緩慢下降。

（2）許多同類產品或替代品進入市場，競爭更加激烈，一些競爭力較弱的企業開始被擠出市場。

（3）為了穩住已有的市場份額和對付競爭對手，產品需要增加營銷費用，尤其是促銷費用。

（4）產品成熟期持續時間比較長，現實中的大多數產品都處在生命週期的成熟階段。

（四）衰退期

產品的衰退期指產品的銷售額加速遞減，利潤下降較快，趨於零或虧損的階段。這一時期的特點：

（1）產品銷量由緩慢下降變為迅速下降，利潤很低甚至虧損，這是衰退期的主要標誌。

（2）市場上以價格競爭為主要手段，價格下滑，降到最低水平，很多競爭者由於無利可圖而紛紛退出市場。

（3）留在市場上的企業逐漸減少產品附帶服務，削減促銷費用，簡化銷售渠道，以維持最低水平的經營。

上述產品生命週期各階段的特點，由圖 8-2 比較形象化描述出來。但這只是反

應產品生命週期理論上的一條曲線。大多數產品生命週期曲線都是這種「S」形，不同產品市場生命週期各階段劃分並無統一的標準，如流行產品、時尚產品、季節產品一投入市場便進入成熟期，並很快退出市場，即快速進入、快速退出市場產品生命週期，如圖8-3所示，而有些產品進入成熟期後並沒有進入衰退期而是進入第二個成長期，體現的是產品生命週期再循環過程，如圖8-4所示。

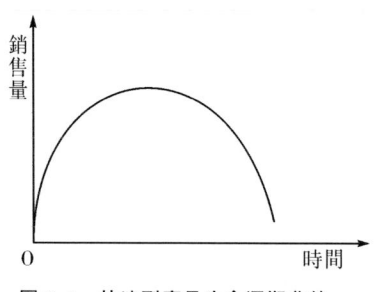

圖8-3　快速型產品生命週期曲線 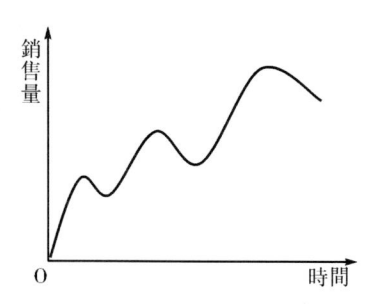　　　圖8-4　循環型產品生命週期曲線

三、產品生命週期各階段的營銷策略

產品生命週期理論的應用主要有三個目的：一是使產品盡快被消費者接受，盡量縮短產品的導入期；二是努力保持和延長產品的成熟期；三是盡量使產品以較慢的速度被市場淘汰。因此，經營者要善於根據產品生命週期各階段的特點選用適當的營銷策略，以獲取最大利潤，為企業創造最大利益。

（一）導入期的市場營銷策略

導入期是產品首次投入市場的最初銷售階段，這時企業營銷的主要目標是通過促銷讓消費者瞭解產品，建立分銷渠道，設法使市場盡快接受此產品，縮短導入時間。因此，企業應綜合考慮產品、價格、渠道和促銷等組合因素，做好產品的整體營銷策劃。導入期一般有四種可供選擇的策略：

1. 快速掠取策略

快速掠取策略是以高價格和高促銷費用向市場推出新產品。企業制定較高價格，目的是短期內獲得高額利潤，快速收回投資；高的促銷費用是通過促銷來吸引消費者，以求迅速擴大銷售量，取得較高的市場佔有率。該策略適用的條件：新產品有特色，確實優於市場原有同類產品；市場需求潛力大，顧客求新心理強；目標顧客有強烈的購買慾望而願意支付高價；企業面臨潛在的競爭壓力，需盡快樹立名牌形象。

2. 緩慢掠取策略

緩慢掠取策略是以高價格和低促銷費用將新產品推出的策略。企業選擇這一策略是通過較低的促銷費，獲得較高的利潤。前提條件是：市場規模有限；目標市場中大多數顧客已瞭解這種產品；目標顧客願意支付高價；潛在的競爭威脅不大。

第八章　產品策略

3. 快速滲透策略

這是企業以低價格和高促銷費用推出新產品以求達到最快速的市場滲透和最高的市場佔有率的策略。這種策略適用於以下條件：市場容量足夠大；消費者不瞭解這種新產品，但對價格十分敏感；潛在競爭很激烈；產品成本能夠隨著生產規模的擴大和銷量的增加而降低。

4. 緩慢滲透策略

這一策略是以低價格和低促銷費用推出新產品。低價格是為了促使消費者迅速接受新產品，低促銷費用則可以使企業獲得更多利潤。企業堅信該市場需求價格彈性較大，而促銷彈性較小。實施這一策略的條件：市場容量較大；市場上該產品的知名度高；產品的需求價格彈性大；有相當的潛在競爭者準備加入競爭行列。

（二）成長期的營銷策略

這一時期企業的工作重點是大力組織生產，不斷擴大市場份額，盡可能延長產品的成長期。具體可以採取如下策略：

1. 提高產品品質

企業可以從質量、性能、花色品種、包裝等方面加以改進完善，來提高競爭力。

2. 開拓新市場

處於高速發展時期的新產品，市場需求潛力一般都比較大。企業應該努力尋找和開拓新的細分市場，開闢新的分銷渠道。

3. 樹立產品形象

促銷宣傳的目標應由擴大產品知名度轉移到樹立產品形象上，使消費者建立品牌偏好。

4. 適當調整價格

企業應分析市場價格趨勢和競爭者的價格策略，選擇適當時機降價，以爭取更多的消費者，同時還可以阻止競爭對手。

（三）成熟期的營銷策略

產品處於成熟期時，企業營銷的重點是延長產品的生命週期，鞏固市場佔有率，主要選擇如下三種基本策略：

1. 市場改良策略

市場改良策略又叫市場多元化策略，即企業進入新的細分市場，開發產品新的目標市場。

2. 產品改良策略

企業可通過提高產品的質量，增加產品的功能，改進產品的式樣，增加花色品種和規格型號，來吸引新的購買者，鼓勵老顧客重複購買，從而增加銷售量，延長成熟期。

3. 調整產品的營銷組合

企業可通過改變定價、銷售方式及促銷方式來延長產品的市場壽命。一般是通

過改變一個或幾個因素的搭配關係來刺激消費需求、擴大銷售量。在價格上可以適當調低，讓利給消費者。拓寬銷售渠道，增設銷售網點，加強廣告宣傳等，都可以爭取更多消費者。

（四）衰退期的營銷策略

在衰退期，企業的主要任務是逐步淘汰老產品，研製開發新產品或轉入新的目標市場，營銷策略大致有如下幾種：

1. 放棄策略

放棄策略即放棄那些迅速衰落的產品，將企業的資源投入到其他有發展前途的產品上來。企業既可以選擇完全放棄，也可以部分放棄，逐步有計劃地撤出市場，淘汰老產品，或尋找新的目標市場。但同時企業還應妥善處理好現有顧客的售後服務問題，否則老客戶會因服務得不到滿足而使企業的形象產生不良影響。

2. 維持策略

在衰退期，由於有些競爭者退出市場，市場留下一些空缺，這時留在市場上的企業仍然有盈利的機會。具體的策略包括：繼續沿用過去的營銷策略；將企業資源集中於最有利的細分市場，維持老產品的集中營銷；大幅度削減營銷費用，讓產品繼續衰落下去，直至完全退出市場。

3. 重新定位

企業可通過產品的重新定位，為產品尋找到新的目標市場和新的用途，使衰退期的產品再次進入新的生命週期循環，從而延長產品的原生命週期，甚至使它成為一個新的產品。這種策略成功的關鍵就是要正確找到產品的新用途，做好新產品開發。

第三節　產品組合策略

現代企業為了更好地滿足目標市場的需要，擴大銷售，分散風險，增加利潤，往往生產經營多種產品，這些產品在市場上的相對地位以及對企業的貢獻有大亦有小。隨著外部環境和企業自身資源條件的變化，各種產品會呈現新的發展態勢。因此，企業如何根據市場需要和自身能力，決定生產經營哪些產品，並明確各產品之間的配合關係，對企業的興衰有著重要的影響。因此，企業需要對其產品組合進行研究和選擇。

一、產品組合及其相關概念

（一）產品組合、產品線和產品項目

產品組合是指一個企業生產經營的全部產品的結構，即企業全部產品線和產品

第八章　產品策略

項目的組合。產品線是指在使用功能、銷售對象、分銷渠道、銷售價格等方面相似或相近的一組產品，又稱產品大類或產品系列。絕大多數企業的產品組合是一條產品線或多條產品線，而不是單一規格的產品項目。產品項目是指企業生產經營的每一個產品，即每一個產品就是一個產品項目。各個產品項目之間是根據規格大小、檔次高低、價格貴賤、外觀造型、商標品牌等來區分的。如果商場經營服裝、家用電器、百貨、文教用品四大類商品，即有四條產品線，產品大類中有各種不同的品種、檔次、質量和價格的特定產品，即產品項目是產品線的具體組成部分。這些產品線和產品項目按一定比例搭配，就形成該商場的產品組合。

（二）產品組合的寬度、長度、深度和相關度

產品組合包括4個衡量變量：產品組合的寬度、長度、深度和相關度。下面以寶潔公司生產的消費品為例來說明這些概念，見表8-1。

表8-1　寶潔公司的產品組合寬度和產品線的長度（包括導入市場的日期）

	產品組合的寬度				
	清潔劑	牙膏	條狀肥皂	紙尿布	紙巾
產品線長度	象牙雪 1930 德來夫特 1933 汰漬 1946 快樂 1950 奧克雪多 1914 達什 1954 波爾德 1965 蓋恩 1966 伊拉 1972	格利 1952 佳潔士 1955	象牙 1879 柯克斯 1885 洗污 1893 佳美 1926 爵士 1952 保潔淨 1963 海岸 1974 玉蘭油 1993	幫寶適 1961 露膚 1976	媚人 1928 粉撲 1960 旗幟 1982 絕頂 1992

1. 產品組合的寬度

產品組合的寬度是指產品組合中所擁有的產品線數目，即一個企業生產經營的產品大類的多少。產品線多則說明該企業的產品組合寬，產品線少則說明產品組合窄。表8-1表明，寶潔公司產品組合的寬度是5。一般情況下，企業增加產品組合的寬度，即增加產品線，可以拓寬經營範圍，在一定程度上分散企業的經營風險。

2. 產品組合的長度

產品組合的長度指一個企業的產品組合中產品項目的總數。用產品項目總數除以產品線數是產品線的平均長度。如表8-1中，寶潔公司產品項目總數是25個，產品線的平均長度為5。一般來說，產品組合的長度越長，說明該企業生產經營的產品品種和規格越多，就更能滿足不同類型消費者對產品的個性化要求，使消費者有更多的選擇機會，增加銷售量；反之，則影響企業產品的銷量。但如果產品組合的長度太長，也就是說產品的品種規格太多，會增加生產和銷售成本，甚至引起消費者的厭煩和營銷上的混亂。

3. 產品組合的深度

產品組合的深度是指企業每一條產品線中所包含產品項目的數量。例如，某洗滌用品公司的產品組合中，其中一條產品線——某品牌牙膏有 3 種規格和 2 種配方，則該牙膏的深度就是 6。一般說來，產品組合的深度越深，可以佔領同類產品更多的細分市場，滿足更多消費者的需求。

4. 產品組合的相關度

產品組合的相關度是指各條產品線之間，在最終用途、生產要求、分銷渠道、市場促銷等方面相互關聯的緊密程度。產品組合的相近程度越大，其相關度就越高，企業的各種內外資源越容易發揮連帶優勢，更容易得到充分有效的利用，經營成本也會越低，從而提高企業的競爭力。

產品組合的廣度、深度與相關性在市場營銷戰略中具有重要意義。首先，拓展產品組合的廣度，可以充分發揮企業特長，充分利用企業資源，開拓新市場，拓展服務面，分散投資風險，提高經濟效益。例如，中國第一拖拉機廠，充分利用加工能力和設計力量，除生產傳統產品——拖拉機外，還生產了築路機械、建築機械、汽車、自行車等系列產品，充分發揮了大型企業的優勢，適應了市場競爭的需要。其次，增加產品組合的深度，可使各產品線有更多的花色品種，適應不同顧客的需要，擴大總銷售量。最後，增加產品組合的相關性，可以充分發揮企業現有的生產、技術、分銷渠道和其他方面的能力，提高企業的競爭力，增強市場地位，提高經營的安全性。

二、產品組合策略的運用

企業進行產品組合決策必須按照市場需要和環境分析，結合企業自身實力和經營目標，對其產品組合的長度、寬度、深度和相關度進行不同的選擇，便形成了不同的產品組合策略。產品組合一般有五個方面的策略可供選擇：

1. 多系列全面性策略

這種策略是企業著眼於向顧客提供所需要的一切產品，採用這一策略的條件是企業有能力照顧整個市場的需要。企業一方面要盡可能地增加產品組合的寬度和深度，不受產品組合相關度的約束。比如春蘭集團生產空調、汽車、電腦、冰箱、洗衣機、彩電等不同行業領域的產品，同時向多個行業市場提供產品。另一方面，企業還要根據自身條件，考慮產品組合的相關度，充分發揮優勢，在某一行業中生產各種此類產品，增強企業的競爭力。

2. 產品集中性策略

這種策略是指企業根據自己的專長，集中經營有限的或單一的產品以適應有限的或單一的市場需求。如服裝廠只生產西服這一種產品滿足市場。

3. 產品專業性策略

這種策略是指企業重點生產經營某一類產品來滿足市場需求。如海爾集團重點

第八章　產品策略

在家電行業中生產冰箱、冰櫃、洗衣機、空調、電視機、微波爐等，幾乎涵蓋家庭中使用的所有電器。

4. 市場專業性策略

市場專業性策略即企業向某個專業市場、某類顧客提供所需要的各種商品。如旅遊公司的產品組合就應考慮旅遊者所需要的一切產品或勞務，包括住宿服務、飲食服務、交通服務、旅遊景點的選擇、旅遊購物等。這種組合方式一般不考慮各產品系列之間的相關度。

5. 選擇性產品策略

選擇性產品策略即企業生產經營某些具有特定需要的特殊產品項目，如生產經營某些特殊病人需要的藥品、保健品、食品等。由於產品特殊，所能開拓的市場是有限的，但競爭威脅也小，有助於企業長期占領市場。

三、產品組合策略的調整策略

有關產品組合概念的介紹是為引導企業決策者搞好企業的產品規劃，根據企業目標、市場需求和競爭狀況對產品組合的寬度、長度、深度及相關度做出調整，以達到最佳的產品組合。企業在調整產品組合時，可以針對具體情況選用以下幾種產品組合調整策略：

（一）擴大產品組合策略

擴大產品組合策略是指企業拓寬產品組合的寬度和加強產品組合的深度。拓寬產品組合寬度是指增加一條或幾條新的產品線，擴大經營範圍；加強產品組合深度是增加原有產品項目的品種，生產經營更多的產品以滿足市場的需要。對生產企業而言，擴大產品組合策略的方式主要有三種：

1. 平行式擴展

平行式擴展指生產企業在設備和技術力量允許的條件下，充分發揮生產潛能，向專業化和綜合性方向擴展。這種擴展方式的特點是在產品線層次上進行平行延伸，增加產品系列，擴大經營範圍。

2. 系列式擴展

系列式擴展是指企業在維持原產品品質和價格的前提下，產品向多規格、多型號、多款式方向發展。這種擴展方式通過增加產品項目，使產品組合在產品項目層次上向縱深擴展。這樣企業能向更多的目標市場提供產品，以滿足更廣泛的市場需求。

3. 綜合利用式擴展

綜合利用式擴展指企業生產與原有產品系列不相關的產品，通常與綜合利用原材料、處理廢物、防治環境污染等結合進行，充分利用企業資源和剩餘生產能力，提高企業收益。

(二) 縮減產品組合策略

縮減產品組合策略是指企業削減那些獲利小的產品線或產品項目，集中資源生產經營獲利較大的產品線或產品項目。這種策略一般是在市場不景氣或原料、能源供應緊張時採用。企業可採取的縮減產品組合策略主要有以下兩種：

1. 削減產品線

企業根據市場的變化情況，集中企業的優勢資源，減少產品生產的類別，只生產和經營少數幾個產品系列，實現專業化經營。

2. 減少產品項目

企業在保留原產品線的基礎上，削減產品系列中不同品種、規格和式樣的產品的生產，淘汰虧損或低利潤的產品，盡量生產能創造更高利潤的產品。

(三) 產品線延伸策略

產品線延伸是指企業將產品線加長，增加企業的經營檔次和範圍。產品線延伸的主要原因是為滿足不同層次的顧客需要和開拓新的市場，具體有向上延伸、向下延伸和雙向延伸三種形式。

1. 向上延伸

向上延伸是指企業原來生產低檔產品，現在在產品線中增加一些中檔或高檔的產品。採用這一策略的原因是：高檔產品可以使企業提高品牌聲望，提高企業及其產品的市場地位；高檔產品市場潛力大，有較大利潤空間，而這時競爭者實力較弱，且企業在技術和市場營銷方面已經具備進入高檔市場的條件；企業發展各個檔次的產品，形成完整的產品線。

採用向上延伸策略能夠為企業增加新市場機會，同時也會給企業帶來一定的風險。因為，企業慣以生產廉價的低檔產品，在消費者心目中的地位很難立即改變，使高檔產品不容易很快打開銷路，所以促銷費用較大。另外就是原來生產高檔產品的企業會向下延伸進行反擊，進入低檔產品市場，從而導致競爭的加劇。

2. 向下延伸

向下延伸是指企業原來生產高檔產品，現在在產品線中增加一些中、低檔產品。企業做出產品線向下延伸決策的原因是：企業高檔產品的發展空間有限，不得不將產品線向下延伸開拓新的市場；借高檔名牌產品聲譽，吸引消費水平較低的顧客慕名購買該產品線中的低檔廉價品，從而擴大產品的銷售範圍；企業向下延伸是為充分利用現有生產能力，補充產品項目空白，否則低檔產品會成為競爭者的機會。

企業採取向下延伸策略同樣有一定的風險：可能會刺激原生產低檔產品的企業進入高檔產品市場，使競爭加劇；向下延伸如果處理不當，會損害企業原有的品牌形象，新的低檔產品最好採用新的品牌；低檔產品的利潤較少，經銷商的積極性不高，企業必須採用新的銷售政策，從而增加了企業的銷售費用。

3. 雙向延伸

雙向延伸是指原生產中檔產品的企業在具備一定條件時，在一條產品線上一方

第八章　產品策略

面增加高檔產品，另一方面也增加低檔產品。企業這樣做的目的是全方位占領市場。企業採用這一策略存在的最大風險是：隨著產品項目的增加，各項成本也增加，從而加大了市場風險，同時經營難度也增加，需要企業不斷提高經營管理水平。

第四節　品牌策略

一、有關品牌的幾個概念

任何商品都有其名稱，如汽車、計算機、洗衣機、冰箱、手機等，這些是某種商品的通用名稱，是用來區別不同的商品的。

品牌是商品的商業名稱，是由企業獨創的、有顯著特點的、未作商標或已申請註冊商標的某種商品的特定名稱。例如，奧迪牌汽車，聯想牌電腦，海爾牌洗衣機、冰箱等，這裡的「奧迪」「聯想」「海爾」就是商品的品牌。

美國市場學學會對品牌的定義：「品牌是產品的名稱、詞語、符號、表徵、設計或以上幾種的組合，用以辨認某個或一組產品和競爭者有所不同。」

菲利普・科特勒認為：「品牌是用於識別一種產品或服務的生產者或銷售者的名稱、術語、標記、符號、設計或者上述因素的組合。」

通俗地說，品牌就是一個企業產品的牌子，用以識別出售者的產品或勞務的某一名詞、標記、符號、圖案和顏色，或是這些要素的組合。其基本功能是使企業的產品或勞務區別於競爭者，使消費者便於識別。品牌是一個集合的概念，具體包括品牌名稱、品牌標誌和商標等。

（一）品牌名稱

品牌名稱是指品牌中可以讀出來並可以用文字表述的部分。如上述的奧迪、聯想、海爾。

（二）品牌標誌

品牌標誌是指品牌中可以被識別認出，但不能讀出來，也不能用文字表述的部分。品牌標誌通常是一些符號、圖案、顏色、字體和其他特殊的設計，往往具有特殊的內涵。如，相連著的四環是奧迪汽車的品牌標誌，紅色飄帶是李寧服裝的品牌標誌。

（三）商標

商標是指經過申請註冊登記，受法律保護的品牌或品牌中的某一部分，是法律名稱。產品品牌不實行法律管理，但若根據商標法，將產品品牌申請為商標，企業就獲得了使用該品牌名稱和品牌標記的專用權，並且受到法律保護。

品牌和商標是兩個既有區別又有聯繫的概念。品牌是一個商業名稱，是企業的無形資產，其主要作用是宣傳商品；商標也可以用來宣傳商品，但更重要的是，商

標是法律名稱，受法律保護。一般情況下，品牌側重於名稱宣傳，商標側重於標誌申請註冊，取得專用權。品牌與商標又是緊密聯繫的，品牌的全部或其中某一部分作為商標註冊后，這一品牌便具有法律效力；品牌包含商標，是總體和部分的關係，商標是品牌的一部分，所有商標都是品牌，但品牌不一定是商標。

二、品牌的作用

品牌的作用是多個方面的，一般可以從企業營銷和消費者兩個方面來分析。

（一）品牌對企業營銷的作用

對於從事市場營銷活動的企業來說，品牌的積極作用表現在以下幾個方面：

（1）品牌有助於產品促銷，提高企業形象。品牌往往以其簡潔、明快、易讀易記的特徵而使其成為消費者記憶產品質量、產品特徵的標誌，這有利於引起消費者的注意，滿足他們的需求，所以是企業促銷的重要基礎。另外，由於消費者往往依照品牌選擇產品，這就促使生產經營者更加關心品牌的聲譽，不斷開發新產品，加強質量管理，有助於樹立良好的企業形象，使品牌經營走上良性循環的軌道。

（2）品牌具有保護功能。品牌經註冊獲得商標專用權后，受法律保護，其他任何未經許可的企業和個人都不得模仿與假冒，保護了企業的正當權利；同時，如果產品的質量出現了問題，消費者就可以根據品牌，直接追究企業的責任，依法向其索賠，這樣也具有保護消費者權益的作用。

（3）品牌具有認知和識別的功能。品牌在消費者心目中是產品的標誌，是產品的品質、特色和文化的代表。有品牌商標的產品在廣告、公關宣傳、銷售促進活動中，容易被消費者認知、記憶，使之認牌購買，並且通過品牌還可以識別出滿足消費者自己偏好的產品，縮短了消費者購買產品的過程，節省了消費者的時間和精力。

（4）品牌具有增值保價功能。品牌既是一種品質的標誌，同時也是一種身分的象徵，消費者有追求品牌，特別是名牌的偏好。名牌產品在消費者心理上具有很高的附加價值，其價格一般高於同類產品，但還能保持一定的市場份額，使企業保持較高利潤。如海爾是中國家電業的知名品牌，其產品價格較高，不降價或很少降價，但也能佔有很高的市場份額。

（5）品牌有助於企業實施市場細分戰略，滿足不同消費者的需求。企業為了適應市場競爭的需要，常常同時生產多種品牌的產品，來滿足不同類型的消費者的需求。例如寶潔公司在美國至少推出了8種品牌的洗衣劑，分別對準8個重要的洗衣劑細分市場。在美國43億美元的洗衣劑市場上，寶潔公司的8個品牌共佔有57%的市場份額，這絕不是一個品牌所能做到的。

（二）品牌對消費者的作用

（1）品牌便於消費者辨認、識別商品，有助於消費者選購商品。隨著科學技術的發展，商品的科技含量日益提高，對消費者來說，同種類商品間的差別越來越難

第八章　產品策略

以辨別。由於不同的品牌代表著不同的商品品質、不同的利益,所以,有了品牌,消費者即可借助品牌辨別、選擇所需商品或服務。

(2) 品牌有利於維護消費者利益。有了品牌,企業以品牌作為促銷的基礎,消費者認牌購物。企業為了維護自己的品牌形象和信譽,都十分注意恪守對消費者的承諾,並注重同一品牌的產品質量水平同一化。因此,消費者可以在廠商維護自身品牌形象的同時獲得穩定的購買利益。

(3) 品牌有利於促進產品改良,滿足消費需求。由於品牌在實質上代表著銷售者(賣方)對交付給買方的產品特徵和利益等的承諾,所以,企業為了適應消費者的需求變化,適應市場競爭的客觀要求,必然會不斷更新或創造新產品,以及變更或增加承諾。這是廠商的選擇,也是消費者的期望。可見,迫於市場的外部壓力和企業的積極主動迎接挑戰的動力,品牌最終會帶給消費者更多的利益。

品牌的積極作用,還表現在有利於市場監控、有利於維繫市場運行秩序、有利於發展市場經濟等促進社會經濟發展方面。

三、品牌策略

企業研究品牌的重要目的是如何以此為手段,促進產品的銷售,所以企業的品牌策略是加強企業產品市場競爭力的重要策略之一,品牌策略一般有如下幾種:

(一) 品牌化策略

品牌化策略是指企業決定是否給其產品規定品牌名稱。由於品牌具有識別和認知、促銷和增值保價等作用,可以給企業帶來很多好處,所以大多數企業都應具有品牌。但使用品牌也會增加成本費用,例如品牌設計、申請註冊、印製尤其是廣告宣傳的費用。沒有品牌的產品可以節省上述費用,還可以採用簡單包裝甚至不包裝,由此可以降低售價的 20%~40%,從而可以以較低的價格參與市場競爭。因此,產品是否選用品牌,要根據產品的實際情況和需要而決定。一般來說,有四種情況可以不使用品牌,即未經加工的原料產品,如煤、木材、礦石、肉類、蔬菜、水果、糧食等;本身並不具有因製造者不同而形成不同質量特點的商品,如電力、沙、自來水等;某些生產比較簡單、選擇性不大、價格低廉的小商品,如小農具、針、線、鞋帶等;臨時性或一次性生產的產品。這類產品採用品牌並不能發揮品牌的功能,不用品牌反而能節約費用,為企業增加收益。當然,企業產品有無品牌不是一成不變的,近年來,隨著品牌意識的增強,中國企業品牌化程度不斷提高,農副產品品牌更是引人注目,如吉林市東福米業的東福牌大米,吉林皓月集團的皓月牛肉等。

(二) 品牌所有權策略

生產企業如果決定給一個產品加上品牌,通常會有三種可供選擇的策略:其一是使用生產商自己的品牌,這種品牌策略叫作企業品牌策略或生產者品牌策略;其二是使用銷售商的品牌,即企業將產品銷售給中間商,再由中間商使用他自己的品

牌將產品轉賣出去，這種品牌策略叫中間商品牌策略；其三是使用混合策略，即對部分產品使用生產者自己的品牌，而另一部分產品則使用中間商品牌。

　　一般的生產商都有自己的品牌，他們在生產經營過程中確立了自己的品牌，有的還發展成為名牌。可以說，品牌是由生產商設計的製造標記，幾乎都為生產者或製造商所有。但是，隨著市場經濟的發展，市場競爭越來越激烈，品牌的作用也日益被人們所認知，中間商對品牌的擁有慾望也越來越強烈，不斷致力發展自己的品牌，希望借此取得在產品銷售上的自主權，擺脫生產商的控制，壓縮進貨成本，自主定價，以獲得較高的利潤。比如近年來，許多社會信譽較好的中間商，包括一些百貨商店、超市、服裝商場等，像長春的歐亞商都、蘇寧電器、大富豪鞋城等，都在積極設計並使用自己的品牌。此外，企業選擇生產者品牌或中間商品牌，即品牌所有權歸屬生產者還是中間商，關鍵看生產者和中間商誰在這個產品分銷鏈上居主導地位，當生產者擁有較好的市場信譽、實力較強、產品市場佔有率較高的情況下，應採用生產者自己的品牌；當生產者的社會信譽一般、實力較弱、或剛進入市場，這時應採用中間商的品牌或部分使用中間商的品牌。

　　（三）品牌統分策略

　　如果企業決定採用自己的品牌，還要考慮對所有的產品如何命名的問題，面臨著對品牌的進一步選擇。

　　1. 統一品牌策略

　　統一品牌策略是指企業對全部產品都統一使用同一個牌子。例如日本東芝家用電器公司的全部產品都以「TOSHIBA」為品牌，海爾公司的所有產品都使用「海爾」品牌。企業採用統一品牌策略，有助於節約新產品的宣傳廣告費用，使新產品順利進入市場，也有助於顯示企業實力，塑造企業形象。但是如果其中任何一個產品出現問題，比如質量問題，就可能影響全部產品和整個企業的信譽，使企業蒙受損失。所以，使用統一品牌策略的企業，必須對所有產品進行嚴格質量管理和控制。

　　2. 個別品牌策略

　　個別品牌策略指企業對各種不同的產品分別使用不同的品牌。該策略避免了企業的聲譽受某個失敗產品影響的風險，同時有助於發展多種產品線和產品項目，開拓更廣泛的市場，同時有助於消費者從品牌上區分同一個企業不同的產品，滿足不同消費者的需求。例如寶潔公司在中國市場上推出了潘婷、海飛絲、沙宣等洗髮護髮系列用品，還有佳潔士牙膏、護舒寶衛生巾、汰漬洗衣粉等保健、洗衣系列產品。但品牌過多，企業相應增加了設計、製作、廣告宣傳、註冊等費用，而且較難樹立統一的企業形象，不利於創立名牌。

　　（四）品牌延伸策略

　　品牌延伸策略指企業利用已成功的品牌推出新產品，把企業的一種知名度較高的產品品牌作為系列產品的牌名。例如，海爾集團成功地推出了「海爾」冰箱之

第八章　產品策略

后,又相繼推出了「海爾」空調、洗衣機、電風扇、彩電、手機等新產品。該策略是借助企業已取得成功的品牌,將新產品迅速推入市場,縮短產品的導入期,節約了新產品的推廣費用。但如果新產品失敗,也會影響到品牌的聲譽。

（五）多品牌策略

多品牌策略指企業對同一產品設計使用兩個或兩個以上互相競爭的品牌。例如中國的五糧液酒廠生產的白酒有五糧液、五糧醇、五糧春等不同品牌；德國大眾汽車在中國市場生產銷售的小汽車有桑塔納、捷達、寶來、帕薩特、奧迪、高爾夫等多個品牌。不同的品牌產品顯現出獨特的個性,瞄準不同的目標市場,消費者可以根據自己的需要、身分、社會地位、職業、收入等做出選擇。但這一策略的缺點是企業大大增加了營銷成本,需要開發生產不同的產品,為多個品牌做廣告,還可能引發本企業各品牌之間的內部競爭,所以在運用這一策略時就要注意每種品牌都應有一定的市場佔有率,具有盈利的空間,否則會浪費企業有限的資源。

第五節　包裝策略

一、包裝的概念

在現代市場經濟中,企業十分注重產品包裝在市場競爭中的作用,包裝已成為產品策略中的一個重要組成部分。所謂包裝是指企業對某種產品的容器、包裝物或裝潢進行設計和製作的活動。它包括兩方面的含義：其一指為產品設計、製作包裝物的活動過程；其二是指具體的包裝容器或包裝物件。

（一）產品包裝的構成要素

1. 品牌或商標

品牌或商標是包裝中最主要的構成要素,是辨別不同產品的基礎,應設計在包裝的顯著位置。

2. 形狀

包裝形狀不僅應有利於產品的搬運、儲存和陳列,而且還要符合目標顧客的審美習慣,吸引消費者的注意。

3. 顏色

顏色是包裝中最具有刺激銷售作用的構成要素。突出產品特色的色調組合,不僅能夠強化品牌特徵,而且使商品在貨架上能夠脫穎而出,對顧客有強烈的感召力。

4. 圖案

包裝上的圖案要清楚、易理解,並能突出品牌定位。

5. 材料

包裝材料的選擇不僅影響包裝成本，而且影響著商品的市場競爭力，所以企業應注意包裝的選取。

6. 標籤

產品標籤也屬於包裝的一部分，一般標籤上都印有包裝內容和產品所包含的主要成分、品牌標誌、產品質量等級、生產廠家、廠家地址、聯繫電話、生產日期和有效期、使用方法等，促進消費者對產品的瞭解。

（二）產品包裝的三個層次

1. 基本包裝

基本包裝又叫內包裝，是產品的直接容器或包裝物，如酒瓶、牙膏皮、香菸盒、奶粉塑料袋（金屬筒）等。

2. 次級包裝

次級包裝又稱為中層包裝，是產品基本包裝的保護層，用於保護產品和促進銷售。如牙膏的外紙盒、每一條香菸的外盒、裝袋（筒）奶粉的紙箱等。

3. 運輸包裝

運輸包裝又稱為外包裝，是指為了儲存、搬運和辨認而外加的包裝。例如裝入一定數量盒裝牙膏的紙箱、裝運成條香菸的紙板箱等。它通常具有支撐、加固和防風雨等功用，並有儲運等指示標誌。

在市場競爭日趨激烈的今天，產品包裝的重要性已遠遠超越作為容器、保護商品、方便運輸等方面，還涉及促進和擴大銷售。特別是對於消費品的包裝來說，好的包裝能體現廣告所宣傳塑造的產品美好形象，從而刺激消費。可以這麼說，兩種相同的消費品，不同的包裝，就會產生不同的促銷效果。

二、包裝的作用

對絕大多數產品來說，包裝是產品運輸、儲存和銷售不可缺少的條件。在現代市場營銷中，包裝的作用已遠遠超越了作為容器保護商品的範圍，而成為一種提高產品市場競爭力的手段。設計良好的包裝不僅能為消費者提供便利，而且還能為企業創造促銷價值，其營銷作用主要表現在如下幾個方面：

（一）保護產品

這是包裝的基本作用與功能，主要表現在兩個方面：其一是保護產品本身，在產品的流通過程中，有些產品怕震、怕壓需要包裝來保護；有些產品怕風吹、日曬、雨淋、蟲蛀等，也需要借助包裝物來保護。其二是安全上的保護，有些產品是易燃、易爆、放射或有毒物品，對它們必須進行包裝，以防洩露造成危害。

（二）便於儲運

有的產品比較小或外形不固定（如液態、氣態、粉狀等），如果沒進行包裝，

第八章　產品策略

則無法運輸和儲存。所以，良好的包裝有助於儲存和運輸，從而使產品保值，同時加快交貨時間。

（三）促進銷售

產品的外包裝是顧客選擇商品時的第一印象，其設計如果造型美觀、漂亮得體，不僅能夠吸引顧客，還能激發顧客的購買慾望，起到了「無聲的推銷員」的作用。而且良好的包裝設計，為產品的陳列、銷售、使用、攜帶等提供了方便，又進一步促進了產品的銷售。

（四）增加盈利

人性化的包裝設計，體現了企業對顧客細緻入微的關懷。獨具匠心的設計使消費者從購買、攜帶、保存到使用處處感到便利，如真空保鮮食品的包裝、帶碗筷方便面的包裝等，能夠滿足消費者的不同需求，從而使消費者願意按較高價格購買。同時，包裝材料和包裝過程也包含著一部分利潤。因此，良好的包裝能夠增加產品的附加值，為企業創造更多的利潤。

三、包裝策略

由於包裝在產品的營銷中具有重要的作用，企業都十分重視產品的包裝工作，在實踐中，形成了各種不同的包裝策略，常見的有以下幾種：

1. 類似包裝策略

類似包裝策略是指企業生產經營的所有產品，在包裝外形上都採用相同的圖案、色彩、標記和其他共有特徵的策略。它使顧客一見到包裝就能聯想到同一家企業的產品，具有同樣的質量水平。類似包裝策略不僅可以節省包裝設計成本，樹立企業整體形象，擴大企業影響，而且還可以充分利用企業已有的良好聲譽，消除消費者對新產品的不信任感，帶動新產品銷售。該策略適用於同樣等級和質量水平的產品，否則會對高檔優質產品造成不良影響。

2. 等級包裝策略

等級包裝策略是指企業對不同質量、等級、檔次的產品分別設計和使用不同包裝的策略。此策略是將產品分為若干等級，高檔產品採用優質包裝，一般產品採用普通包裝，其做法適應不同需求層次消費者的購買心理，便於消費者識別、選購商品，從而有利於全面擴大銷售。但是該策略的實施必然會加大包裝的生產、設計成本，也會使新產品上市時的宣傳推廣費用提高。

3. 分類包裝策略

分類包裝策略是指企業根據消費者購買目的的不同，對同一種產品採用不同的包裝，來吸引更多的消費者購買。如送禮用產品用精緻包裝，自用產品用簡單包裝，以適應顧客的不同需求。

市場營銷學

4. 配套包裝策略

這種包裝策略是指企業將幾種有關聯性的產品組合在同一包裝物內銷售。例如一個化妝盒、一個旅行藥箱、一套廚房用具、禮品套裝等。這種策略能夠節約交易時間，便於消費者購買、攜帶和使用，有利於擴大產品銷售，有時還可以帶動滯銷產品的銷售。但要注意市場需求的具體特點、消費者的購買能力和產品本身的關聯程度，不能硬性搭配，引起消費者的反感，從而對企業的聲譽造成影響。

5. 再使用包裝策略

該策略是指原包裝的產品用完以後，包裝物可再作它用的策略。如糖果盒、餅乾盒可作為文具盒，果汁瓶要設計成茶杯、旅行杯等。這種策略能引起消費者的購買興趣，刺激消費者購買，同時包裝物上的商標、品牌標記可起到廣告宣傳的作用。

6. 附贈品包裝策略

附贈品包裝策略是企業在包裝中附送小禮品，來吸引消費者購買或重複購買，以擴大產品的銷售。如在食品包裝中附贈畫片、小玩具，有些產品包裝內附贈獎券，若中獎可得獎品或獎金等，這大大提高了重複購買率。

7. 更新包裝策略

更新包裝策略就是指企業用新的包裝設計、包裝技術、包裝材料，更新原有產品落後陳舊或沒有吸引力的包裝。這種策略改變了原有產品的形象，使顧客對產品產生煥然一新的感覺，積極購買，達到促進銷售的目的。但企業在更換包裝時，往往會增加產品成本，所以要考慮消費者的承受能力。

四、包裝的設計

一般說來，包裝的設計應遵循以下幾個基本原則：

（一）注重安全原則

企業在設計產品包裝時，首先要考慮的應是安全問題，這是企業設計包裝最基本的原則之一。在包裝設計中，包裝材料的選擇及包裝物的製作必須適合產品的物理、化學、生物性能，以保證產品不損壞、不變質、不變形、不滲漏等。要求產品的包裝一方面要保證商品質量完好、數量完整；另一方面要保護環境安全。

（二）包裝應與產品價值和質量水平一致

包裝作為產品的包紮物，儘管有促銷作用，也不能成為商品價值的主要部分。因此，包裝應有一個定位。一般說來，包裝應與所包裝的產品價值和質量水平相匹配，對於貴重商品（如珠寶首飾）、高級化妝品、高檔菸酒、名人字畫等，應設計優美、精致的包裝，以烘托商品的高貴、典雅和藝術性；對於一般商品或低檔商品則不宜採用過分華麗的包裝，使消費者難以接受，產生上當受騙的感覺，進而影響企業形象。

第八章　產品策略

（三）包裝造型要新穎獨特，美觀大方

包裝造型設計要注重藝術性，同時還應突出產品獨特的個性。這是因為，包裝是產品的組成部分，追求不同產品之間的差異化是市場競爭的客觀要求，而包裝是實現產品差異化的重要手段。富有個性、新穎別致的包裝更易滿足消費者的某種心理要求。20 世紀魯德先生以他女朋友的裙子造型為基礎設計出的可口可樂瓶子就是妙筆之作，深受消費者喜愛。

（四）包裝造型和結構設計應方便產品的銷售、保管、攜帶和使用

產品包裝在保證安全的前提下，應盡可能縮小包裝體積，以利於節省包裝材料和運輸保管的費用。銷售包裝的造型結構，一方面應與運輸包裝的要求相吻合，以適應運輸、儲存的要求；另一方面，要注意貨架陳列的要求。此外，為方便顧客和滿足消費者的不同需要，包裝的體積、容量和形式應多種多樣；包裝的大小、輕重要適當，以便於攜帶和使用；為適應不同需要，企業還可採用單件、多件和配套包裝等多種不同的包裝形式。例如家庭號大包裝洗衣粉的塑料袋上部，有四個圓洞，正好伸四個手指進去提拎商品，便於攜帶；為了方便開啓和使用，商品在銷售包裝上設計拉環、拉片、按鈕等，如易拉罐、食用油桶上的拉環等都是常用的方便開啓的辦法。

（五）包裝的文字說明應能增加顧客的信任感並能指導消費

產品的性能、使用方法和維修保養等不能直接顯示，需要通過文字表達，包裝的文字應以滿足消費者心理需要為重點，說明要通俗易懂，清楚明白。例如，食品包裝上用文字說明食品用料組成、營養成分和食用方法等，有的還用圖示來說明食用方法。另外，文字說明要真實可靠，不能誇大事實，損害消費者利益，從而影響企業的信譽。

（六）包裝設計要符合法律規定，遵守包裝道德，兼顧社會利益

包裝設計是企業市場營銷活動的重要環節，在實踐中要嚴格按照有關法律、法規來執行。例如企業按法律規定在包裝上註明產品名稱、企業名稱及地址、商標、原料成分、包裝內產品的數量或重量、使用方法及用量、編號、質檢號、生產日期、保質期等；企業在包裝設計上要尊重不同的宗教信仰、風俗習慣、民族特點等社會文化環境，遵守包裝道德，比如在包裝中不能出現有損消費者宗教情感、容易引起消費者忌諱的顏色、圖案和方案等。同時，包裝設計還應兼顧社會利益，努力減輕消費者負擔，節約社會資源，保護社會環境。

本章小结

產品在市場營銷組合中處於最基本和核心的地位。企業在市場營銷活動中，向市場提供具有競爭力的優質產品，是企業在市場上獲得優勢地位、取得較大經濟效益的基礎。因此，企業在營銷中應認真研究和制定產品策略，不斷創新，使企業保持旺盛的生命力和競爭力。本章較系統地介紹了產品的整體概念及其營銷意義；產品組合的寬度、長度、深度、相關度的基本概念及產品組合策略；產品生命週期的導入期、成長期、成熟期、衰退期四個階段的特點及營銷策略；新產品的開發和擴散過程；品牌和包裝策略及在營銷實踐中的具體運用。

思考与练习

1. 產品整體概念包括哪些內容？闡述產品整體概念的營銷意義。
2. 什麼是產品組合、產品線、產品項目？產品組合策略有哪些？
3. 論述產品生命週期理論。
4. 舉例說明新產品開發的基本程序。
5. 什麼是產品的品牌？舉例說明品牌統分策略和多品牌策略。
6. 舉例說明產品包裝的重要性。

第九章　定價策略

学习要点

通過學習本章內容，理解和掌握影響定價的因素；掌握三種定價的一般方法，並注意各種定價方法的局限性與適應條件；能正確地運用各種定價策略；掌握企業如何發動價格變動及如何應對競爭對手的價格變動。

开篇案例

智能手機價格頻跳水

近年來，伴隨著谷歌安卓（Andriod）智能手機操作系統的頻繁升級，各個品牌智能手機的配置也在不斷提高。產品的升級換代速度明顯加快。在2011年的年末，國內的消費者還在期待著主頻1吉赫（GHz）的中央處理器（CPU）帶來高速體驗的時候，1.2G雙核、1.4G雙核的智能手機，轉眼間已經鋪天蓋地地席捲而來。

從全球市場來看，除了蘋果以其獨特的蘋果研發操作系統（IOS）和產品綜合優勢領跑全球的智能手機浪潮之外，其他的各大品牌，如三星、宏達（HTC）、摩托羅拉、中興和華為等通信巨頭，在智能手機系統上無不以安卓為標配。這在相同的操作系統情況下，不可避免地給使用者帶來了同質化的選擇困惑。而同質化的一個明顯作用，就是讓生產廠商不約而同地開始一場殘酷的價格戰，同時也是一場產品淘汰賽。

回到國產手機市場，作為產業上游的芯片供應商如高通、聯發科、展訊等，不斷推出更高速的智能芯片，以應對全球市場的需求。這個速度，讓國內的各大方案

市場營銷學

公司和集成廠商們應接不暇，為了生存，只能跟緊國際巨頭的腳步，加快產品的更迭和淘汰。最「杯具」的現狀就是，智能手機的配置和性能越來越高，但是價格方面，卻一而再、再而三的下調。較之多年來習慣了價格戰的第二代移動通信技術（2G）手機行情，更是有過之而無不及。

2012年年初的時候，國內市場上，價格在1,000元以下的智能手機不過十余款。中興V880、聯想A60上鏡率頗高，其他千元內智能手機主要來自於TCL和華為。就在短短的幾個月之後，一批來自深圳和上海的智能手機品牌迅速崛起，以三位數的終端零售價格，很快贏得了市場的關注。例如深圳的「THL」，上海的「青橙」等新面孔。而最近有消息稱，深圳很快又有一批從第二代移動通信技術向第三代移動通信技術（3G）轉型的通信企業，即將推出零售價800元以內的第三代移動通信技術智能手機。而且配置三要素上，基本達到了「4.0英吋屏幕，1吉赫的主頻，500萬像素的攝像頭」。這一批新品牌來勢洶洶，擺好了價格戰的陣勢，以應對即將到來的暑期學生市場。

這新一輪的價格廝殺，無疑將使學生市場徹底地演化為智能手機的普及之夏。1,000元以下的國產智能手機亦將成為國內手機市場競爭最白熱化的一個區間。面對這種加速度的競爭和價格跳水，業內人士喜憂參半。2012年國內手機市場，因為智能手機的普及和第三代移動通信技術時代的到來，呈現出劇烈的行業動盪和通信業態的大規模變革。

產業上游的通信企業群體，正在發生明顯的次序調整。傳統的以自營工廠、廉價成本為優勢的第二代移動通信技術通信企業，由於同質化、同價化嚴重，正在失去其價格優勢。而對於迅速到來的第三代移動通信技術智能浪潮，企業明顯準備不足，應接不暇。而與此同時，一些位於產業上游的方案設計公司以及與之相關的高科技企業，由於對信息的敏感和對產業升級換代的前瞻性關注，使得他們搶在了大多數企業之前，就開始了產品的研發和結構性佈局。尤其是對於移動互聯網產業的樂觀性展望，帶動了很多互聯網企業開始參與到智能手機的開發和運作中。以小米手機的成功為榜樣，短短半年的時間，阿里巴巴、騰訊、網易、百度等大牌互聯網企業，都開始聯手傳統手機企業，推出了嶄新概念的智能手機。與那些傳統的第二代移動通信技術通信產業集成商不同，這些新品牌要資金有資金，要知名度有知名度。無論是綜合實力還是品牌附加值，都不是問題。

互聯網企業的參與、方案設計公司的介入，都是衝著「智能手機和移動互聯網」這個新而且看起來很大的蛋糕而來的。國內的手機市場，發展和變動速度之快，超乎我們的想像。一個新的時代的到來，必然地從產業的最上游展開了新的格局之爭。

現在的市場中，產品一旦滯銷，大多數企業就認為是產品已經缺乏競爭力，急忙加大廣告投入、提高促銷力度、升級或淘汰產品等，其中最常用的方法就是降價。降價的確可以促進銷售，但同時也使企業失掉了利潤，並且有可能對品牌的形象造

第九章　定價策略

成損傷。而且，在今天這個同質化競爭十分激烈的市場中，你降價，競爭對手也跟著降價，甚至降幅更大時，價格這個有人稱作「市場終極武器」的手段將失去作用，接下來你還拿什麼武器出來？那麼，有什麼方法可以在不用降價的情況下達到促進銷售的目的呢？

　　價格是企業市場營銷組合的一個重要變數，也是最複雜、最敏感的一個市場因素。價格是影響需求和購買行為的主要決定因素。任何一個企業要想在市場經濟中求得生存和發展，都必須給商品制定適當的價格。因此，價格策略是企業市場營銷中一個十分重要的問題，它關係到企業經營的成敗。

● 第一節　影響定價的主要因素

一、市場需求狀況

　　市場需求對企業定價有著重要影響。當商品的市場需求大於供給，即供不應求時，企業可以通過提高價格來抑制需求；當商品的市場需求小於供給，即供過於求時，企業可以通過降低價格來刺激需求。可見價格會影響市場需求。一般情況下，價格的變動會引起市場需求的反方向的變動。也就是說，當價格提高，市場需求就會減少；相反，當價格降低，市場需求就會增加。因此，需求曲線一般是向下傾斜的。這是供求規律發生作用的表現。但是，菲利普‧科特勒指出，顯示消費者身分地位的商品的需求曲線卻是向上傾斜的。例如，香水在提價後，香水的銷售量卻有可能增加。當然，香水的提價必須在一定的範圍內，否則，超過一定的範圍就會導致香水的需求和銷售量減少。產品的需求彈性是指因價格和收入等因素而引起的需求的相應變動率，一般分為需求的收入彈性、價格彈性和交叉彈性，對於理解市場價格的形成和制定價格具有重要意義。

　　（一）需求收入彈性

　　需求收入彈性指因收入變動而引起需求相應變動的變動率。需求收入彈性大的產品，一般包括耐用消費品、高檔食品、娛樂支出等，這類產品在消費者貨幣收入增加時會導致對它們需求量的大幅度增加。需求收入彈性小的產品，一般包括生活的必需品，這類產品在消費者貨幣收入增加時導致對它們需求量的增加幅度比較小。需求收入彈性為負值的產品，意味著消費者貨幣收入的增加將導致該產品需求量的下降，比如，一些低檔食品、低檔服裝等。

　　（二）需求價格彈性

　　需求價格彈性指因價格變動而引起需求相應變動的變動率。需求價格彈性反應需求變動對價格變動的敏感程度，用彈性系數 E 表示，該系數是需求量變化的百分比與價格變化的百分比的比值。不同產品具有不同的需求彈性，定價時應該考慮需

199

求彈性的作用，從其彈性強弱的角度決定企業的價格決策。

用 E 表示產品的需求彈性系數，那麼：E=1，反應需求量與價格等比例變化。對於這類商品，價格的上升（下降）會引起需求量等比例的減少（增加），也就是說價格的變動與需求量的變動是相適應的。因此，價格變動對銷售收入影響不大。定價時，企業可選擇實現預期盈利率的價格或選擇通行的市場價格，同時把其他市場營銷策略作為提高盈利率的手段。E>1，反應需求量的相應變化大於價格自身變動。對於這類商品，價格上升（下降）會引起需求量的較大幅度的減少（增加），稱為需求價格彈性大或富於彈性的需求。定價時，企業應通過降低價格，薄利多銷達到增加盈利的目的。反之，提價時務求謹慎以防需求量發生銳減，影響企業收入。E<1，反應需求量的相應變化小於價格自身變動。對於這類商品，價格的上升（下降）僅會引起需求量較小程度的減少（增加），稱之為需求價格彈性小或缺乏彈性的需求。定價時，較高水平價格的往往會增加盈利，低價對需求量刺激效果不大，薄利不能多銷，反而會降低收入水平。

（三）需求交叉彈性

需求交叉彈性指具有互補或替代關係的某種產品價格的變動，引起與其相關的產品需求相應發生變動的程度。商品之間存在著相關性，一種產品價格的變動往往會影響其他產品銷售量的變化。這種相關性主要有兩種：一是商品之間互為補充，組合在一起共同滿足消費者某種需要的互補關係；二是產品之間由於使用價值相同或相似而可以相互替代或部分替代的替代關係。一般而言，在消費者實際收入不變的情況下，具有替代關係的產品之間，某個商品價格的變化將使其關聯產品的需求量出現相應的變動（一般是同方向的變動）；具有互補關係的產品之間，當某產品價格發生變動，其關聯產品的需求量會同該產品的需求量發生相一致的變化。

總之，正是由於價格會影響市場需求，因此，企業制定價格的高低，會直接影響到企業產品的銷售，從而影響企業市場營銷目標的實現。所以企業的市場營銷人員在制定價格時，必須要瞭解市場需求對價格變動的反應情況，即需求的價格彈性情況。需求可能缺乏彈性的條件有：

（1）市場上沒有替代品或沒有競爭者。
（2）購買者對較高價格不在意。
（3）購買者改變習慣較慢，也不積極尋找較便宜的東西。
（4）購買者認為產品質量有所提高，或認為存在通貨膨脹等價格較高是應該的。

如果某種產品不具備上述條件，那麼這種產品的需求就富有彈性。在這種情況下，企業在定價時可以通過適當的降價，以刺激需求，促進銷售，從而增加銷售收入。

二、企業定價的「自由程度」

產品的最低價格取決於它的成本費用，最高價格取決於它的市場需求。在它的

第九章 定價策略

最高價格和最低價格幅度內，多是由市場競爭來決定企業在這個產品上的定價自由度，即能把這種產品價格定多高。根據市場競爭的不同程度，大致可以分為完全競爭、壟斷競爭、寡頭壟斷和完全壟斷四種市場形式。

（一）完全競爭市場

完全競爭市場又叫自由競爭市場，是指在市場上買賣雙方對於商品的價格均不能產生任何影響力的市場。在這種市場上，價格完全由供求關係決定，買賣雙方都只是價格的被動接受者。在這種情況下，企業幾乎沒有定價的主動權，一般只能採取隨行就市的價格策略；企業要獲得更多利潤只能通過提高生產效率，降低成本的辦法來實現。在實際的生活中，完全競爭一般是不存在的，因為任何一個產品都存在一些差別，加上國家政策的干預以及企業間的不同的營銷策略，使完全競爭幾乎不可能出現。

（二）壟斷競爭市場

壟斷競爭是市場經濟體制下最普遍的一種市場競爭狀況。它是指既有壟斷又有競爭的市場狀況。壟斷競爭市場是介於完全競爭市場和完全壟斷市場之間的市場，屬於一種不完全競爭的市場狀況。這種市場主要的特點是：

（1）同類商品在市場上有較多的買者和賣者，市場競爭激烈。

（2）新企業進入該行業比較容易。

（3）不同企業生產的同類商品存在差異性，因而取得一定的壟斷優勢。

一般來說，在壟斷競爭的條件下，少數的買者或賣者擁有較優越的交易條件，可以對市場價格的成交價和數量起較大的作用。通常情況下，在這種市場上，多數企業都能積極主動地影響市場價格，而不是完全被動地適應市場價格。另外，企業在制定價格時，應該認真分析競爭者的有關情況，採取相應的價格策略。

（三）寡頭壟斷市場

這是介於壟斷競爭和完全壟斷之間的一種市場形式。寡頭壟斷是指某種商品的絕大部分由少數幾家大企業生產或銷售，每個大企業在該行業中都佔有較大的份額，以致其中任何一家廠商的產量或價格變動都會影響到該種商品的價格和其他廠商的銷售量。在這種市場形式下，商品的市場價格不是通過市場供求關係決定的，而是由幾家大企業通過協議或默契規定的。這種價格一旦形成，一般不會輕易變動，因為如果其中一家廠商私自降價，會立刻遭到競爭對手更猛烈的降價報復，從而導致兩敗俱傷的結局；當然如果其中一家企業單獨提價，競爭對手一般不會予以理睬，反而乘機奪取市場。

（四）完全壟斷市場

完全壟斷市場又叫獨占市場，它是指一種商品市場完全被某個或某幾個廠商所壟斷和控制。在現實生活中，完全壟斷市場是很少見的，只見於某些國家特許的完全壟斷企業，如公用事業企業（郵政、水、電等企業）絕大部分都是完全壟斷企業。另外對於某種產品擁有專利權或擁有獨家原料開採權的企業，也屬於完全壟斷

企業。在某些特殊的地區，由於運輸成本或其他因素的影響，使得當地的出售者可以在一定時期內在一定的價格範圍內實行壟斷。從理論上講，在這種市場上壟斷企業有完全自由的定價權利，可以通過壟斷價格，獲得高額利潤，但實際上，壟斷企業的產品價格也受到種種限制。因為定價過高，一方面會受到來自政府的干預，另一方面會引起消費者的反對、抵觸，從而使消費者減少消費或者採用替代品等。

三、企業狀況

（一）成本費用

產品成本是由產品的生產過程和流通過程所花費的物質消耗和支付的勞動報酬所形成的。在實際營銷活動中，產品定價的基礎因素就是產品的成本，因為產品價值凝結了產品內在的社會必要勞動量。但這種勞動量是一種理論上的推斷，企業在實際工作中無法計算。作為產品價值的主要組成部分——產品成本，企業則是對此可以相當精確地計算出來。

任何企業都不能隨心所欲地制定價格，企業定價必須首先使總成本得到補償，要求價格不能低於平均成本費用。所謂產品平均成本費用包含平均固定成本費用和平均變動成本費用兩個部分，固定成本費用並不隨產量的變化而按比例發生，企業取得盈利的初始點只能在價格補償平均變動成本費用之後的累積餘額等於全部固定成本費用之時。顯然，產品成本是企業核算盈虧的臨界點，產品售價大於產品成本時企業就有可能形成盈利，反之則虧本。一般而言，企業定價中使用比較多的成本類別有以下幾種：

（1）總成本（TC），指企業生產一定數量的某種產品所發生的成本總額，是固定成本（TFC）和總可變成本（TVC）之總和。

（2）總固定成本，也稱為間接成本總額，指一定時期內產品固定投入的總和，如廠房費用、機器折舊費、一般管理費用、生產者工資等。在一定的生產規模內，產品固定投入的總量是不變的，只要建立了生產單位，不管企業是否生產、生產多少，固定成本都是必須支付的。

（3）總變動成本，也稱為直接成本總額，指一定時期內產品可變投入成本的總和，如原材料、輔助材料、燃料和動力、計件工資支出等。總變動成本一般隨產量增減而按比例增減，產量越大，總變動成本也越大。

（4）單位成本（AC），指單個產品的生產費用總和，是總成本除以產量（Q）所得之商。同樣，單位成本也可分為單位變動成本（AVC）和單位固定成本（AFC）。單位變動成本是發生在一個產品上的直接成本，與產量變化的關係不大，而單位固定成本作為間接分攤的成本，在一定時期內，其與產量是成反比的。產量越大，單位產品中所包括的固定成本就越小；反之則越大。

（5）邊際成本（MC），指增加一個單位產量所支付的追加成本，是增加單位產

品的總成本增量。邊際成本常和邊際收入（MR）配合使用，邊際收入指企業多售出單位產品得到的追加收入，是銷售總收入的增量。邊際收入減去邊際成本後的余額稱為邊際貢獻（MD），邊際貢獻為正值時，表示增收大於增支，增產對於企業增加利潤或減少虧損是有貢獻的，反之則不是。

（二）銷售數量

就單個產品來講，如果成本費用不變則價格愈高，盈利愈大。但是，單位產品包含的盈利水平高並不意味著企業總盈利水平必然就高。這是因為：

企業盈利＝全部銷售收入－全部成本費用
　　　　＝商品銷售數量×(單位產品價格－單位產品成本費用或平均成本費用)

即企業盈利是單位產品實現盈利與銷售數量的乘積。這兩個因素之間相互影響。如果價格過高會導致需求量和銷售量的減少，進而減少企業的盈利收入。因此，假設其他條件一定，企業盈利狀況最終取決於價格與銷售數量之間的不同組合。

企業還可以利用邊際收入與邊際成本的關係，尋求價格和銷售數量之間的最佳組合狀態，來獲取最大盈利。

（三）資金週轉

企業年利潤水平受到資金週轉速度的影響，一般來說，企業維護高價會帶來高利，但卻因此延緩了資金的週轉速度；而降價促銷是加快資金週轉的有效手段，但是企業會因此損失部分利潤。在這種情況下，企業通常會選擇較低的機會成本來確定商品的價格。

機會成本又稱為擇一成本或替代性成本。對企業來說，利用一定的時間或資源生產一種商品時，而失去的利用這些資源生產其他最佳替代品的機會就是機會成本。機會成本低意味著放棄的收入低於獲取的收入。在企業面臨是高價取厚利還是低價促週轉的兩種選擇時，比較機會成本定價會給企業帶來更多盈利。比如，假設降價出售可能造成一定損失，但由此帶來資金週轉速度加快，以至於下一生產經營週期可望增加的盈利大於這個損失，則表明降價的機會成本低於維持原價的機會成本。顯然，企業此時應制定較低水平的價格。以此類推，凡出現與定價有關的多因素權衡抉擇，也可以通過比較機會成本的方法確定恰當的價格水平。

● 第二節　定價的程序與方法

一、市場營銷定價的主要步驟

企業在市場營銷定價時，一般可以採取六大步驟，如圖9-1所示。

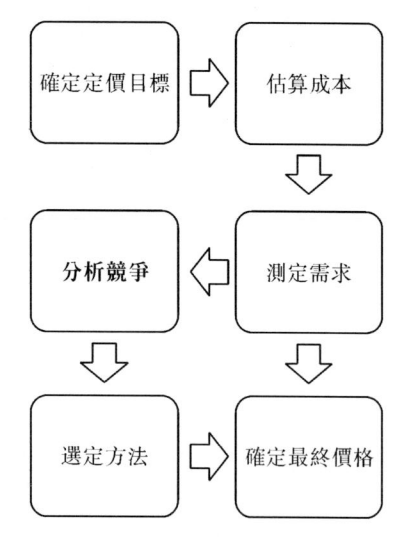

```
確定定價目標 ⇒ 估算成本
                    ⇓
分析競爭 ⇐ 測定需求
   ⇓           ⇓
選定方法 ⇒ 確定最終價格
```

圖 9-1　市場營銷定價的流程圖

(一) 確定定價目標

價格作為企業市場營銷的重要措施，是同其他各項營銷組合因素密切配合來實現企業營銷目標的。為了使定價能適應企業營銷目標的要求，並與其他營銷組合因素配套，企業在制定價格時，首先要確定定價目標，以明確定價思路的基本走向。例如，十五家大公司的定價目標如表 9-1 所示，一般企業定價目標如表 9-2 所示。

表 9-1　　　　　　　　　　資料：十五家大公司的定價目標

公司名稱	定價主要目標	定價相關目標
阿爾卡公司	投資報酬率（稅前）為 20%；新產品稍高（稅后投資率約為 10%）	對新產品另行制定促銷策略；求價格穩定
美國製罐公司	保持市場佔有率	應付競爭（以替代產品成本決定價格）；保持價格穩定
兩洋公司	增加市場佔有率	全面促銷（低利潤率政策）
杜邦公司	目標投資報酬率	保證長期的交易；根據產品壽命週期對新產品定價
埃克森公司	合理投資報酬率目標	保持市場佔有率；求價格穩定
通用電氣公司	投資報酬率（稅后）20%；銷售利潤率（稅后）7%	新產品促銷策略；保持全國廣告宣傳產品的價格穩定
通用食品公司	毛利率 33.3%（1/3 製造，1/3 銷售，1/3 利潤）；只希望新產品完全實現目標	保持市場佔有率
通用汽車公司	投資報酬率（稅后）20%	保持市場佔有率

第九章 定價策略

表9-1(續)

公司名稱	定價主要目標	定價相關目標
固特異公司	應付競爭	保持地位；保持價格穩定
國際收割機公司	投資報酬率（稅后）10%	保持稍低於統治地位的市場佔有率
海灣公司	根據各地最主要的同業市場價格	保持市場佔有率；求價格穩定
瓊斯—曼維爾公司	投資報酬率高於過去十五年的平均（約為稅后15%）；新產品稍高	市場佔有率不大於20%；保持價格穩定
堪尼科特公司	穩定價格	目標投資報酬率（稅前）20%
科如捷公司	保持市場佔有率	增加市場佔有率
美國鋼鐵公司	根據市場價格	

表9-2　　　　　　　　一般企業定價目標

1. 最大長期利潤	11. 避免供應者的更高需求
2. 最大短期利潤	12. 提高公司信譽
3. 增長率	13. 關心消費者的讚譽
4. 穩定市場	14. 建立對項目的獎勵與刺激
5. 淡化消費者對價格的敏感	15. 考慮競爭對手的可靠的價格
6. 保持價格的領導地位	16. 對消費困難的項目提供幫助
7. 阻止新加入者	17. 通過削價限制別人發展
8. 邊際公司的退出	18. 產品為人所瞭解
9. 避免政府調查和控制	19. 為保持高價格而「奪取」市場
10. 維護中間商和銷售人員的支持	20. 確立貿易關係

（二）估算成本

任何企業在市場營銷定價時都會面臨著一個成本估算的問題。企業可進行保本分析，從而確定一個企業可參照的最低價格——保本價格。

（三）測定需求

測定需求主要是分析目標市場對產品的需求數量和需求強度，預測顧客對產品定價的接受程度。如果目標市場對產品的需求數量和需求強度大，對價格的接受程度高，則對企業產品的定價較為有利。同時，市場需求又是一個可變的量，它反過來又會受到價格水平的影響。因此，在定價中，企業應根據需求彈性理論來測定產品的不同價格水平對市場需求數量和需求強度的影響，以便確定市場需求最大時消費者所能接受的價格上限——最高價格。

（四）分析競爭

分析競爭的目的是為企業產品確定一個最有競爭力的價格。對市場競爭的分析

主要包括市場競爭的格局分析、主要競爭對手實力的分析、競爭對手應變態度和策略分析。一般情況下，市場競爭格局對企業有利和競爭對手實力較弱時，企業能較自主地制定自己產品的價格；如果競爭格局較為均衡或競爭對手實力與本企業相當時，企業在制定價格時應特別慎重，避免價格的對峙而形成「價格戰」；如果市場競爭格局對企業不利或競爭對手實力強大時，則只能根據競爭對手的價格水平來制定本企業產品的價格。另外，企業在制定和調整價格時，還應分析競爭對手的應變態度和策略。如企業價格調整后，對手可能針鋒相對地調整價格，進行價格競爭，也可能不調整價格，而在營銷組合的其他因素上下功夫，與企業進行非價格競爭。

（五）選定方法

企業定價方法選擇的根本原則是為實現企業定價目標，進而實現企業的經營目標而確定出一種最為可行的定價方法。一般來說，企業在定價時，要綜合考慮成本、需求和競爭三個基本因素。而在實際定價中，由於當時所處條件和環境的差異，企業通常會側重於其中一個因素，從而形成了三種類型的定價方法：成本導向定價法、需求導向定價法和競爭導向定價法。

（六）確定最終價格

企業運用一定的定價方法確定出了初步價格后，還不能交付使用。因為依據每種方法制定出來的價格都有一定的片面性，因而需要在全面分析的基礎上進行調整，以確定最終價格。在調整時，應從以下三個方面進行：一是將初步價格按照國家有關的方針、政策、法規的要求進行調整，以使價格不與國家現行有關規定、法律相衝突；二是將初步價格按照企業市場營銷組合的需要進行調整，以使產品價格與營銷組合的其他因素相配套；三是將初步價格依據目標市場消費心理需求進行調整，以使產品價格能為消費者所接受。

二、定價的一般方法

實際工作中，企業的定價方法很多，一般說，定價方法的具體運用不受定價目標的直接制約。不同企業、不同市場競爭能力的企業以及不同營銷環境中的企業所採用的定價方法是不同的，就是在同一類定價方法中，不同企業選擇的價格計算方法也會有所不同。企業在為其產品和服務時通常採用的方法有成本導向定價法、需求導向定價法、競爭導向定價法和以價值為中心定價法。

（一）成本導向定價法

成本導向定價法指通常在產品的成本之上再多計入一定金額或者百分比，這是希望確保價格能回收成本及獲得所期望的利潤的一種定價方法。成本導向定價法簡單直觀，但是忽略了需求與供給的變化以及市場競爭的狀況，沒有考慮定價方法與定價目標之間的關係。成本導向定價法主要有成本加成定價法、變動成本定價法、目標利潤定價法等。

第九章　定價策略

1. 成本加成定價法

成本加成定價法是指在銷售方的確認成本中按一定比例或數量加上一個標準數額的加成來確定產品的銷售價格。加成比例可以基於單位成本，也可以基於銷售價格。通過加成比率（R）、售價（P）和平均成本（AC）可分別得出其計算公式：

如果基於成本計算成本加成價格，則有：

$$P1 = AC \times (1+R)$$

如果基於售價計算成本加成價格，則有：

$$P2 = AC \div (1-R)$$

假定製造某種空調產品的單位成本為1,000美元，如果銷售商希望有成本20%的利潤，則該商品的售價為1,000×（1+20%）=1,200美元；如果銷售商希望有售價20%的利潤，則該商品的售價為1,000÷（1-20%）=1,250美元。

成本導向定價法的一個有利之處在於對於買方和賣方來講都比較公平，當買方需求強烈時，賣方不利用這一有利條件謀取額外利益而仍能獲得公平的投資報酬。但是成本加成定價法是「將一個固定的、慣例化的加成加在成本上」，不是對任何產品都行得通的，因為任何忽視產品價格彈性、市場需求、顧客認知價值和競爭態勢的定價方法，都不具有普遍適用性。

2. 變動成本定價法

變動成本定價法的重點指在考慮變動成本回收以後，盡量補償固定成本。其基本思想就是在一特定的期間內，只考慮變動成本而不考慮固定成本或總成本來制定價格。從其基本思想我們可以看出變動成本可以視為產品銷售的最低價格，因此，產品的銷售價格在單位變動成本之上還應該加上一定的單位產品貢獻，這樣才能使固定成本得到補償。

變動成本定價法通常適用於固定成本不大或者商品的市場生命週期較長而且又能占領市場的條件下，如果當市場競爭非常激烈或銷量低迷之時，企業迫於無奈也會選擇此舉。比如某空調生產商在銷售淡季固定成本是30,000美元，單位變動成本是100美元，預計某月的銷量為1,000臺，由於是銷售淡季，假定只有當定價在120美元時才能完成1,000臺的銷售收入，從該案例可以分析出該空調生產商的如表9-3中的信息。

表 9-3　　　　　　　　　　空調生產商信息分析

固定成本	30,000美元
變動成本	100×1,000=100,000美元
利潤額	1,000×120-100×1,000-30,000=-10,000美元
單位產品貢獻	120-100=20美元
補償固定成本	20×1,000=20,000美元

從分析可以得出，企業處於虧損狀態，但是固定成本如店鋪租金等作為已經支付了的成本，如果企業停止生產，30,000元的固定成本將全部得不到補償，而企業如果繼續生產，通過上面的分析可以看出，變動成本不僅得到了全部補償，也補償了20,000美元的固定成本。因此，企業可以繼續經營下去。但是當價格低於變動成本定價時，企業的固定成本和變動成本都將得不到全部補償，企業此時只有停止生產。

3. 目標利潤定價法

目標利潤定價法是指企業根據估計預計的銷量和銷售收入來制定產品價格，進而實現企業追求的投資收益率。投資收益率（ROI）指的是銷售利潤與投資額（I）的比率。設P為產品價格，Q為預期銷量，AVC為單位變動成本，TFC為固定總成本，ROI·I為目標利潤，則根據目標利潤定價法所確定的價格為：

$$P = AVC + (TFC + ROI \cdot I) \div Q$$

例：某公司生產一批成套陶瓷，固定總成本為30,000美元，平均變動成本為100美元，預計銷量為500套，目標利潤為50,000美元，則該公司根據該定價策略所制定的價格為：

$$100 + (30,000 + 50,000) \div 500 = 260（美元）$$

目標定價法也可以從收益平衡圖中得出，該圖描述了在不同銷售水平上預期的總成本和總收入。圖9-2為一張假定的損益平衡圖，從該圖可以看出，不論產量如何變化，該企業的固定成本為60萬美元，因此，通過目標利潤定價應計算出：

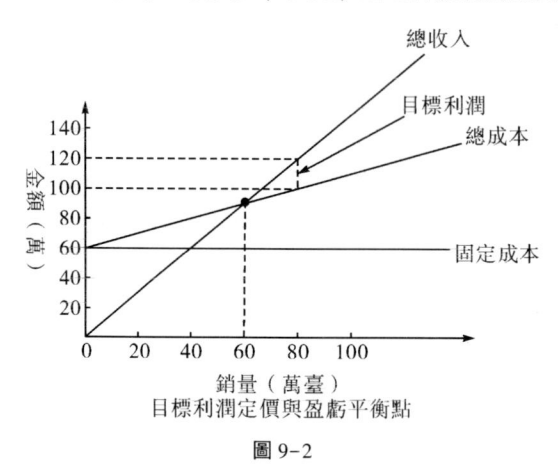

圖9-2 目標利潤定價與盈虧平衡點

（1）企業的產能水平。假定該企業產能為80萬臺，則從圖9-2可以看出生產這一產量的總成本為100萬美元。

（2）企業的目標利潤。假定該企業預計利潤為成本的20%，即利潤目標為20萬美元，這時企業的總收入必須是120萬美元，總收入曲線即為(0,0)與(80,120)的連線，總收入的斜率即為根據目標利潤法應當制定的價格。此例中企業定價為每

第九章　定價策略

臺 15 美元，當售出 80 萬臺時，企業就可以獲得 20 萬美元的目標利潤。

成本導向法的優點在於很好地考慮到了成本，但該方法存在一個嚴重的缺陷，即企業以估計的銷售量來確定目標價格，卻忽略了需求與競爭是影響銷量的重要因素。因此，企業往往得不到預計的目標利潤就在於對預計銷量的失算。

(二) 需求導向定價法

需求導向定價法是基於不同顧客、不同時間、不同地點的需求差異和市場普遍習慣以顧客需求和消費者感受為主要依據的定價方法。需求導向定價法包括感知價值定價法、反向定價法和需求差異定價法。

1. 認知價值定價法

認知價值定價法指企業根據消費者對產品的感受價值和理解程度來制定的一種方法。該定價方法的關鍵，是買主對價值的認識，其思想能與現代產品定位思想符合起來。有關研究表明，顧客對價值的感知是購買決策中最關鍵的因素。在產品選購時，消費者將會把感受價值作為一種權衡標準，它涉及產品或服務的感知利益和感知品質，以及為獲得這些利益和品質而付出的成本。感知價值可表示為：

$$感知價值 = 感知利益或品質 \div 感知付出成本$$

從上式可以看出，在成本一定的條件下，消費者感受到的感知價值會隨著感知利益或品質的增加而增加。同時應當注意的是，感知價值對於消費者並不是僅僅意味著低價格，而是應是價格與消費者的感知價值聯繫起來。比如人們對名貴手錶 Rolex 的感知價值非常高，使得其價格越高的產品銷量就越大。

【案例】春秋航空公司的廉價之路

春秋航空有限公司是一家民營航空公司，2005 年 7 月正式開航后推出 99 元、199 元和 299 元等一系列讓人大跌眼鏡的特價機票。除特價機票外，春秋航空公司平時的機票折扣也相當高，平均為 3.8 折，而同時期其他航空公司的相同航線平均票價為 6 折。2006 年 11 月，春秋航空公司又推出上海—濟南航線的「1 元機票」，更是令其成為大眾關注的焦點。

春秋航空公司如此低的票價是不是不正當競爭？是「賠本賺吆喝」嗎？對此，春秋航空公司董事長王正華解釋說，出於競爭的需要，春秋航空公司將自己定位為「廉價航空公司」，以吸引收入不太高的人群乘坐飛機；另外，從經濟學的角度看，與其讓飛機座位空著不如以較低的價格賣出去，不過每一班次的特價機票將控制在一定的比例內；更重要的是，公司的低票價是建立在節支增效、內部治理基礎之上的，比如公司不使用仲介環節售票而是通過公司網站在線售票；公司向機場申請專用旅客候機區域，飛機不靠廊橋、不用擺渡車、不用離港系統以降低機場起降費用；飛機上不供應免費餐飲等。這樣，春秋航空大約比其他航空公司成本節約超過 50%。2007 年的數據表明，春秋航空公司兩年累計實現利潤 6,700 萬元，在國內遙遙領先。

然而，2007年12月，濟南市物價局稱春秋航空公司以低於政府指導價銷售濟南至上海的機票行為屬於價格違法行為，擬對濟南春秋假日旅行社做出罰款15萬元的行政處罰。目前，春秋航空公司雖已退出上海—濟南航線，但其他很多城市則表示歡迎其前往開闢低價航線。春秋航空公司接受媒體採訪時說會將「廉價之路」走到底，如果政策允許，還將出售「1元」機票。

春秋航空公司出於競爭的需要，將自己定位於「廉價航空公司」，和對手形成差異化，而且其低廉的價格建立在嚴格的成本控制基礎之上，值得肯定。但是春秋航空公司在山東受罰也帶給企業更多思索，企業必須全面瞭解定價的影響因素，選擇恰當的定價方法。

2. 反向定價法

反向定價法也稱逆向定價法，指的是企業定價時不以成本為起點，而是根據消費者能夠接受的最終價格，計算出自己從事經營活動的成本和利潤後，從各個營銷渠道進行倒退，計算出產品的價格。分銷渠道中的批發商和零售商經常採用這種定價方法。相應的計算公式為：

銷售價格＝市場可接受的零售價格×（1−批零差率）×（1−進銷差率）

例如，某電視機市場可接受的價格為800美元，如果零售商預計要得到20%的目標利潤，批發商要求得到15%的目標利潤，則該電視機的銷售價格為：

零售商可接受價格＝消費者可接受價格×（1−20%）＝800×80%＝640美元

批發商可接受價格＝零售商可接受價格×（1−15%）＝640×85%＝544美元

3. 需求差異定價法

需求差異化定價指的是根據市場需求的時間差、數量差、地區差、消費水平以及心理差異等不同細分市場對同一產品採取不同的定價策略。由此，企業在產品市場需求旺盛時定高價，反之則定低價。需求差異化定價並不主要考慮成本，而是把顧客需求的差異化作為定價最根本的依據，比如相同區間的機票由於季節差異會制定不同的價格。此方法將在下節中差別定價策略進行具體闡述。

(三) 競爭導向定價法

在使用競爭導向定價（Competition-basedpricing）時，企業首先考慮的是競爭者價格的變化，而不考慮自己的成本或需求，當所競爭的產品間差異很小且企業所處的競爭市場優勢以價格為訂購決策時，競爭導向法應當是企業首先考慮的定價策略。競爭導向定價法主要包括：

1. 隨行就市定價法

隨行就市定價法（Goingratepricing）也稱為通行價格定價法，指的是企業根據市場上本行業的主要競爭者的價格來定價。由於這種方法可以避免在同行業內挑起價格戰，因此通常中小企業會採用這種方法。但一些大企業也會根據其自身目標市場、品牌形象、營銷組合中的其他因素，制定一些稍微高於或低於同行業競爭者的

第九章 定價策略

價格。

隨行就市定價法的優點在於其簡單易行，不依賴需求曲線、價格彈性和產品的成本；也不會對整個行業價格系統造成較大破壞，不會擾亂行業內現有的均衡。隨行就市法被認為是反應了行業的集體智慧，既能保證適當的收益，又有利於協調同行業的發展。但這種方法易造成企業的故步自封和一成不變。

2. 密封投標定價法

密封投標定價法（Sealedbidpricing）指的是買方引導賣方通過競爭取得最低商品價格的定價方法。該方法通常用於建築工程、大型設備製造、政府大宗採購等。投標方往往會預先估算競爭者的成本和利潤，然後在此基礎上報出一個更低的價格給招標方。但報價不得定得低於邊際成本，否則難以保證合理的收益，這樣一來，企業的經營狀況將會惡化。因此，投標方必須仔細權衡競爭者估計的定價和自己能獲得利潤的大小，中標的機率才會更大。

密封投標定價法要求企業在出價時考慮其不同出價下的得標機率和期望的利潤，選擇最高期望利潤的價格。設某企業的出標價格與得標機率如表 9-4 所示，該企業根據通過綜合考慮不同的利潤值和得標機率應該選擇出價 3,000 元來獲得 900 元的期望利潤。

表 9-4　　　　　　各種出標價格條件下所得期望利潤　　　　　　單位：元

出標價格	成本	利潤值	得標機率	期望利潤
2,000	1,500	500	80%	400
2,500	1,500	1,000	70%	700
3,000	1,500	1,500	60%	900
3,500	1,500	2,000	40%	800
4,000	1,500	3,500	30%	700

3. 拍賣定價法

拍賣定價法（Auction-typepricing）指的是賣方預先展示出要出售的商品，選擇一定的時間和地點，按照一定的行業規則由買家或賣家公開價格的定價方法。每個競價者都根據最后報出的價格做出是否繼續跟進報價的決定。常見的拍賣方式主要有以下兩種：

英國式拍賣，即最常見的一賣多買的拍賣方式。賣方向買方展示商品后給出一個較低的價格后，買方依據該價格不斷加價競標，直到在規定時間內沒有出價更高者，賣主將以該價格與買方成家。該方法通常運用在股東、藝術品、房地產的交易上。

荷蘭式拍賣。該拍賣方式的一種形式（一賣多買）是拍賣人以最高價開始然后逐漸降低價格，直到有買方出價為止。另一種形式（一買多賣）是買方提出所要購

買的商品，多個買方不斷壓低價格以尋求最后中標。荷蘭式拍賣的競爭性在於只有一個競價中標，這個僅有的競價是對預期的一種直接反應，如果自己不出價，那麼別人就會出價從而失去物品。

（四）價值為中心定價法

1. 認知價值導向定價法

認知價值導向定價法，與成本導向定價法的定價程序相反，基於消費者對產品價值的感知，公司制定出一個價格目標，該目標價值和價格引導產品設計的思想，並決定成本的規模。

成本定價：產品→成本→價格→價值→顧客

價值定價：顧客→價值→價格→成本→產品

企業應當準確地確定市場對所提供的產品價值的認識，如果過高地估計感受價值，企業會定出偏高的價格，反之，則會定出偏低的價格。因此，如何準確把握市場感受價值成了企業的一大任務。最常見的計算感知價值的方法為價值診斷法。例如產品使用者在評價某種產品屬性時依據的是產品的耐用性、可靠性、服務質量和價格四種屬性，對於每一種屬性分配100分給不同企業的同一產品，如表9-5所示。

表9-5　　　　　　　　　　某產品認知價值分析

重要性權數	屬性	產品A	產品B	產品C
25	產品耐用性	40	40	20
30	產品可靠性	33	33	33
30	產品價格	50	25	25
15	服務質量	45	35	20
100	認知價值	41.65	32.65	24.9

從表9-5中可以得到，A產品的感知價值高於認知價值的平均水平，B產品的認知價值相當於認知價值的平均水平，而C產品提供的產品的感受價值低於平均水平。因此，在定價時，生產A產品的企業能其制定一個較高的價格，因為它被認知為相對於其他同類產品能提供更多的認知價值。而在實際操作中，由於在感受價值上占絕對優勢，生產A產品的企業的定價將會低於顧客所認可的感受價值，這樣該企業能得到更多的市場佔有率。

2. 價值定價法

價值定價法（Valuepricing）指的是企業用相當低的價格出售高質量的供應品，從而贏得忠誠的顧客。例如沃爾瑪採取低價戰略出售高質量的產品，贏得了大規模的顧客群。

價格定價的一個重要形式是天天低價（Everydaylowpricing，EDLP），即零售商

第九章 定價策略

天天採取較低的價格來吸引消費者，而高—低定價（High-lowpricing）指的是零售商在平時採用較高的售價，但經常臨時性採用比天天定價還要低的定價的定價策略。零售商通常採用天天低價形式，這種經久不變的較低的價格防止了每天價格的不確定性，而且能與採取促銷導向競爭者的「高—低」定價法形成鮮明對比。另外，零售商也會因為櫃臺銷售和促銷成本太高逐漸摒棄「高—低」定價。

● 第三節　定價基本策略

定價方法是依據需求、成本和競爭等因素決定產品的基礎價格的方法。所謂基礎價格指的就是產品在生產地點或者經銷地點的價格，未考慮產品運費、折扣等其他因素。但企業在市場營銷實踐中，需要考慮這些因素來確定各種產品的價格。

一、新產品定價策略

新產品定價策略是營銷戰略的重要組成部分。當企業推出一種新產品時，將面臨著第一次定價的挑戰，定高價還是定低價還要視企業產品的具體情況而定，新產品定價策略通常包括以下幾種策略：

（一）撇脂定價

撇脂定價（Market-skimming Pricing）又稱「撇奶油」定價策略，即在產品剛進入市場的階段，也就是在產品生命週期的引入期，採取以很高的價格投放市場，盡可能在短期內獲得較高的收益，就好像從牛奶中撇取奶油一樣，盡快獲取產品利益。撇脂定價的廠商往往會在產品生命週期的最初階段制定一個顧客可能願意支付的最高價格，從而在短期內獲取最大利潤。隨著產品生命週期的發展，廠商會逐漸降低該產品的價格來獲得更大的市場份額。經濟學家稱這種定價類型為「下滑需求曲線」。諾基亞（Nokia）公司就曾經是這一定價策略的老手，每當出產一款新手機之後，憑藉其優秀的產品質量和形象將價格定得很高，競爭者開始威脅生產同配置手機時，該公司就降低價格，再生產另一款獨特的產品進行第二輪撇脂。

這種定價策略的優點是：在新產品上市之初，競爭對手尚未進入，顧客對新產品尚無理性認識，企業利用顧客求新求異的心理，以較高價格刺激消費，以提高產品身價，創造高價、優質的品牌形象，開拓市場；產品由於價格較高，企業可在短期內獲得較大利潤，回收資金也較快，使企業有充足的資金開拓市場；在新產品開發之初，定價較高，當競爭對手大量進入市場時，便於企業主動降價，增強競爭能力，此舉符合顧客對價格由高到低的心理。

這種定價策略的缺點是：新產品剛投入市場，產品聲譽尚未建立，即以高價投入，不利於市場開拓，增加產量，不利於穩定和占領市場，容易導致新產品開發失

敗；價格高，銷售量可能達不到預期值，反而使利潤更少；高價帶來的高額利潤容易引來競爭對手的湧入，加速行業競爭，仿製品、替代品迅速出現，迫使價格下跌，此時若企業無其他有效策略相配合，則企業苦心營造的高價優質形象可能會受到損害，失去部分顧客；價格遠遠高於價值，在某種程度上損害了顧客利益，容易招致公眾的反對和顧客的抵制，甚至被當作暴利加以取締，誘發公共關係問題。

因此，這種策略主要適用於下列情況：

（1）產品的市場需求較大，且需求缺乏彈性，企業即使把價格定得很高，需求量也不會大量減少。

（2）高價會使需求量減少，因而產量減少，但因此帶來的單位成本增加不致抵銷高價所帶來的收益。

（3）市場上沒有替代產品，企業擁有專利或技術秘密，沒有競爭者。

（二）滲透定價

滲透定價（Penetrationpricing）與撇脂定價正好相反，指的是企業制定一個相對較低的價格來使產品迅速進入一個巨大市場，從而獲取巨大的市場份額，並通過規模經濟來降低生產成本。戴爾公司在進入個人電腦市場時則採用了市場滲透定價，通過低成本的直銷渠道銷售高質量的電腦。因為當時其他品牌諸如IBM、蘋果（Apple）、康柏（Compaq）是通過零售商店銷售計算機，成本不能降到更低，從而使得戴爾的銷量飛速上漲。

這種低價策略必須滿足一定的條件：首先，市場對價格的變化非常靈敏，因為需求具有彈性，市場才可以以一個較低的價格迅速擴張；其次，生產和分銷成本必須隨著銷量的增長而下降；最後，低價格要能夠阻止競爭，採用滲透定價策略的公司必須保持低價的優越位置，否則，低價只是曇花一現。

滲透定價的不利之處在於滲透意味著批量生產，然後以低價銷售大量產品，而當遇到產能過剩、存貨過多時，公司必然會損失巨額的製造成本，而撇脂定價在發現有限的需求不具備繼續實行高價時，公司只要降低價格就可以了。滲透定價的另一個問題易出現在知名品牌，當其用滲透定價時會在市場上產生產品泛濫、「低價值—低品牌形象」的後果，進而使得該品牌不僅失去良好的品牌形象，還給提價和提升品牌形象帶來了阻礙。

（三）適中定價

公司新產品在對新產品定價時還可以參考競爭實際狀況、替代品價格定價，選擇適中定價（Moderatepricing），即制定一個與競爭者價格相同或者十分接近的價格，從而使新產品進入市場並保持一定的市場佔有率。例如一公司派人去另一同行公司打聽行情，以此來保證定出一個適中的價格。

適中定價具有簡單化的優勢，但是其劣勢在於這個策略基本上忽略了需求和成本，生產相同產品的公司成本基本上是不可能一致的，需求量也不僅僅限於價格的對比。然而，如果公司相對較小，比肩競爭或許是最安全的方法。

第九章　定價策略

（四）滿意定價

滿意定價（Neutralpricing）指的是企業對新進入市場的產品制定不高不低的價格，取行業的中等價格水平，類似於適中定價。滿意價格策略的優點在於能避免高價策略帶來的風險，又能防止採取低價策略給生產經營者帶來的麻煩。但該策略實際運用效果卻不如撇脂定價和滲透定價，主要是由於隨著生產技術的不斷創新與提高，生產規模不斷擴大，在生產規模達到經濟規模效益之前，單位產品成本隨時間的推移不斷降低，價格也在不斷變化，因此，中價水平不易保持長期穩定，而新產品首次出現在市場上時沒有可以進行比較的價格。

二、商品階段定價策略

（一）引入期定價策略

對於企業剛上市的產品，由於許多消費者不熟知該產品，因此銷量較低，競爭力也弱。為了打開目標市場並擁有一定的市場佔有率，企業針對不同的產品可以採取撇脂定價或滲透定價來吸引消費者，誘導購買。

例如，某化妝品企業推出一種新產品時，企業往往會讓利使用來推銷新產品，以較低的價格來培養顧客群。企業也會採取直銷形式，減少中間環節，降低推銷成本，讓顧客也能以一個較低的價格接觸到自己的產品。

（二）成長期定價策略

成長期的產品表現為銷量迅速增長，利潤隨之增加，製造商的生產能力和經銷商的銷售能力不斷增強，這時市場上將會出現強有力的競爭者，企業為維持市場份額和爭取更多的市場份額可以選擇適當的減價。

例如，當宏基電腦處於成長期時，面對市場上各種各樣同等配置電腦的激烈競爭，宏基選擇的則是降低電腦價格來維持和擴大電腦的市場佔有率。

（三）成熟期定價策略

產品進入成熟期後，市場需求已經日趨飽和，銷售量都達到了最高水平並開始出現回落的趨勢，這時市場上出現較多的替代品和仿製品，銷售商的利潤也達到了極點，因此，在激烈的市場競爭中，一般適宜採取低價策略。

該定價策略可以見於現在市面上的安卓智能手機，多數品牌和各式樣式的手機均生產出了該平臺下的手機，其市場需求基本上達到了飽和狀態，面對各種新型智能操作系統手機的挑戰，這一平臺手機採取了低價策略以盡量維持所擁有的市場份額。

（四）衰退期定價策略

產品進入衰退期之後，產品的需求量和銷售量大幅度下降，甚至出現滯銷狀況，利潤也日益縮減，企業一般果斷採取降價措施，有的採取變動成本定價法，銷售價格低於成本，僅補償其固定成本即可。如果同行競爭對手出現了退市現象，而市場

上依然有較少的保守購買者，企業也可以選擇維持原價。

三、折扣定價策略

為回饋新老顧客以及盡早付清貨款、滿足批量購買、淡季採購和鼓勵一些顧客做平時不願意做的事情（比如付現金而不是刷信用卡、付款交貨而不是收貨若干天後付款、銷售季節過後再交貨等），公司銷售人員就會下調基礎價格，即通過各種折扣以及與折扣相關的折讓、返還、價值導向定價等方法來實現其促銷目的。公司進行基礎價格調整時必須仔細考慮成本，否則利潤將會遠遠低於預期。常見的折扣方法有如下幾種：

（一）數量折扣

數量折扣（Quantitydiscount）是指生產企業鼓勵顧客集中購買或大量購買所採用的一種策略。它按照購買數量或金額，分別給予不同的折扣比率，購買越多，折扣越大。例如顧客購買少於 100 單位，每單位 10 美元，購買 100 單位以上，每單位 9 美元，顧客得到的這個較低的價格即為數量折扣。又如，某地區品牌麥加樂蛋糕就採取了累計數量折扣的形式，顧客每訂購一次蛋糕，店鋪就會記錄下顧客的購買數量，並承諾在訂購一定數量之後顧客可以享受到一定的折扣或者能憑積分換取一定數額的相關贈品。

這種折扣通常有累計折扣和非累積折扣兩種。非累計折扣則是顧客一次購買達到規定數量時企業給予的一種折扣方式，其目的是鼓勵顧客大批量購買，促進產品多銷、快銷，從而降低企業的銷售費用。累計折扣是指顧客購買物品累加達到一定數量時企業給予的另一種折扣方式，其目的在於鼓勵顧客經常向本企業購買，培養忠誠客戶，建立長期的購銷關係。

數量折扣的促銷作用非常明顯，企業因單位產品利潤減少而產生的損失完全可以從銷售的增加中得到補償。此外，銷售速度的加快，使企業資金週轉次數增加，流通費用下降，從而導致企業盈利水平上升。運用數量折扣策略的難點在於如何確定合適的折扣標準和折扣比例。因此，企業應結合產品的特點、銷售目標、成本水平、資金利潤率、需求規模、購買頻率、競爭者手段以及傳統的商業慣例等因素來制定科學的折扣標準和比例。

（二）現金折扣

這是企業對顧客迅速付清貨款的一種優惠。現金折扣是企業對在規定的時間內提前付款或用現金付款的顧客給予的一種價格折扣，其目的是使顧客盡早付款，加速資金週轉，降低銷售費用，減少財務風險。現金折扣一般根據約定的時間界限來確定不同的折扣比例。

例如，顧客在 30 天內必須付清貨款，如果 10 天內付清貨款，則給予 2% 的折扣，這種折扣方式可以簡單地表示為「2/10，net/30」或「2/10，n/30」。帳款的

第九章 定價策略

迅速回收能使銷售商減少資金積壓的成本，並且使賣方避免壞帳。可見，現金折扣是為改善賣主的現金週轉、減少賒欠收取成本和呆帳損失服務的。在國際貿易中，因買賣雙方距離遙遠並且交易手續複雜，於是很多外貿企業和外國公司進行生意洽談的時候都會採取現金折扣，以彌補企業的時間成本和資金週轉速度。

（三）功能性折扣

功能性折扣（Functionaldiscount）又稱貿易折扣（Tradediscount），指的是製造商對在交易渠道中發揮了某些功能，如推銷、儲存和帳務記錄的成員提供的一種折扣。因為各種渠道的工作不同，製造商對不同的交易渠道提供的折扣就可以不同，但在同一交易渠道中，製造商必須提供相同的功能折扣。比如零售商在推銷製造商的產品時進行的大型促銷活動使得產品銷量迅速上升，製造商就會根據零售商在渠道中發揮的作用給予零售商一定的功能性折扣。

企業確定功能性折扣的比例，主要考慮中間商在銷售渠道中的地位、對生產企業產品銷售的重要性、購買批量、完成的促銷功能、承擔的風險、服務水平、履行的商業責任以及產品在分銷中所經歷的層次和在市場上的最終售價等。鼓勵中間商大批量訂貨，擴大銷售，爭取顧客，並與生產企業建立長期、穩定、良好的合作關係是實行功能折扣的主要目的。功能性折扣還可以對中間商經營的有關產品的成本和費用進行補償，並讓中間商有一定的盈利。

（四）季節性折扣

季節性折扣（Seasonaldiscount）指的是企業對購買單季商品或服務的消費者提供的一種折扣。例如航空公司在經營淡季推出的各種折扣機票就屬於季節性折扣。季節性折扣減少了生產商的庫存，有利於生產商全年保持一個穩定的生產計劃。

有些產品是常年生產的，季節性消費；而有些產品是季節性生產，常年消費。生產企業為了調節供需矛盾，實現均衡生產，把產品的儲存分散到銷售渠道或顧客手裡，便採用季節折扣的方式，規定在銷售淡季給予較優惠的折扣，而在銷售旺季則恢復原價。例如，旅遊的淡旺季十分明顯，所以，在旺季時，賓館、航空公司都維持較高的價格；而在淡季時，卻給旅遊者較高的價格折扣，以便招徠顧客。

季節折扣有利於減輕庫存，加速商品流通，迅速收回資金，促進企業均衡生產，充分發揮生產和銷售潛力，避免因季節變化而帶來的市場風險。

（五）讓價和補貼

讓價和補貼是間接折扣的一種形式，它是指購買者按價格目錄將貨款全部付給銷售者以后，銷售者再按一定的比例將貨款的一部分返還給購買者。補貼是企業為特殊目的、對特殊顧客以特定形式所給予的價格補貼或其他補貼。

例如，中間商為促進產品的銷售而採取多種宣傳手段，包括刊登地方性廣告、設置樣品陳列窗、為生產企業開闢銷售專櫃、舉行展銷會等各種促銷活動時，生產企業給予中間商一定數額的資助或補貼。又如，企業開展以舊換新業務，將舊貨折算成一定的價格，在新產品的價格中扣除，顧客只支付餘額，以刺激消費需求，促

進產品的更新換代，擴大新一代產品的銷售，這也是一種補貼形式。

四、地理定價策略

由於公司的產品或會銷往國內不同地區或進入國際市場，而公司的成本會隨著運輸距離的增加而增加，成本上升直接影響到公司的競爭力，因此，公司在定價時應當考慮是否根據地理位置的遠近而制定不同的價格來緩和運費對於不同距離購買者的影響，即地理定價策略（Geographicalpricing）。以下是常用方法：

（一）離岸定價

離岸定價（FOBoriginpricing）也稱 FOB 起點定價，指的是當貨物裝上運輸工具後，所有權和責任就轉移給買方，由買方從起運地開始支付運費的價格策略。其有利之處在於買方各自負擔了自己的運輸成本進而使得運輸費用顯得公平，而不利之處在於對於遠距離的買方需要負擔相當高的運輸成本進而易失去遠距離的潛在客戶。

考慮到國際貨物運輸的風險性和不確定性，中國大多數企業出口都採取的是離岸價。當貨物裝上買方運輸工具時，企業就不承擔貨物在運輸途中產生的任何風險，這樣有利於降低我們出口企業面臨的風險。

（二）統一交貨定價

統一交貨定價（Uniform-deliverypricing）又稱一致運送定價，指的是企業在制定價格時不考慮送貨地點，給所有客戶的定價加運費是統一的。統一交貨定價有利於距離賣方相對較遠的購買者，不利於距離賣方較近的購買者。該定價策略的另一個好處是公司易於管理，並且可以在很大的地域範圍內宣傳其價格。

（三）地區定價

地區定價（Zonepricing）又稱區間定價，是介於離岸定價和統一交貨定價之間的一種定價方法，指的是營銷管理人員設計兩個或多個地區，在同一地區的客戶使用同一個價格來平衡買方的總費用。

（四）基點定價

基點定價（Basing-pointpricing）指的是公司指定一個地方作為基準價格點，運費按這個點到買方所在地的距離計算，不考慮貨物的實際運輸距離。該定價方法的一個主要問題在於，如果 A 公司以 B 地作為基點，而 A 公司所在地購進 A 公司產品就意味著要支付 B 地到 A 地之間的運費，而貨物實際沒有此段運輸距離。這樣的運費成為幻影運費（Phantomfreight），一些國家已經宣告該運費為不合法。因此，基點定價法正在逐步走向衰退。

（五）運費補貼定價

運費補貼定價（Freightabsorptionpricing）又稱無運費定價或運費吸收定價，指的是賣方支付所有或部分運費，而沒有轉嫁到買方身上。在激烈的競爭區域或進行市場滲透時，公司會採用這種方法使產品迅速進入新市場。在銷售人員看來，公司

第九章　定價策略

採用該定價方法可以獲得更多的銷量進而使平均成本下降，節約的比所付的運費要高。

五、心理定價策略

價格對消費者心理會產生很大的作用，高價格往往意味著高質量、高品位，而低價格意味著商品劣質或屬於日常用品。心理定價策略（Psychologicalpricing）就是企業試圖影響顧客對商品價格的認知，從而使得商品的價格在消費者心理方面更具有吸引力。常用的心理定價策略主要有以下幾種形式：

（一）參考定價策略

參考定價法（Referencepricing）指企業將一個定價適中的商品放在一個價格相對較高的款式或品牌旁邊，以此來使顧客從心理上認同比較適中的價格，進而產生購買行為。該定價方法基於「隔離效應」理論，即一個物體與另一個物體相比較可能會使該物品更具有吸引力。企業中檔品牌在與其他企業高級品牌性能相同時可以採用參考定價法。

小案例：醉翁之意

珠海九洲城裡有只3,000港元的打火機。許多觀光客聽到這個消息，無不為之咋舌。如此昂貴的打火機，該是什麼樣子呢？於是，九州城又平添了許多慕名前來一睹打火機「風采」的顧客。

這只名曰「星球大戰」的打火機看上去極為普通，它真值這個價錢嗎？站在櫃臺前的觀光者人人都表示懷疑，就連售貨員對此亦未知可否地一笑了之。它被擱置在櫃臺裡很長時間無人問津，但它旁邊的3港元一只的打火機卻是購者踴躍。許多走出九洲城的遊客坦誠相告：我原是來看那只「星球大戰」的，不想卻買了這麼多東西。

無獨有偶，日本東京都濱松町的一家咖啡屋，竟然推出了5,000日元一杯的咖啡，就連一擲千金的豪客也大驚失色。然而消息傳開，抱著好奇心理的顧客蜂擁而至，使往常冷冷清清的店堂一下子熱鬧了，果汁、汽水、大眾咖啡等飲料格外暢銷。

（二）聲望定價策略

聲望定價（Prestigepricing）指的是商家把價格定在高價位，以此來樹立名貴、優質的品牌形象。聲望定價適用於消費者把產品的質量與價格聯繫在一起的產品。通常消費者都有追求知名品牌的心理，公司將有聲望的產品制定出比同類產品高出很多的價格則可以迎合消費者的這種心理，使得顧客對該品牌形成高品質商品形象。

路易威登（LouisVuitton）就是典型的採用聲望定價策略的著名企業，在樹立起品牌之後，為了迎合消費者追求知名品牌的心理，路易威登把品牌形象與高品質融

入價格之中，使得消費者無條件地相信路易威登系列產品的價格越高其所擁有的產品價值更多。

（三）尾數定價策略

尾數定價法（Odd-evenpricing）指的是商家根據消費者對一些數字尾數有不同認知心理而對商品價格尾數做出的一些處理來進行的價格制定方法。一種情形是比如把商品價格定為9.9美元而不是10美元，這樣的零頭尾數能使消費者從心理上認為這是一個真實的價格且賣家在制定價格的過程中是慎重考慮過的。另一種情形是比如把價格定位為50美元而不是49.9美元，這樣給消費者傳遞的消息則是該商品是上了檔次的，這種整數尾數使顧客當然地認為這個商品是高質量的。

（四）捆綁定價策略

捆綁定價法（Bundlepricing）指的是企業把兩個或兩個以上的商品捆綁在一起以一個價格出售，這個價格往往比把商品單獨價格相加後的總價要低一些，以此來吸引顧客。捆綁定價不僅會提高顧客的滿意度，通過捆綁那些週轉慢的商品還可以提高商品的週轉速度，降低成本，刺激銷售，增加收益。

捆綁定價策略多用於計算機、汽車配件、生活用品等有配套使用設施的行業中。例如寶潔公司將洗髮水、沐浴露和護膚水捆綁在一起制定出一個比分開賣更低的價格，由於生活用品的必需性，消費者一般都會傾向於購買這種成套產品。

（五）習慣定價策略

習慣定價法（Customarypricing）主要是對一些常見的日常用品進行定價。雖然商品價格的波動範圍日漸增大，但有很多商品仍是基於傳統制定。比如阿爾卑斯棒棒糖在人們心中已經形成了0.5元的價格，不管經濟是在多麼不確定的環境中發展著，這類商品的價格基本上都不會發生變化，因此，習慣定價法將是這類商品定價的永恆標準。再比如，冷飲攤上常見的「一元貨」，即切削後分塊零賣的水果。商人們把哈密瓜、菠蘿、西瓜等削好，切成一塊一塊的，插上一根木條，每塊賣一元。「一元水果」的生意非常紅火。雖然「一元水果」相比整賣的水果要貴一些，但比較符合消費者購買意願，所以顧客還很喜歡買。

（六）吉利定價策略

吉利定價（Auspiciouspricing）指的是企業根據消費者的文化背景而採用一些在他們心中能產生好運的吉利數字來進行定價，比如尾數為6、8、9等的定價能給中國文化背景下的消費者帶來心理上的慰藉，而諸如13的定價則不適合西方文化背景下的消費者。

（七）天天低價策略

天天低價策略是相對商家經常性降價而產生的。經常性降價會在消費者心中形成慣性思維，認為這種商品只有在降價的時候才能真正體現其價值，進而消費者購

第九章　定價策略

買低價的心理會慢慢受到損耗。而天天低價策略是商家保持一貫的低價作風，而不是開始制定高價然後不斷降價，這使消費者相信他們得到了一個公正的較低的價格。

沃爾瑪能夠迅速發展，除了正確的戰略定位以外，也得益於其首創的「折價銷售」策略。每家沃爾瑪商店都貼有「天天廉價」的大標語。同一種商品在沃爾瑪比其他商店要便宜。沃爾瑪提倡的是低成本、低費用結構、低價格的經營思想，主張把更多的利益讓給消費者，「為顧客節省每一美元」是他們的目標。沃爾瑪的利潤通常在30%左右，而其他零售商如凱馬特的利潤率都在45%左右。公司每星期六早上舉行經理人員會議，如果有分店報告某商品在其他商店比沃爾瑪低，可立即決定降價。低廉的價格、可靠的質量是沃爾瑪的一大競爭優勢，吸引了一批又一批的顧客。

六、差別定價策略

小案例：

1. 蒙瑪公司在義大利以無積壓商品而聞名，其秘訣之一就是對時裝分多段定價。它規定新時裝上市，以3天為一輪，凡一套時裝以定價賣出，每隔一輪按原價削10%，以此類推，那麼到10輪（一個月）之後，蒙瑪公司的時裝價就削到了只剩35%左右的成本價了。這時的時裝，蒙瑪公司就以成本價售出。因為時裝上市還僅一個月，價格已跌到1/3，誰還不來買？所以一賣即空。蒙瑪公司最后結算，賺錢比其他時裝公司多，又沒有積貨的損失。

2. 國內也有不少類似範例。杭州一家新開張的商店，掛出日價商場的招牌，對店內出售的時裝價格每日遞減，直到銷完。此招一出，門庭若市。

3. 哈爾濱市洗衣機商場規定，商場的商品從早上9點開始，每一小時降價10%。特別在午休時間及晚上下班時間商品降價幅度較大，吸引了大量上班族消費者，在未延長商場營業時間的情況下，帶來了銷售額大幅度增加的好效果。

差別定價是指公司根據消費者在產品、地理位置、需求等方面的差異，針對不同的細分市場對同一產品制定不同價格的策略。差別定價必須滿足一定條件：第一，市場是可以細分的，而且各個細分市場的需求程度是不同的。第二，低價購買某產品的顧客沒有可能將產品轉手或者轉交給付高價的細分市場。第三，競爭者沒有可能在企業以較高價格銷售產品的細分市場上以低價競銷。第四，細分的控製市場的成本費用不得超過因實行價格歧視而得到的額外收入。第五，差別定價不會引起顧客反感。第六，採取的差別定價形式不能是非法的。

差別定價主要有以下幾種形式：

市場營銷學

(一) 顧客細分差別定價

在這種情況下，同樣的產品或服務對不同顧客提供不同的價格。例如同一個景區對老人和學生收取的是一個較低的門票費用。

(二) 產品樣式差別定價

產品樣式差別定價是指企業對不同型號或不同樣式的產品制定不同的價格，但不同型號或式樣的產品其價格之間的差額和成本之間的差額是不成比例的。比如一個1,620萬像素的數碼照相機比一個1,410萬像素的數碼相機的價格要高出很多，而實際成本差別沒有那麼大。

(三) 銷售時間差別定價

在這種定價方法下企業會根據不同季節、不同日期甚至不同時間段制定不同價格。例如長途電話通話劃分忙、閒時，通信公司就會在忙時制定高價、閒時制定較低的價格；季節性的商品在不同季節制定不同價格，比如波司登羽絨服在夏季採取的低價促銷活動。

小案例：低價不好銷，高價反搶手

美國亞利桑那州的一家珠寶店，採購到一批漂亮的綠寶石。由於數量較大，店主擔心短時間銷售不出去，影響資金週轉，便決心只求微利，以低價銷售。本以為會一搶而光，結果卻事與願違。幾天過去，僅銷出很少一部分。後來店老板急著要去外地談生意，便在臨走前匆匆留下一紙手令：我走后若仍銷售不了出，可按1/2的價格賣掉。幾天后老板返回，見綠寶石銷售一空，一問價格，卻喜出望外。原來店員把店老板的指令誤讀成「按1~2倍的價格出售」，他們開始還猶豫不決，就又提價一倍，這才使綠寶石一售而空。

(四) 產品形象差別定價

企業根據形象差別對同一產品制定不同的價格。這時，企業可以對同一產品採取不同的包裝或商標，塑造不同的形象，以此來消除或縮小消費者認識到不同細分市場上的商品實質上是同一商品的信息來源。比如同樣的五糧液原酒裝入不同的包裝就會因形象差異而制定不同的價格。

(五) 銷售地點差別定價

企業對處於不同位置或不同地點的產品和服務制定不同的價格，即使每個地點的產品或服務的成本是相同的。這也在一定程度上源於消費者心理的偏差。例如戲劇院的門票會因為消費者對座位的偏好或者因為過於太近或者過於太遠而影響觀看效果來制定不同的價格。

第九章　定價策略

本章小結

　　價格是影響需求和購買行為的主要決定因素。企業定價總的要求是追求利潤最大化，企業制定價格的目標主要有兩個：獲取利潤目標和佔有市場目標。影響企業定價的因素主要有市場需求狀況、市場競爭狀況、商品特點、企業內部因素和其他環境因素。

　　企業主要的定價方法有成本導向定價法、需求導向定價法和競爭導向定價法和以價值為中心導向定價法。在基本定價方法之上，企業可以採取的價格調整策略包括新產品定價策略、商品階段定價策略、折扣定價策略、地理定價策略、心理定價策略、差別定價策略等。

思考与练习

1. 影響企業產品定價的主要因素有哪些？
2. 如果企業以競爭導向為定價目標，那麼不同的企業應該如何選擇定價方法？
3. 什麼是價值定價法？
4. 新產品定價策略有哪些，各有何優缺點？適合在什麼情況下使用？
5. 差別定價是否等於歧視性定價？為什麼？什麼是掠奪性定價？試舉例說明。
6. 企業如何利用心理因素定價？
7. 企業在市場競爭中如何進行價格調整？
8. 觀察你身邊的定價現象，試舉出幾個例子說明定價策略的應用。
9. 購買者對價格變動可能有哪些理解？
10. 企業面對競爭者的降價有哪些對策？

第十章　分銷策略

学习要点

通過學習本章內容，理解價值網絡和分銷渠道系統的定義；瞭解分銷渠道的作用；懂得在設計、管理、評價和調整分銷渠道時，公司應做出何種決策及如何整合渠道並解決渠道衝突；思考零售、批發和物流領域的主要發展趨勢。

开篇案例

國美+蘇寧對戰（VS）京東

　　2010年歲末，國美、蘇寧等家電銷售連鎖巨頭以竄貨為由，要求其供應商各大家電廠家，減少向網絡銷售商京東商城供貨，企圖「封殺圍剿」京東商城，從而使得傳統渠道對網絡渠道的對抗公開化了。有著60∶100的銷售規模份額的京東商城也毫不示弱，指責蘇寧和國美等渠道運作效率不高，企圖價格壟斷，要求供應商出面協調，給個說法。一邊是新興渠道的快速增長、年輕消費族群的巨大潛力，一邊是傳統渠道巨大的現實銷量和廣闊的覆蓋面，各供應商只能在火藥味越來越濃的兩者衝突中不斷救火，小心平衡。

　　在上述案例中，網絡渠道與線下渠道面向的客戶群體重疊，這是衝突的本源，網絡渠道作為新興的渠道模式對傳統渠道的擠壓是必定存在，而且網絡渠道攜互聯網之傳播快速的優勢及中間環節簡化帶來的價格優勢，讓傳統渠道從直觀上對網絡渠道有敵意。由互聯網的特性帶來的價格衝擊，這是線下渠道反應激烈的本質，網

第十章　分銷策略

絡渠道銷售的商品由於不存在物流和倉儲成本，也無需負擔昂貴的營銷成本，最終導致同樣產品在線上售賣的價格比線下零售店的要便宜。

● 第一節　設計和管理整合營銷渠道

一、分銷渠道與價值網絡

在大多數情況下，一件產品的產地和銷地都存在著時間間隔、空間間隔，那麼在兩者之間會存在完成多種職能的中間商，這些中間商（或稱為仲介機構）組成了分銷渠道（Marketing Channel），也稱為營銷渠道。

美國市場營銷學權威菲利普·科特勒將分銷渠道定義為：「分銷渠道是指某種貨物或勞務從生產者向消費者移動時，取得這種貨物或勞務所有權或幫助轉移其所有權的所有企業或個人。」簡單地說，分銷渠道就是商品和服務從生產者向消費者轉移過程的具體通道或路徑。

為什麼很多生產商要將產品銷售環節委託或者是外包給中間商來做，將公司部分業務外包意味著對該業務環節放棄產品銷售方式和時間等部分的控製權。這是因為根據大衛·李嘉圖的比較成本優勢和絕對成本優勢理論，任何一個生產商在營運管理環節中，都不能對每項業務佔有比較優勢，而通過外包給中間商可以獲得很多優勢。比如說許多生產商缺乏足夠的財力資源進行直接營銷；對某些產品來說，直接營銷是不可行的，比如像口香糖、電池、刮胡刀片等，這類產品必須和其他小商品放在一起銷售，或者說這種類型的產品有派生需求的屬性。

營銷外包不僅是一種商業工具，更是一種全新的商業思維。營銷外包是企業將營銷活動尤其是渠道的開發與管理全權委託給一個擁有專門技能和網絡的外部機構，企業只是在戰略上進行全程監控和規定收益回報的下限，其他的營銷風險全部由外包機構承擔；加之將生產、人力資源管理、財務管理等價值鏈環節也外包給了專業的外部機構，企業可以將核心能力集中於「產品研發+品牌經營」的關鍵性領域，以獲取巨額「淨值」回報。

二、分銷渠道的重要性

分銷渠道體系（Marketing Channel System，MSC）是指公司所採用的分銷渠道的整體整合。分銷渠道體系決策是一個企業管理層面臨的最重要的決策之一。企業擁有分銷渠道不僅僅是對產品銷售方式和時間的部分控製權，同時也意味著要承擔一定的巨額風險，因為它們不僅要服務市場，而且必須創造市場。

企業必須要考慮確定採用哪種分銷策略，比如說是拉式還是推式？或者是兩者的結合？在推式戰略（Push Strategy）中，企業利用人員推銷，以中間商為主要促

銷對象，把產品推入分銷渠道，最終推向市場。這種推銷策略要求人員針對不同顧客、不同產品採用相應的推銷方法。常用的推式策略有示範推銷法、走訪銷售法、網點銷售法、服務推銷法等。

　　推式策略其強調的重點是分銷渠道上各環節人員推銷的推銷活動，重點在於人員促銷與貿易促銷。銷售人員介紹產品的各種特性與利益，促成潛在客戶的購買決策。企業的銷售人員訪問批發商，企業的銷售人員協同批發商的銷售人員訪問零售商，企業的銷售人員再協同零售商的銷售人員積極地向消費者推銷產品。按照這種方式，產品順著分銷渠道，逐層向前推進。「推動」策略常用於銷售過程中需要人員推銷的工業品與消費品。

　　拉式戰略（Pull Strategy）是指企業利用廣告、公共關係和營業推廣等促銷方式，以最終消費者為主要促銷對象，設法激發消費者對產品的興趣和需求，促使消費者向中間商、中間商向製造商企業購買該產品。常用的拉式策略有會議促銷法、廣告促銷法、代銷、試銷等。這種戰略適用於某個分類中品牌忠誠度和涉入度都較高，人們能夠明顯感覺到品牌間的差別以及早在步入商店前就選好了品牌等情況。

　　然而，在市場營銷體系中，也有很多頂級的營銷公司，比如可口可樂、耐克、英特爾公司均是高超地同時使用了「推」和「拉」的戰略。

三、價值網絡

　　企業應當先考慮目標市場，然後從該點出發向後設計供應鏈，該觀點稱為需求鏈計劃。需求鏈管理方法不僅是讓產品流經這個系統，而且要找出顧客需要什麼，以此來確定我們要銷售及生產什麼，以滿足顧客和市場的需求。這種管理方法也是供應鏈管理網絡結構中的前向一體化戰略。

　　價值網絡（Value Network）是指公司為創造資源、擴展和交付貨物而建立的合夥人和聯盟合作系統。價值系統包括公司的供應商和供應商的供應商以及它的下游客戶和最終顧客，還包括其他有價值的關係，如大學裡的研究人員和政府機構。布蘭德伯格（Brandenburger）和納爾波夫（Nalebuff）提出的價值網（Value Net）管理模型解釋了所有商業活動參與者之間的關係。傳統公司利用供應商提供的材料生產產品並同其他生產商競爭以獲得顧客。但在價值網中，布蘭德伯格和納爾波夫介紹了商業活動中一個新的因素：互補者（Complementors），互補者指那些提供互補性產品而不是競爭性產品和服務的公司。

　　布蘭德伯格和納爾波夫提出的價值網概念，認為企業的發展進程受到以下四個核心組織成分的影響，如圖10-1所示。

第十章　分銷策略

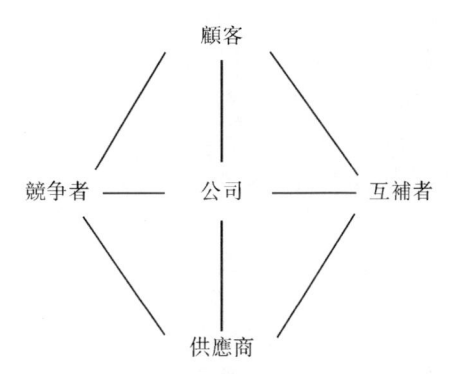

圖 10-1　價值網組織構成

（1）顧客（Customers）。
（2）供應商（Suppliers）。
（3）競爭者（Competitors）。
（4）互補者（Complementots）。

價值網強調各種關係的對稱因素。例如，顧客和供應商都擁有其競爭者和互補者。一家公司的顧客通常擁有其他供應商，如果其他供應商使這家公司的產品、服務或顧客價值增加，那麼它就是該公司的互補者；反之，則是該公司的競爭者。同樣，一家公司的供應商也擁有其他顧客，這些顧客是其競爭者或互補者。如果他們使這個供應商為最初那家公司提供的產品（或服務）更昂貴，那麼他們就是競爭者；反之，則是互補者。與顧客相關的原則同樣適用於供應商，而與競爭者相關的原則也適用於互補者。

客戶、供應商、競爭者或互補者是一家公司扮演的多重角色，即同一家公司可以有多重身分。若要制定有效的戰略，公司須理解每個角色扮演者的利益。

價值網與傳統的供應鏈是不同的。價值網中，需求鏈計劃提供了多方面的視角。首先，如果企業想向前或向后整合，它可以估測是上游還是下游可以賺到更多的錢。其次，公司會更清楚供應鏈中可能導致成本、價格或供應突然發生變化的地方。最后，價值網絡中的合作夥伴可以通過技術聯繫在一起，更快速、更低成本、更準確地進行溝通、交易和支付。互聯網的出現使得一家企業能夠與其他企業建立更加廣泛、複雜的聯繫。

四、渠道的功能與流程

1. 營銷渠道的功能

從經濟系統的觀點來看，市場營銷渠道的基本功能在於把自然界提供的不同原料根據人類的需要轉換為有意義的貨物搭配。市場營銷渠道對產品從生產者轉移到消費者所必須完成的工作加以組織，其目的在於消除產品（或服務）與使用者之間

的差距。市場營銷渠道的主要職能有如下幾種：

（1）研究，即收集制訂計劃和進行交換時所必需的信息。

（2）促銷，即進行關於所供應的貨物的說服性溝通。

（3）接洽，即尋找可能的購買者並與其進行溝通。

（4）配合，即使所供應的貨物符合購買者需要，包括製造、評分、裝配、包裝等活動。

（5）談判，即為了轉移所供貨物的所有權，而就其價格及有關條件達成最后協議。

（6）實體分銷，即從事商品的運輸、儲存。

（7）融資，即為補償渠道工作的成本費用而對資金的取得與支用。

（8）風險承擔，即承擔與從事渠道工作有關的全部風險。

2. 營銷渠道的流程

營銷渠道的流程最主要的有實體流程（又稱物流）、所有權流程、付款流程（又稱支付流程）、信息流程及促銷流程，如圖 10-2 所示（以汽車為例說明了這些流程）。

（1）實體流程

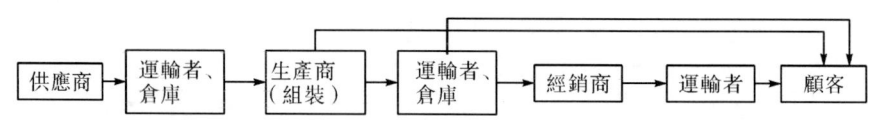

供應商 → 運輸者、倉庫 → 生產商（組裝）→ 運輸者、倉庫 → 經銷商 → 運輸者 → 顧客

（2）所有權流程

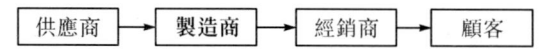

供應商 → 製造商 → 經銷商 → 顧客

（3）付款流程

供應商 → 銀行 → 製造商 → 銀行 → 經銷商 → 銀行 → 顧客

（4）信息流程

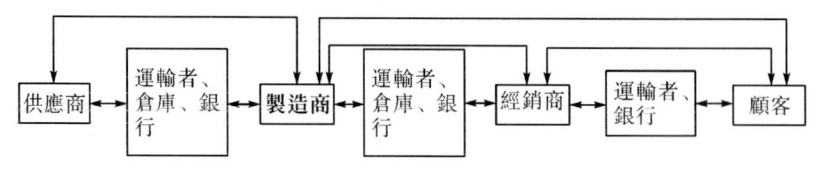

供應商 ↔ 運輸者、倉庫、銀行 ↔ 製造商 ↔ 運輸者、倉庫、銀行 ↔ 經銷商 ↔ 運輸者、銀行 ↔ 顧客

（5）促銷流程

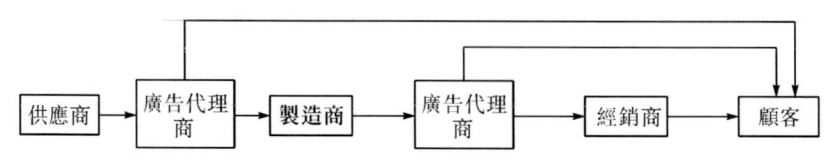

供應商 → 廣告代理商 → 製造商 → 廣告代理商 → 經銷商 → 顧客

圖 10-2　汽車市場營銷渠道流程

第十章　分銷策略

第二節　營銷渠道的結構

一、渠道層級

在產品從製造商向消費者轉移的過程中，任何一個對產品擁有所有權或負有推銷責任的機構，就叫做一個渠道層次。渠道層次的多少決定了渠道的具體模式，任何一個營銷渠道都包括生產者和最終消費者，如圖 10-3 所示。

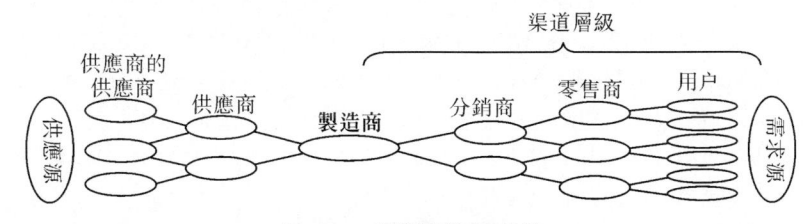

圖 10-3　營銷渠道層次結構

營銷渠道按其包含的中間商購銷環節即渠道層級的多少，可以分為零級渠道，一級、二級和三級渠道，據此還可以分為直接渠道和間接渠道、短渠道和長渠道幾種類型。

（1）零級渠道（Direct Channel）又稱直接渠道，意指沒有中間商參與，產品由生產者直接售給消費者（用戶）的渠道類型。直接渠道是產品分銷渠道的主要類型。一般大型設備以及技術複雜、需要提供專門服務的產品，企業都採用直接渠道分銷，如飛機的出售是不可能有中間商介紹的。在消費品市場，直接渠道也有擴大的趨勢。像鮮活商品，有著長期傳統的直銷習慣；新技術在流通領域中的廣泛應用，也使郵購、電話及電視銷售和因特網銷售方式逐步展開，促進了消費品直銷方式的發展。

（2）一級渠道包括一級中間商。在消費品市場，這個中間商通常是零售商；而在工業品市場，它可以是一個代理商或經銷商。

（3）二級渠道包括兩級中間商。消費品二級渠道的典型模式是經由批發和零售兩級轉手分銷。在工業品市場，這兩級中間商多是由代理商及批發經銷商組成。

（4）三級渠道是包含三級中間商的渠道類型。一些消費面寬的日用品，如肉類食品及包裝方便面，需要大量零售機構分銷，其中許多小型零售商通常不是大型批發商的服務對象。對此，有必要在批發商和零售商之間增加一級專業性經銷商，為小型零售商服務。

根據分銷渠道的層級結構，可以得到直接渠道、間接渠道、短渠道、長渠道概念。渠道越長越難協調和控制。

市場營銷學

　　直接渠道是指沒有中間商參與，產品由生產者直接銷售給消費者（用戶）的渠道類型。間接渠道是指有一級或多級中間商參與，產品經由一個或多個商業環節銷售給消費者（用戶）的渠道類型。上述零級渠道即為直接渠道；一、二、三級渠道統稱為間接渠道。為分析和決策方便，有些學者將間接渠道中的一級渠道定義為短渠道，而將二、三級渠道稱為長渠道。顯然，短渠道較適合在小地區範圍銷售產品（提供服務）；長渠道則能適應在較大範圍和更多的細分市場銷售產品（提供服務）。

二、渠道設計決策

　　渠道設計決策是指企業根據產品特性以及目標市場，按照經濟性（Economy）、可控製性（Controllability）、適應性（Adapation）的標準來確定渠道商的類型、每層渠道商的數量以及渠道商的權責等。渠道管理決策則指企業對渠道成員的選擇、培訓、激勵、評價，以及根據市場和營銷環境的變化對整個渠道進行改進。

　　渠道設計決策分為四個步驟：設立並調整分銷目標，評估影響渠道結構的因素，選出最佳渠道結構，挑選渠道成員。

　1. 設立並調整分銷目標

　　企業設計營銷渠道是為了更好地達到分銷目的，完成分銷任務。因此營銷渠道的設計必須與企業的分銷目標緊密地結合在一起，在設計渠道之前必須要明確企業的分銷目標是什麼，這是重要的一步，也是關鍵的一步。渠道的結構是為了分銷目標而服務的，如果還沒有搞清楚分銷目標是什麼就設計企業的渠道結構，那麼再好的模式對企業來講也不會有太大的作用。

　　然而，在需要做出渠道設計決策的這一階段，企業的分銷目標往往尚不明確，尤其是改變後的形式在需要企業做出渠道設計決策的同時，也會要求企業確立新的或改進後的分銷目標。因此，在這一階段，渠道管理者應該仔細審核企業的分銷目標，判斷是否需要添加新的內容。同時，渠道管理者也要判定該分銷目標是否與營銷組合中其他領域的分銷目標相一致，是否與企業的整體目標和策略相一致。

　　企業的分銷目標不同，所需要的渠道模式自然也不會完全相同。如果企業的分銷目標是為了節約分銷成本，那麼它在設計渠道結構的時候就應該以減少渠道的成本為主要出發點；如果企業的分銷目標是為了增加銷售量、擴大市場佔有率，那麼它在設計渠道結構的時候就應該考慮如何盡可能地增加渠道銷售網絡的覆蓋面積，以加大顧客與產品的接觸頻率。

　2. 評估影響渠道結構的因素

　　在設計出幾種可行的渠道結構之後，渠道管理者應該評估一系列將會影響到各類渠道結構的因素。儘管此類因素不計其數，但是，仍然存在著對可行性渠道結構進行分析的四類基本因素：市場因素、產品因素、企業因素和中間商因素。

　　（1）市場因素。在設計市場營銷渠道的過程中，市場因素應該是影響渠道結構

第十章 分銷策略

的關鍵因素。所有的現代營銷渠道管理都建立在市場營銷概念基礎上,而這一概念強調以市場為主導。市場因素中對渠道結構有重要影響的因素主要有三個:市場區域、市場規模和市場密度。

(2) 產品因素。產品因素是指企業在考慮各類渠道結構的過程中,必須重視的另一類重要的因素,包括體積與重量、腐蝕性、標準化程度、技術性和非技術性以及嶄新度。例如,高技術性的產品通常採用較短的渠道結構方式,這是因為生產廠家需要一些有能力將其產品的技術介紹給潛在顧客,並能在產品出售以後能繼續提供聯繫、建議和服務的銷售人員。如果渠道結構過長,就會相應地減少這些服務功能,同時也會增加成本。一些相對技術含量較高的產品如個人電腦就採用較短的渠道結構方式來進行分銷。

無論是在消費者市場中還是生產者市場,許多新產品都需要在最初上市階段採用大規模、強有力的促銷活動,以初步建立市場需求。通常情況下,渠道越長,就越難以通過所有的渠道成員達到促銷目標。因此,在初上市階段,簡短的渠道通常能使產品更好地為市場所接受。並且,新產品在挑選渠道成員的時候對中間商的要求也較高,這是因為新產品的促銷要求中間商提供強有力的促銷活動以配合企業。

(3) 企業因素。影響渠道設計的最主要的企業因素是企業規模、經濟實力和管理才能。

(4) 中間商因素。與渠道結構相關的中間商因素為:中間商的實力,使用中間商的成本,中間商所提供的服務。其中中間商的實力是企業在設計營銷渠道時所要考慮的重點,每一個企業都希望有實力的中間商能夠加盟自己的營銷渠道,如果選擇的中間商實力較強,那麼企業在進行市場開發時就可以把許多事情交給中間商來完成,從而省去不少精力和成本。這樣企業就可以採取較短的渠道模式,盡可能較少地使用中間商。如果渠道管理者認為,為提供一定的服務而使用中間商的成本過高,在渠道結構中就會減少使用中間商。中間商提供的服務,往往與選擇過程緊密相關。需要中間商提供的服務越多,對中間商的要求也就越高,企業在設計營銷渠道時就越可能採取較短的渠道結構。

3. 選出最佳渠道結構

從理論上講,渠道管理者應該從各備選方案中選出最佳的渠道結構。這一結構應該能在最低的成本基礎上,有效地完成各項分銷任務。如果企業的目標是獲得最大的長期效益,最佳的渠道結構就應該與此目標完全一致。在現實情況中,完美的渠道結構是不存在的,因為要做到這一點,渠道管理者就應該仔細考慮每一種可行的渠道結構,並計算出在一定標準下每一種渠道結構所產生的回報,選出能產生最高回報的渠道結構。而渠道管理者不可能知道所有的可行方法,也沒有足夠的時間和信息來幫助其實施所有可行的渠道結構,以便達到特定的分銷目標。並且,即使管理人員願意花費大量的時間和精力,他們也無法知道何時應該實施所有這些可行的方法。再者,即使可以實施所有可行的渠道結構,也無法精確計算出與之相關的

回報數。影響渠道的因素不計其數，而且它們都在不斷地變化。

儘管不存在選擇最佳結構的具體方法，但可以根據各個企業的情況，採用一些粗略的評估方法來選擇各自的渠道結構。企業可以通過分析影響渠道結構的各種因素來初步判定所羅列的所有渠道結構，剔除那些明顯不合格的渠道結構；再通過結合企業及市場的實際情況對剩下的渠道結構做進一步的刪除，選出最適合本企業的渠道結構模式。

4. 挑選渠道成員

企業在市場上的成功需要強有力的渠道成員的支持，即那些能有效履行分銷職責、實現渠道設計思路的成員。所以，挑選渠道成員是一項很重要的任務，應避免隨意性和偶然性。

對渠道成員的要求標準因企業而異，一般可從以下幾個方面來考慮：中間商對公司的忠誠度、中間商實力、在顧客群體中及市場中的聲譽、所經營的產品組合、財務狀況、經營思路、網絡覆蓋情況、產品配送能力、銷售人員培訓及管理狀況、是否會降價銷售、是否跨區域銷售等。如果企業不經過認真仔細的挑選就隨便發展經銷商，很可能會影響企業的品牌戰略、市場規劃，甚至因個別經銷商而擾亂產品的價格體系，造成整個產品體系的全面崩潰。企業在經過挑選標準篩選之後，鎖定選擇目標，應該盡力爭取使其成為企業的渠道成員。另外企業在更新渠道成員的時候也應該從以上標準出發，來選擇成員。

三、渠道整合與渠道系統

渠道的設計和再造是為了更有利於對客戶需求做出反應，因此渠道設計和再造需要遵循的總體原則就是渠道整合，即通過整合渠道資源，為各個渠道成員提供更高的價值，獲取更高的渠道效率。對製造商而言，渠道整合體現在兩個方面：一是對企業內部資源的整合，二是對企業外部經銷商營銷中心體系的整合。而從「無邊界」的戰略管理工作的要求來看，區分內部和外部並無必要，因為要整合好渠道資源，必須把從原料供應商到終端零售商等所有的環節視為一條完整的產業價值鏈，只要是這條價值鏈上的成員，都是整體中的不可或缺的個體，都應該被視為內部客戶，而非外部經銷商。渠道整合的最終的表現是渠道系統的設計，如垂直一體化營銷系統、水平營銷系統、多渠道營銷系統的構建等。

1. 垂直營銷系統

垂直營銷系統（Vertical Marketing System）由製造商、批發商、零售商組成一個統一體，其中的一個成員擁有其他成員的所有權，或實行特許經營，或它有足夠的實力使其他成員願意合作。該系統由專業人才從事系統設計與管理，是一個中央集權式的銷售網絡。

垂直營銷系統是近年來渠道發展中最重大的發展之一，它是作為對傳統營銷渠

第十章 分銷策略

道的挑戰而出現的。傳統營銷渠道由獨立的生產者、批發商和零售商組成。每個成員都是作為一個獨立的企業實體追求自己利潤的最大化，即使以損害系統整體利益為代價也在所不惜。沒有一個渠道成員對於其他成員擁有全部的或者足夠的控制權。麥克康門把傳統渠道描述為「高度松散的網絡，其中，製造商、批發商和零售商松散地聯結在一起，相互之間進行不親密的討價還價，對於銷售條件各執己見，互不相讓，所以各自為政，各行其是」。

垂直營銷系統則相反，它是由生產者、批發商和零售商所組成的一種統一的聯合體。某個渠道成員擁有其他成員的產權，或者是一種特約代營關係，或者這個渠道成員擁有相當實力，其他成員願意合作。垂直營銷系統可以由生產商支配，也可以由批發商或者零售商支配。麥克康門認為垂直營銷系統的特徵是「專業化管理和集中執行的網絡組織，事先規定了要達到的經營經濟和最高市場效果」。垂直營銷系統有利於控制渠道行動，消除渠道成員為追求各自利益而造成的衝突。它們能夠通過其規模、談判實力和重複服務的減少而獲得效益。在消費品銷售中，垂直營銷系統已經成為一種占主導地位的分銷形式，占全部市場的64%。

垂直營銷系統可分為三種類型：

①所有權式垂直營銷系統。所有權式的垂直營銷系統，是在單一所有權體系下組成的一系列的生產及分銷機構。

②管理式垂直營銷系統。管理式的垂直營銷系統，是由某一規模大、實力強的成員，把不在同一所有權下的生產和分銷企業聯合起來的市場營銷系統。

③契約式的垂直營銷系統。契約式的垂直營銷系統，是指不同的生產和營銷機構，在合約的基礎上進行的聯合，期望能產生比單獨經營時更大的效益。

契約式的垂直營銷系統的主要形式有：

①批發商支持的自願連鎖系統。批發商支持的自願連鎖系統（Wholesaler-sponsored Voluntary Chains）是批發商為保護其零售商，以對抗其他較大的競爭者所發起的連鎖組織，其方式是由批發商先擬訂一套方案，然后勸說獨立零售商加入該體系，除使用標準化的名稱及追求商品採購上的經濟性外，尚可以聯合起來抵禦其他連鎖組織的侵入。

②零售商合作的自願連鎖系統。零售商合作的自願連鎖系統（Retailer-cooperatives）通常是為了防止所有權式的連鎖組織的入侵，由零售者組織一個機構來執行批發工作，甚至生產工作。組織成員集體採購，按成員進貨量返回分享利潤。

③特許經營組織。特許經營組織（Franchise Organizations）即「生產—分銷」連續過程中的各機構，在共同契約下連成一體，各成員則成為擁有特許專營權的單位。它可區分為三種形態：製造商支持的零售特許系統，一般在汽車業最為盛行；製造商支持的批發特許系統，常見於軟飲料行業；服務機構支持的零售特許系統，在餐飲、旅店管理和出租車行業比較常見。

2. 水平營銷系統

水平營銷系統（Horizontal Marketing System）是由兩家或兩家以上的不相關的公司將資源和項目整合起來以開拓可能的市場機會。很多超市連鎖店與當地銀行簽訂協議，在店裡提供銀行服務。例如花旗銀行在新英格蘭的超市裡有二百多家分支機構。對於其中的單個公司來說，它可能缺少獨立運作的資金、技能、生產或營銷資源，或者無法獨立承擔風險。

3. 多渠道營銷系統

多渠道營銷系統（Multichannel Marketing）是指企業設計構建的組合多種營銷途徑和組織的渠道系統。由於任何產品都不存在一個同質的市場環境，所有市場都可以進一步細分，僅依靠單一分銷渠道不可能覆蓋整個市場需求，所以，為有效占領多個細分目標市場，多渠道系統便成為許多企業的選擇。菲利浦·科特勒指出，市場營銷渠道決策是管理部門所面臨的最重要的決策之一，一個企業的渠道決策直接影響到其他每一個營銷決策。

這種系統一般分為兩種形式：一種是生產企業通過多種渠道銷售同一商標的產品，這種形式易引起不同渠道間激烈的競爭；另一種是生產企業通過多渠道銷售不同商標的產品。通過增加更多的營銷渠道，公司可以獲得三種重要的收益：

（1）市場覆蓋率的增加。例如瑞典家居產品集團宜家（IKEA）和美國百貨連鎖店杰西潘尼（JCPenney）的多渠道零售戰略。宜家利用其網絡渠道主要是為了支持其店面銷售。事實上，在它營運的許多國家，它並不提供網上銷售服務。宜家網站（Ikea.com）的主要作用是提供能提高該公司創新產品和低廉價格商譽的信息，以及可以幫助顧客制訂進店購物計劃的店內庫存商品和貨架位置的即時信息。與之相比，杰西潘尼則充分發揮了作為一個成功的目錄銷售商的傳統優勢，並將其與跨渠道的商品供應方式緊密集成到一起。商店中配備了網絡，並且所有銷售點的電腦終端都接入互聯網，使顧客可以方便地購買在商店中找不到的產品種類、款式和尺碼。杰西潘尼甚至正在試驗一種系統，使顧客能夠在商店中掃描已直接發送到他們手機上的優惠券。

宜家和杰西潘尼通過突出高級品牌和降幅很大的促銷定價，這些不同的零售渠道和零售戰略除了要體現突出整體品牌價值，還將產品滲透到不同的市場，提高市場覆蓋率。

（2）降低渠道成本。公司可能增加新的營銷渠道以降低對現有的顧客群體銷售的成本（例如網上銷售、電話推銷、上門推銷等形式）。

（3）實現個性化銷售。公司可能增加渠道以更好地迎合顧客的需求。但是，新渠道的引入往往會帶來衝突和控製問題；不同的渠道可能會爭奪同一批顧客；隨著新渠道的獨立性的增加，公司將很難保證不同渠道之間的合作。例如，這種情況在化妝品行業很常見。多品牌戰略是化妝品企業的一個常見策略，每個品牌擁有不同的任務，各自搶占屬於自己的細分市場，井水不犯河水。這固然是一個理想狀態，

第十章 分銷策略

可如何避免品牌之間的消耗戰。清晰的定位是首當其衝要解決的問題，但這樣還遠遠不夠，當品牌數越來越多，彼此之間的代理商、分銷商、終端、消費者總會有所交叉重疊，一旦這種態勢擴大，將對企業產生嚴重的影響。最簡單的方法是通過資源的投放來平衡，一些品牌必然會弱化，甚至雪藏，而另一些則必然會得到強化。這是一種平衡的藝術，十指有長短，資源自然會傾向於表現最好的幾個品牌。

● 第三節　管理零售、批發和服務化物流

一、零售

零售（Retail）指企業向最終消費者個人或社會集團出售生活消費品及提供相關服務，以供其最終消費之用的全部活動。這一定義包括以下幾點：

（1）零售是將商品及相關服務提供給消費者作為最終消費之用的活動。如零售商將汽車輪胎出售給顧客，顧客將之安裝於自己的車上，這種交易活動便是零售。若購買者是車商，而車商將之裝配於汽車上，再將汽車出售給消費者則不屬於零售。

（2）零售活動不僅向最終消費者出售商品，同時也提供相關服務。零售活動常常伴隨商品出售提供各種服務，如送貨、維修、安裝等，多數情形下，顧客在購買商品時，也買到某些服務。

（3）零售活動不一定非在零售店鋪中進行，也可以利用一些使顧客便利的設施及方式，如上門推銷、郵購、自動售貨機、網絡銷售等，無論商品以何種方式出售或在何地出售，都不會改變零售的實質。

（4）零售的顧客不限於個別的消費者，非生產性購買的社會集團也可能是零售顧客。如公司購買辦公用品，以供員工辦公使用；某學校訂購鮮花，以供其會議室或宴會使用。所以，零售活動提供者在尋求顧客時，不可忽視團體對象。在中國，社會集團購買的零售額平均達10%左右。

零售商（Retailer）是指將商品直接銷售給最終消費者的中間商，是相對於生產者和批發商而言的，處於商品流通的最終階段。零售商的基本任務是直接為最終消費者服務，它的職能包括購、銷、調、存、加工、拆零、分包、傳遞信息、提供銷售服務等。在地點、時間與服務方面，方便消費者購買，它又是聯繫生產企業、批發商與消費者的橋樑，在分銷途徑中具有重要作用。

1. 零售商的主要類型

（1）商店零售商

商店零售商包括專業商店、百貨商店、超級市場、便利商店、折扣商店、廉價零售商、超級商店和樣品目錄陳列室等，如表10-1所示。

表 10-1　　　　　　　　　　　零售店的主要類型

類別	描述	例子
專業商店	經營一條窄產品線，而該產品線所含的花色品種卻較多。專業商店可按其產品線的窄度再進一步分類，如單線生產線、有限生產線和超級專業商店	服飾商店、運動用品商店、家具店、花店及書店
百貨商店	要經營幾條產品線，通常有服裝、家庭用具和家常用品，每一條線都作為一個獨立的部門，由一名進貨專家或者商品專家管理	西爾斯·薩克斯第五大街，馬歇爾·菲爾德，梅斯，J. C. 朋內，諾特斯通，布盧明代爾，梅西
超級市場	相對規模大、低成本、低毛利、高銷售量、自助服務式。超級市場的經營利潤僅占其銷售額的1%，占其資本淨值的10%。雖然來自於新的創新的強有力的競爭者，如超級商店和折扣商店，超市是零售商店中保持了最頻繁購買的商店	大聯合，克羅格，AP 典禮店
便利店	商店相對較小，位於住宅區附近，營業時間長，經營週轉快，但是其種類有限。營業時間長，主要滿足顧客的不時之需，而商品的價格則相對高些	日本 7-11，K 集團，娃娃商店
折扣店	出售標準商品，價格低於一般商店，毛利較少，薄利多銷，銷售量較大。偶然的價格折扣和臨時的價格折扣以及低價出售廉價品或劣質品都不屬於折扣商店的範疇，真正的折扣商店用低價定期地銷售其商品，提供最流行的全國性品牌，而不是下等商品	全部折扣商店：沃爾瑪；特殊品折扣商店：皇冠書店（書籍）、環路城（電子產品）
折價零售店	購買低於固定批發商價格的商品並用比零售商更低的價格賣給消費者。傾向於經營高質量但已變化和不穩定的商品，經常是過剩的、泛濫的和不規則的商品。廉價零售商主要在服裝、服飾品和鞋子上發動大的攻擊	工廠門市部：卡沙（餐具）；獨立的廉價零售商：法林地下商店；倉庫俱樂部（或批發商俱樂部）：沃爾瑪擁有的山姆俱樂部
超級商店	平均面積3.5萬平方英尺，主要滿足消費者在日常購買的食品和非食品類商品方面的全部需要，通常提供諸如洗衣、乾洗、修鞋、支票兌換和付帳等服務	皮特斯馬特（寵物供應）；斯特普爾斯（辦公用品）
目錄商店	應用於大量可供選擇的毛利高、週轉快的有品牌商品的銷售。它們包括珠寶、電動工具、照相機、皮包、小型設備、玩具和運動器等	服務商品公司

(2) 無商店零售商

無商店零售商包括直接攤銷、直接營銷、自動售貨和購物服務，如表 10-2 所示。

第十章 分銷策略

表 10-2　　　　　　　　　　　非零售商店主要類型

類別	描述	例子
直接推銷	直接推銷方式始於幾個世紀以前，從最初的沿街叫賣發展而來，現在已成為一個90億美元的行業	直接推銷有三種形式： 一對一推銷：雅芳（個人化妝品）； 一對多（聚會）推銷：玫琳凱化妝品公司； 多層次（網絡）營銷：安利
直接營銷	起源於郵購和目錄營銷，但今天還包括了其他能接觸人的形式，如電訊營銷、電視直復營銷（家庭購買程序和信息商品）以及電子購買等	家庭購買網絡和QVC網絡（電視直播）； 蘭德恩特（目錄商店）； 1-800-花店（電訊營銷）
自動售貨	用於多種商品，包括帶有很大方便價值的衝動型商品（香菸、軟飲料、糖果、報紙、熱飲料等）和其他產品（襪子、化妝品、食品快餐、熱湯和食品、紙面簿、唱片集、膠卷、T恤衫、保險單、鞋油，甚至還有魚餌）	可口可樂售貨機，《紐約時報》新聞盒
購物服務	一種為特定委託人服務的無店零售方式。這些委託人通常是一些大型組織如學校、醫院、協會和政府機構的僱員。委託人有權向一組選定的零售商購買，這些零售商同意給予購物服務組織成員一定的折扣	聯合購物服務組織（向它的90萬成員提供了按「成本加8%」購買商品的機會）

（3）零售組織

零售組織包括公司連鎖商店、自願連鎖店、零售商店合作組織、消費者合作社、特許經營組織和商業聯合大公司，如表10-3所示。

表 10-3　　　　　　　　　　　零售組織主要類型

類別	描述	例子
公司連鎖	兩個或兩個以上的商店同屬一個所有者所有和管理，經銷同樣的商品，有中心採購部和商品部，甚至連商店建築也可以採用統一的基調	鐵塔唱片，費法（鞋），波特利‧本（餐具和家庭家具）
自願連鎖店	由某個批發商發起，若干零售商參加的組織，從事大規模購買和統一買賣	經營雜貨的獨立雜貨商聯盟（IGA），經營五金商品的真價五金公司
零售商合作組織	由若干零售商組成，它們成立一個中心採購組織，並且聯合進行促銷活動	聯合雜貨商（雜貨）
消費者合作社	指為顧客自己所有的零售公司。這種商店可以把價格定得低一些，也可以價格照常，合作社成員則可按其個人的購買量多少分到相應的紅利	在本國的各種當地消費者合作社

表10-3(續)

類別	描述	例子
特許經營組織	指特許人（一家製造商、批發商或服務組織）和特許經營人（在特許經營系統中，購買擁有或者經營其中一個或幾個單元的獨立的生意人）之間的一種契約性聯合。特許經營組織通常是以某種獨一無二的產品、服務，或者某種經營方式、一個商標、一項專利、特許人的聲譽為基礎	麥當勞，地鐵三明治，必勝客，吉飛·盧貝，梅內克·穆夫拉斯
商業聯合大公司	由幾種不同的零售業務和形式聯合組成的所有權集中的松散型公司，組織內各零售商的分銷和管理職能實行若干程度的一體化	F. W. 華爾華茲公司，除了經營綜合商店，還經營金尼鞋店

　　與產品一樣，每種零售形式也有「生命週期」，一種零售商店類型在某個歷史時期出現，經過一個迅速發展的時期，日臻成熟，然后衰退。新商店類型的出現是為了滿足顧客對服務水平和具體服務項目的各種不同的偏好。

　　大多數產品種類的零售商可在下列四種服務水平上定位：

　　(1) 自助零售：用於許多零售業務，特別是方便商品，某種程度上也適用於選購品。

　　(2) 自選零售：顧客自己尋找所需要的商品，儘管他們可以要求幫助。

　　(3) 有限服務零售：提供較多的銷售幫助，因為這些商店經營的選購品較多，顧客需要較多的信息。

　　(4) 完全服務零售：銷售人員準備在尋找——比較——選擇過程的每一環節上都提供幫助。

　　2. 零售商營銷決策

　　零售商正在尋求新的市場營銷戰略以吸引並保留顧客。過去，零售商以獨一無二的產品，比競爭者提供更多或者更好的服務或信用卡來吸引顧客。今天，全國性商標產品的製造商，為了爭取多出售貨物，將他們的帶商標的產品到處擺設。因此，商店提供更多類似的花色品種——全國性商標品牌不僅在百貨商店，也在大量商品及低價折扣商店中出現。結果，商店看起來愈來愈相似：它們已變得「商品化」。在任何城市，一個購貨者能找到許多商店，但產品的類別很少。

　　服務的差別在零售商中也已縮小。許多百貨商店削減服務而折扣商卻增加他們的服務。消費者變得更加精明而且對價格更加敏感。他們認為沒有理由為相同的品牌多付錢，尤其當服務的區別正在縮小時。而且由於如今大部分商店都接受銀行的信用卡，消費者不再需要從一個特定的商店得到信貸。鑒於上述所有理由，許多零售商目前正在重新思考他們的市場營銷策略。零售商面臨有關他們目標市場和定位、產品分類和服務、價格、促銷及分銷的主要市場營銷決策。

第十章　分銷策略

（1）目標市場和定位決策

零售商首先必須確定他們的目標市場，然後決定如何在這些市場定位。商店應該把注意力集中在高級還是中級購貨者身上呢？目標購貨者希望多樣化、深層的分類、方便還是低價呢？對市場下定義並描述一個輪廓以前，零售商不能對產品分類、服務、定價、廣告、商店裝修做出一致的決策，或任何其他能夠支持他們地位的決定。

太多零售商未能對他們的目標市場和地位明確地做出規定。他們試著給「每個人一些東西」而最后卻未能好好滿足任何市場。與此相對照，成功的零售商為他們的目標市場明確地下定義並有力地將他們自己定位。

（2）產品分類和服務決策

零售商必須決定主要的產品變數：產品分類、服務組合和商店的氣氛。

零售商的產品分類必須符合目標購貨者的期望。零售商必須決定產品分類的廣度及其深度。這樣，一個餐館可以提供一種狹窄和淺的分類（小的午餐櫃臺），一種狹窄和深的分類（熟食店），一種寬的和淺的分類（自助食堂），或者一種又寬又深的分類（大餐館）。另一種產品分類因素是商品的質量：顧客感興趣的不僅是選擇的範疇而且是可獲得的產品的質量。

不管商店的產品分類和質量水平是什麼，總有競爭者具有類似的分類和質量。因此，零售商必須尋找其他的方法將自己與相似的競爭者加以區別。他能採用幾種戰略的任何一種。第一，他可提供沒有其他競爭者出售的商品——他自己的私人商標或他獨占的全國性商標。第二，零售商能以一鳴驚人的商品推銷為特色。第三，零售商憑藉提供一種高度針對性的產品分類來使自己與眾不同。

零售商必須決定提供給顧客的一種服務組合，如表10-4所示。老式的「夫妻」雜貨店提供送貨上門、信貸和會話——今天超級市場所疏忽的服務。服務組合是非價格競爭的主要工具之一，它使得一家商店與另一家有所區別。

表10-4　　　　　　　　　　典型的零售服務組合模式

售前服務	售後服務	輔助服務
1. 接受電話訂貨	1. 送貨	1. 兌現支票
2. 接受郵購訂貨	2. 正規包紮	2. 提供一股信息
3. 廣告	3. 禮品或包紮	3. 免費停車場
4. 櫥窗陳列	4. 商品調整	4. 餐廳
5. 店內陳列	5. 退貨	5. 修理
6. 試衣室	6. 換貨	6. 內部裝飾
7. 營業時間	7. 代客剪裁	7. 信用交易
8. 時裝表演	8. 代客安裝	8. 休息室
9. 舊貨折舊收進	9. 代客刻字	9. 照看嬰兒服務

商店的氣氛是它的產品是否受歡迎的另一因素。每個商店都有一種具體的佈局使得人們在其中移動或者困難或者方便。每一個商店都有一種「感覺」：一家商店雜亂，另一家有吸引力，第三家豪華，第四家陰沉。商店必須有一種事先安排好的氣氛適合目標市場並促使顧客去那兒購貨。一家銀行應該是安靜、可靠及和平的；一家夜總會應該是閃爍的、喧鬧的和震動的。愈來愈多的零售商正努力地創造符合他們目標市場的購貨環境。

(3) 價格決策

零售商的價格政策是一個關鍵的定位因素，它的確立涉及目標市場、產品及服務分類的競爭。所有零售商都希望賣價高並達到高銷售量，但這兩者很少能兼之。大部分零售商尋求較低的銷售量高標價（大部分專賣商店）或較高的銷售量低標價（超級市場及折扣商店），零售商也必須注意定價的戰術。大部分零售商會在某些項目定低價，或者為招攬顧客或者虧本出售。在一些情況下，他們對全店商品減價出售。在另一些情況下，他們計劃對銷路不佳的商品減價。

(4) 促銷決策

零售商採用正常的促銷工具，如廣告、個人推銷、營業推廣和公共關係，與消費者取得聯繫。他們在報紙、雜誌、無線收音機及電視上做廣告。廣告可能被通告和直接郵件所支持。個人推銷需要仔細地培訓銷售人員有關如何迎接顧客、滿足他們的需求和處理他們的投訴。營業推廣可包括店內示範、展覽、競賽和訪問名人。公共關係活動，如記者招待會和演說、商店開業、特殊事件、新聞通訊、雜誌和公共服務活動對零售商總是有效的。

(5) 地點決策

零售商經常引證在零售業成功的三個重要因素：地點、地點及地點！一個零售商的地點是吸引顧客的關鍵。而且建築物和租賃設施的費用對零售商的利潤有一種重要的影響。因而，店址決策是零售商所做的最主要的一種。小的零售商可能必須滿足於他能找到或負擔得起的任何地點。大的零售商通常雇用專家使用先進方法來選址。

3. 零售業的發展趨勢

全球宏觀環境的持續惡化，讓人無法不對未來有所擔憂，這些後果已經由前端產業正式傳導到末端的零售業，如業績下滑、利潤驟減……「抑通脹、調結構、促發展和改革」是目前中國宏觀調控的首要任務，意味著更多的商品需要由國內市場去消費。在以消費為主導的經濟發展模式中，商業是經濟內部循環最重要的環節。雖然目前零售業的市場環境已被多重因素顛覆，行業也正在發生重大而深遠的變革。無論是品牌塑造，還是競爭環境，無論是消費者購物習慣的選擇，或者經濟環境的變化，連鎖零售企業若是固守傳統思路，就會面臨當初以自身模式徹底淘汰櫃台式銷售一樣的結局。但是每一次市場的重大轉變，總是為很多企業帶來成長機遇。例如沃爾瑪是折扣店的開創者，家樂福是一站購齊的導演者，麥德龍是倉儲賣場的推

第十章　分銷策略

進者，7-11 是便利店行業的先行者……

零售業的發展趨勢：

零售新形式：新的零售形式不斷湧現，威脅著現有的零售形式。

零售生命週期縮短：由於變革在加速，所以新的零售形式的生命週期正在縮短。

非商店零售：電子時代極大地增加了非商店零售的機會。

各類商店的競爭加劇：當前在不同類型商店之間的競爭愈演愈烈。

零售業兩極分化：由於各類型商店之間的競爭日益加劇，零售商在其所經營的各個產品線上定位時便出現了兩極化的情況。

巨型零售商：超級零售商出現了。通過高級信息系統和購買力，這些巨型零售商使顧客得到強有力的價格優惠。

一次完全全部購物的定義在改變：諸如西爾斯和梅西等百貨商店過去珍視它們的一次購足的方便性。

垂直營銷系統的發展：營銷渠道的管理與計劃的專業化程度越來越高。

戰略組合方法：零售技術作為競爭手段正變得日益重要。

大零售商的全球擴張：零售商正以其獨特的形式和強大的品牌促銷，日益快速地走向其他國家。

零售商店成為社區活動的中心。

二、批發

根據中國批發業發展的特點，我們將批發（Wholesale）定義為：批發是指不以向大量的最終家庭消費者直接銷售產品為主要目的的商業組織，相反它們主要是向其他商業組織銷售產品，如零售商、貿易商、承包商、工業用戶、機構用戶和商業用戶。

美國著名營銷大師菲利普·科特勒在《市場營銷管理》一書中對批發作了如下定義性表述：「批發包含一切將貨物或服務銷售給為了轉賣或者商業用途而進行購買的人的活動。」

美國普查局認為，所謂批發是指那些將產品賣給零售商和其他商人或行業機構、商業用戶，但不向最終消費者出售商品的人或企業的相關活動。

作為產銷的中間環節，批發與零售的主要區別在於：批發主要是為中間性消費者進行的購銷活動；而零售則是為最終消費者服務的。因此，批發是一種購銷行為：其一是購進，即直接向生產者或供應商批量購進產品，這種購進的目的是為了轉賣，並非自己消費；其二是銷售，將產品批量轉賣給其他商業組織。

批發商（Wholesalers）是指向生產企業購進產品，然后轉售給零售商、產業用戶或各種非營利組織，不直接服務於個人消費者的商業機構，位於商品流通的中間

環節。

1. 批發的主要類型

根據不同的分類標準，批發可分為不同的類型。常見批發類型如下：

（1）根據銷售區域的不同劃分，批發可以分為地方性批發、區域性批發和全國性批發三類。

①地方性批發。地方性批發是指在一個較小的交易區域內進行批發貿易。一般來說，地方性批發易於與最終消費者接觸，能夠及時準確地瞭解地方市場的需求狀況，有利於為最終消費者提供適銷對路的產品。但地方性批發一般規模不大，不利於大量採購和充分備貨。

②區域性批發。區域性批發是介於地方性批發和全國性批發之間的批發貿易。區域性批發的經營範圍比地方性批發大，比全國性批發小。區域性批發貿易既可以是大眾化商品，也可以是專門性的商品。採用這種批發模式的好處在於：既可以用大量採購降低成本，又可以盡可能多地接觸最終消費者，為最終消費者提供適銷對路的商品。

③全國性批發。全國性批發是指在全國範圍內進行批發貿易。一般來說，全國性批發貿易往往只經營大眾化商品，很少經營特殊商品。全國性批發貿易往往在全國設有若干分支機構或經營網點，也就是說具有全國性的銷售網絡。

與地方性批發和區域性批發相比，其有利之處在於：可以通過大批量採購來降低成本，從而取得規模效益；其不足之處在於：如果管理者不注重對各地市場信息的收集，不注重對消費者最終需求的瞭解，就很難為消費者提供適銷對路的商品。

（2）根據批發交易經營範圍的不同，批發分為普通批發和專業批發兩類。

①普通批發。普通批發是指經營範圍廣，商品種類和規格相對較多的批發貿易。普通批發大多是指綜合批發貿易或百貨批發貿易，這種批發模式的有利之處在於能夠適應各種綜合性零售貿易的需要。

②專業批發。專業批發是指專業程度較高，專門經營某種或某類商品的批發貿易。專業批發的對象主要為專業商店及生產消費單位。

（3）根據商品流通環節的不同，批發分為一道批發、二道批發和多道批發三類。

①一道批發。一道批發又叫頭道批發，是指直接從生產企業採購商品后進行的批發貿易。頭道批發的流通環節相對較少，易於形成價格優勢。

②二道批發。二道批發是指從一道批發企業採購商品后的批發貿易。

③多道批發。多道批發是指從二道批發或二道以上批發企業採購商品后進行的批發貿易。

一般來說，多道批發由於流通環節較多，流通費用會適當增加，最終導致商品

第十章　分銷策略

價格上漲，因此一般不宜採用此類模式。

2. 批發商的功能

（1）推銷和促銷：批發商提供推銷隊伍，使製造商能以較小的成本開支接近許多小顧客。

（2）採購和置辦多種商品：批發商能夠選擇和置辦其顧客所需要的商品品目和花色，這樣就減少了顧客的大量工作。

（3）整買零賣：批發商通過購買整車運載的貨物，把整批貨物分解成較小單元，為其顧客節省費用。

（4）存貨：批發商備有一定的庫存，因為他們比製造商近。

（5）融資：批發商為其顧客提供財務援助，如准許賒購等，同時也為其供應商提供財務援助，如提早訂貨、按時付款等。

（6）承擔風險：批發商由於擁有所有權而承擔了若干風險，同時還要承擔由於偷竊、危險、損壞和過時被棄所造成的損失。

（7）市場信息：批發商向他們的供應者和顧客提供各種活動、新產品、價格變化等方面的情報。

（8）管理服務和建議：批發商經常幫助零售商改進其經營活動，還可通過提供培訓和技術服務，幫助產業客戶。

3. 批發商的類型

批發商的形式共有四類：

（1）商業批發商，包括全部服務批發商。這種批發商執行批發商的全部職能：預測顧客的需求，銷售和促銷，採購和置辦各種商品，整買零賣、儲藏、運輸，提供市場信息和提供管理服務及諮詢、資金融通、風險承擔；有限服務批發商，為了減少經營費用，降低批發價格，只執行批發商部分職能或提供部分服務，包括現金交易運貨、自理批發商、卡車批發商、直送批發商、貨架寄售批發商、生產合作社和郵購批發商等方式。

（2）經紀人和代理商，包括商品經紀人、製造商代理商、銷售代理商、進出口代理商、採購代理商和佣金商。

（3）製造商和零售商的分部、營業所、採購辦事處。

（4）其他批發商，如農產品集貨商和拍賣公司。

三、服務化物流

渠道是每一個企業生存和發展的生命線，實體分配以工廠為起點，管理者通常要選擇合適的營銷渠道、物流渠道將產品運往目的地。現如今，實體分配的概念已經延伸到更廣泛的供應鏈管理的概念。正如英國著名供應鏈專家馬丁·克里斯多夫

市場營銷學

曾經說：「市場上只有供應鏈而沒有企業，21世紀的競爭不是企業和企業之間的競爭，而是供應鏈和供應鏈之間的競爭。」

供應鏈（Supply Chain, SC）是圍繞核心企業，通過對信息流、物流、資金流的控制，從採購原材料開始，制成中間產品以及最終產品，最后由銷售網絡把產品送到消費者手中的將供應商、製造商、分銷商、零售商直到最終用戶連成一個整體的功能網鏈結構。供應鏈管理（Supply Chain Management, SCM）起點要早於實物分配，包括獲得正確輸入品（原材料、組件和資本設備）過程；有效地把它們轉化為製成品，分發到最終目的地。它甚至還擴展至研究公司的供應商自己怎樣獲得它們的輸入品並化為原材料。對供應鏈的透視能幫助公司辨認優秀的供應者並改進生產效率，這最終導致公司成本下降。

美國物流管理協會將物流（Logistics）定義為：物流是供應鏈的一部分，是為了滿足客戶需求而對商品、服務及相關信息從原產地到消費地的高效率、高效益的正向和反向流動及儲存進行的計劃、實施與控製過程。

中國的物流術語標準將物流定義為：物流是物品從供應地向接收地的實體流動過程中，根據實際需要，將運輸、儲存、裝卸、搬運、包裝、流通加工、配送、信息處理等功能有機結合起來實現用戶要求的過程。

我們理解它不僅把物流納入了企業間互動協作關係的管理範疇，而且要求企業在更廣闊的背景上來考慮自身的物流運作。即企業不僅要考慮自己的客戶，而且要考慮自己的供應商；不僅要考慮到客戶的客戶，而且要考慮到供應商的供應商；不僅要致力於降低某項具體物流作業的成本，而且要考慮使供應鏈運作的總成本最低。總之，該定義反應了隨著供應鏈管理思想的出現，強調「物流是供應鏈的一部分」；並從「反向物流」角度進一步拓展了物流的內涵與外延。

1. 服務化物流

服務化物流就是以滿足消費者的需求為目標，組織貨物的合理流動。具體而言，就是把商品的採購、運輸、倉儲、加工、整理、配送、銷售和信息等方面有機結合起來，選擇最佳的方式與路徑，以最低的費用和最小的風險，保質、保量、適時地將貨物從供方運到需方，為消費者提供多功能、一體化的綜合性服務。這是一系列的協調活動與「物」並無聯繫，它們的目的是以盡可能高的成本效益和服務效率來完成顧客的服務請求。

服務物流的活動包括預測需求、規劃企業服務能力、分析顧客要求、確定服務傳遞方案、組織服務網絡能力、協調傳遞過程。服務物流不能簡單理解成服務企業的物流，它同樣可以存在於產品企業中。隨著競爭的加劇，服務物流管理將在生產企業中起著越來越重要的作用。服務化物流的計劃步驟如圖10-4所示。

第十章 分銷策略

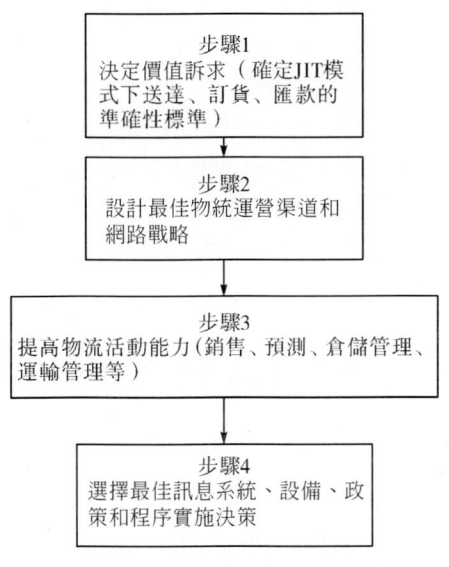

```
┌─────────────────────┐
│ 步驟1               │
│ 決定價值訴求（確定JIT模│
│ 式下送達、訂貨、匯款的│
│ 準確性標準）        │
└──────────┬──────────┘
           ↓
┌─────────────────────┐
│ 步驟2               │
│ 設計最佳物統運營渠道和│
│ 網路戰略            │
└──────────┬──────────┘
           ↓
┌─────────────────────┐
│ 步驟3               │
│ 提高物流活動能力(銷售、預測、倉儲管理、│
│ 運輸管理等)         │
└──────────┬──────────┘
           ↓
┌─────────────────────┐
│ 步驟4               │
│ 選擇最佳訊息系統、設備、政│
│ 策和程序實施決策    │
└─────────────────────┘
```

圖 10-4 服務化物流的計劃步驟

2. 整合物流系統

物流是為滿足消費者需要而進行從起點到終點間的原材料、中間過程庫存、最后產品和相關信息有效流動和儲存的計劃、實施控製管理過程；是對運輸、裝卸、包裝、保管、信息及流通服務的統稱。系統是由相互作用和相互依賴的若干組成部分結合而成的，具有特定功能的有機整體，而且這個整體又是它從屬的更大的系統的組成部分。

服務化物流管理要求建立整合物流系統（Integrated Logistics System, ILS），它包括建立在信息技術基礎上的原材料公司、物料流動系統和實體分配。而物流系統是指在一定的時間和空間裡，由所需位移的物資、包裝設備、裝卸搬運機械、運輸工具、倉儲設施、人員和通信聯繫等若干相互制約的動態要素所構成的具有特定功能的有機整體。

物流系統整合就是物流系統為提供高效優質的綜合服務，在同外部環境協調一致的基礎上，內部各要素之間、各服務功能之間以及不同層次組織之間在實體上和軟環境上進行的聯繫、協調乃至重組。物流整合服務還能在普遍降低物流系統運作成本的同時，提供高效、優質的綜合服務來滿足各種靈活多變的物流需求。

從邏輯上講，物流系統整合服務將會創造更寬廣的大型企業。例如第三方物流、第四方物流，在這一新興綜合服務領域中，既有傳統的經營者，如快遞、對方付費貨運、公路運輸公司，也有新的加入者，如國有鐵路、私有鐵路、郵政公司。在西方發達國家，以第三方物流為主的「大物流」系統十分發達，企業對第三方物流的利用率超過了75％，而在中國尚不足30％。第三方物流業務要使用專門的物流設

施、快速反應的信息系統,一般需要很高的固定資金投入,固定成本在總成本中佔有很大的比例。對於許多中小企業來說擴大規模、整合物流需要一筆大的資金投入,會給他們帶來不小的風險。又只能隨著規模的擴大,物流平均成本才會呈現出下降的趨勢,具有規模經濟性。從市場競爭的要求看,第三方物流也只有擁有一定的規模時,才能確保價格大於其平均成本,才可能盈利。因而,一定的規模是第三方物流生存的必要條件。第三方物流由於規模大、現代化水平高,加之契約制度的完善,能夠有效地協調生產、流通和消費之間的物流活動,通過和企業的契約關係,利用信息化高科技手段、專業化的設備,才能把物流活動的各環節,從點到面有機地串聯起來,快速完成物流過程。

物流系統的整合給第四方物流的發展也會帶來契機。20世紀末,一些大型製造商開始認識到,要進一步改進物流績效,需要針對整個供應鏈實施更加有效的方法,而不只是優化運輸、分撥和倉儲等單個功能的零星努力。與此同時,Mangistics Descartes等軟件商已可以提供成熟的軟件來管理供應鏈信息,並對以前孤立的功能如生產、客戶關係管理、倉儲、運輸等系統進行整體優化。在這一背景下,出現了提供供應鏈管理服務的供應鏈創新商,如埃森哲(Accenture)、施耐德(Schneidr)等,稱為第四方物流服務商(4PL)。

第四方物流服務商通過整合和管理自身的以及其他服務提供商補充的資源、能力和技術,提供全面的供應鏈解決方案,遠遠超出第三方物流服務商的服務領域,提供給客戶更大的功能整合和更廣泛的運行自主。第四方物流服務作為與客戶的唯一界面,通過團隊夥伴或聯盟的形式管理多個服務商,將自身的能力和最佳物流服務商相結合來提供解決方案,既是物流系統整合后的發展產物又是整合物流資源的有效方式。

3. 服務化物流目標

物流的核心觀念是服務觀念,服務平臺和服務戰略已成為企業物流發展的基本戰略之一。許多公司都是將「如何追求費用更低、速度更快、將適當的產品在適當的時間運到適當的地方」作為公司的物流目標。但是隨著物流市場競爭的加劇,消費者對服務體驗的追求,物流系統不得不面臨需要同時完成最佳顧客服務和最低營運成本的目標。然後根據物流的背反原理,服務水平的提高往往也伴隨著成本的增加。

服務化物流管理必須進行權衡,從全局出發制定決策。最基本的起點是研究顧客的需求和競爭對手的提供品。顧客的需求包括商品審美、商品時代性、按時交貨、售後服務等。公司必須研究上述服務對顧客的相對重要性。例如麥當勞物流服務,為了提高食物的質量,麥當勞在全球範圍內都建立了和運行著一套完善的生產、供應、運輸等一系列的網路系統,以確保餐廳得到高品質的原料供應。而且無論何種產品,只要進入麥當勞的採購和物流鏈條,必須經過一系列嚴格的質量檢查。

第十章　分銷策略

4. 服務化物流決策

物流管理必須解決四個問題：如何處理訂單？商品存儲的地點如何選擇？如何確定安全庫存？如何制訂合理運輸方案？

（1）訂單管理

訂單管理（Order Management）是一個常見的管理問題，可用來發掘潛在的客戶和現有客戶的潛在商業機會。訂單管理內容包含在公司的客戶訂單處理流程中，對客戶下訂單的方式多種多樣、訂單執行路徑千變萬化、產品和服務不斷變化、發票開具難以協調等情況的處理。

（2）倉儲

倉儲是指在產品生產、流通過程中因訂單前置或市場預測前置而使產品、物品暫時存放。它是集中反應工廠物資活動狀況的綜合場所，是連接生產、供應、銷售的中轉站，對促進提高生產效率起著重要的作用。例如，2014年，京東營運商——京拍檔公司為了開展自營生鮮業務，在新發地購置了500平方米的倉庫，其中冷鏈倉儲面積為50平方米，冷鏈物流則選擇和第三方快遞「快行線」進行合作，可滿足京拍檔公司的農鮮生冷鏈物流系統能夠為全國26個一線城市進行配送。

（3）存貨

存貨是指企業在正常生產經營過程中持有以備出售的產成品或商品，或為了出售仍然處在生產過程中的在製品，或將在生產過程或提供勞務過程中耗用的材料、物料等。

企業的存貨通常包括原材料、在製品、半成品、商品和週轉材料等。

對於很多製造商、批發商和零售商而言，庫存是最大的單項資產投資。庫存投資占製造商總資產的20%以上，對於批發商和零售商而言這一數字超過了50%。從存貨所占用的資金數量及其在企業總資源中所占的相對比例可以知道，存貨是企業具有重要意義的一個核心成本。

（4）運輸

運輸方式的選擇會影響產品定價、準時交付率以及商品運達時的狀態，而所有這些又將影響顧客的滿意度。在將商品運往倉庫、經銷商和顧客時，公司可根據速度、運貨頻率、可信度、能力、可得性、可追蹤性和成本等標準從鐵路、公路、水路、航空、管道運輸中進行選擇。

集裝箱的出現使得托運人開始更多地將兩種或兩種以上的運輸方式相結合使用。集裝箱運輸（Container Transport），是指以集裝箱這種大型容器為載體，將貨物集合組裝成集裝單元，以便在現代流通領域內運用大型裝卸機械和大型載運車輛進行裝卸、搬運作業和完成運輸任務，從而更好地實現貨物「門到門」運輸的一種新型、高效率和高效益的運輸方式。

無論選擇哪種運輸方式，都必須要從公司的運輸系統自身和物流系統角度考慮選擇運輸的合理性和避免不合理運輸方式。合理運輸應考慮到運輸成本、運輸時間、

運輸一致性和運輸安全性。不合理的運輸表現形式為對流運輸、迂迴運輸、棄水走陸、鐵路短途運輸、水路過近運輸、空駛、虧噸或超載運輸、無效運輸等。

本章小结

　　分銷渠道是指產品和服務在從生產者向消費者轉移的過程中，取得這種產品和服務的所有權或幫助所有權轉移的所有企業和個人。影響渠道設計的主要因素有顧客特徵、產品特徵、中間商特徵、競爭特徵、企業特徵和環境特徵。企業必須對個別中間商進行選擇、激勵與定期評估。批發和零售是在分銷渠道中執行兩種不同職能的活動。批發商主要有商人批發商、經紀人和代理商以及製造商銷售辦事處。零售商的組織形式主要有商店零售商、無門市零售商、新興的網絡銷售。零售業發展歷史上曾出現過四次重大變革：百貨商店的誕生，超級市場的誕生，連鎖經營的興起，信息技術的興起。中國批發業經過改革和重組，傳統的批發商業由現代的批發業代替，並獲得發展。中國改革開放以來，社會經濟有了根本性的變化，商品市場由原來的賣方市場向買方市場轉變，人們的消費結構、消費習慣、消費水平都與過去有了較大的區別，因而零售業也出現了相應的變革與創新。

　　物流作為市場營銷的一部分，不僅包括產品運輸、保管、裝卸、包裝，還包括在開展這些活動時所伴隨的信息傳播。物流現代化包括條形碼技術、電子貨幣、電子收款機、電子數據交換、電子標籤等。

思考与练习

1. 市場營銷渠道與分銷渠道有何區別？
2. 在市場經濟條件下，營銷渠道對企業管理有何重要意義？
3. 中國企業渠道管理中存在哪些主要問題？如何解決？
4. 如何正確處理渠道成員之間的利益衝突？

课后案例

歐萊雅的營銷戰略佈局

　　在歐萊雅的戰略佈局裡，每一個品牌的進與退都是整體行為，無論是小護士、羽西，還是巴黎歐萊雅，每一次的攻與守、進與退都與戰略有關。站在戰略的高度

第十章　分銷策略

審視它，就會發現歐萊雅每走一步都是謹慎而具有深意的。在複雜的中國市場，歐萊雅併購小護士的舉動被各種聲音解讀著。在公眾的潛意識裡，跨國公司收購中國品牌似乎關乎民族情結。在接下來的幾年裡，中國區總裁蓋保羅通過行動證明他沒有讓「小護士」消失，反而更好了——小護士不僅實現了兩位數的同比增長，借由它的渠道，卡尼爾順利挺進中國市場。更懂中國的歐萊雅摸索出了一條開拓二三線市場的模式正是所謂的小護士「雪藏」時期。在歐萊雅的金字塔版圖裡，小護士的得與失似乎對歐萊雅的大局並沒有影響。可從戰略意義上看，小護士不僅是一個練兵場，而是歐萊雅渠道下沉的一次戰略卡位，其最終目的是讓卡尼爾成功進入到二三線城市市場。2003年，歐萊雅集團收購小護士，同時也一併獲得了其在二三線城市的近28萬個銷售終端，此后3年，借力於小護士的渠道優勢和品牌影響力，卡尼爾快速成長。

蓋保羅將卡尼爾定位為大眾化妝品品牌，但實際上，無論從品牌認知還是在價格策略上，卡尼爾給人的感覺並不「大眾」。最開始，卡尼爾是一個專櫃品牌，其設立的「卡尼爾研究中心」讓其科技感十足，並在消費者心目中形成既定的品牌印象。一方面，借小護士渠道進入大眾化的超市渠道後，卡尼爾並沒有大幅度調低價格，以至於在許多市場被價格區間集中在20～60元的同級對手妮維雅所超越。另一方面，由於資源投放的不均衡，在一些三四線市場，卡尼爾產品線只有三四十種，這對終端的銷售產生了一定影響。好在，劉亦菲版本的電視廣告播放頻次大大提高，促銷力度也有所加強，這對卡尼爾的整體銷量起到了相當大的提升作用。

除了小護士外，另一個併購來的品牌羽西也備受媒體關注。這個以創辦人靳羽西而命名的化妝品品牌，是市場為數不多的具有濃鬱中國風情的中高端化妝品品牌之一，然而由於各種因素，羽西一直在市場上表現平平。很自然，人們將又用懷疑的眼光對準了蓋保羅。其實，作為運作了幾十年的成熟品牌，羽西的品牌開始老化，在許多年輕女士心目中漸漸失去了吸引力。年輕化、高端化、國際化成為蓋保羅改造羽西的三個關鍵詞，在他的努力下，不論在形象代言人、產品配方還是品牌包裝上，羽西都有了全新變化。

在歐萊雅的金字塔裡，小護士與卡尼爾定位相近、渠道相同、資源共享，如果兩駕馬車齊頭並進，摩擦、衝撞甚至消耗不可避免。小護士雖然在併購之初擁有極高的知名度，但由於針對人群過於年輕，價格相對便宜，致使毛利潤並不高，而卡尼爾是歐萊雅在全球市場上的一個重要戰略支撐，有著成熟的產品和廣泛的美譽度。兩相權衡之下，歐萊雅選擇了卡尼爾這個國際品牌作為大眾渠道市場的排頭兵，即便如此，卡尼爾大舉拓展中國市場，也是幾年之後的事。「歐萊雅從不輕易推新產品」，歐萊雅中國區副總裁蘭珍珍認為，正是這種謹慎讓歐萊雅在中國市場上走得很穩。金字塔戰略形象地勾勒了歐萊雅的多品牌格局，只有形成良好的佈局，才能讓品牌互為支撐、彼此扶持。如今，歐萊雅集團在全球擁有26個知名品牌，在中國內地則達到17個。之所以它能成功管理這麼多的品牌，在於每個品牌有著極為鮮明

的特性，滿足不同層次消費者的需求，而對於定位相近甚至相衝突的品牌，它亦能做出果斷、藝術地處理。

在市場營運上，每個品牌是一個單獨的業務單元，有著各自的營銷團隊，在廣告、渠道、促銷及定價策略上，各品牌總經理擁有相當大的自主權。這種組織模式能快速應對激烈的市場競爭，而且加強了內部的競爭。但如果遇到重大的戰略調整，每個品牌總經理不得不顧全大局，為其讓路。歐萊雅在金融危機下逆勢而上，在很大程度上歸功於其牢固的品牌架構，哪怕是一個品牌在市場上表現不佳，也無法遏制整體增長勢頭。

第十一章　促銷策略

学习要点

通過學習本章內容，理解促銷以及促銷組合的內涵；能綜合運用人員推銷、廣告、營業推廣、公共關係等四種促銷工具；明確促銷組合決策；瞭解人員推銷過程、促銷方案的制訂、不同廣告媒體的特點、公共關係的工作程序。

开篇案例

「雙十一」電商豐收 阿里單日銷售額超 350 億元

來自阿里集團的數據顯示，截至 2013 年 11 月 11 日 24 時，天貓「11·11」購物狂歡節支付寶成交額達 350.19 億元，刷新去年「雙十一」創下的 191 億元的紀錄。

2009 年開始，阿里集團每年都會在 11 月 11 日舉行大規模的消費者回饋活動。五年間，這一天從一個普通的日子逐漸成為中國電子商務行業乃至全球關注的年度盛事。

今年天貓「雙十一」購物狂歡節參與商家規模增至 2 萬家，是去年的兩倍，涵蓋電器、服裝、家裝家飾、箱包、汽車、洗護美妝、母嬰、食品、圖書等多個行業，共 3 萬多個品牌。

同為電商的京東集團也「借節造市」。京東集團負責人接受記者專訪時說，京東是 11 月 1 日至 12 日促銷；促銷高峰在 11 月 10 日至 12 日，挑選的時間更加寬裕；從 11 月 11 日零時到中午 12 時，訂單量已達到平日全天的三倍，預計 11 月 11

日當天會突破 500 萬單。從流量來看，預計 11 日在 5 億次左右，達到平日的 2.5 倍。

據瞭解，11 月 11 日零時至早 8 時，京東電腦數碼銷售商品數量突破 25 萬件，僅電腦就售出超過 3 萬臺；手機售出超過 7 萬部，其中，蘋果、三星、華為等中高端產品實現較平日 3~7 倍的大幅增長，反應出消費者在「雙十一」大促銷中對商品、服務品質的需求日趨強勁。

擁有線上線下雙重資源的蘇寧在今年「雙十一」前後策劃發起「第一屆 O2O 購物節」。據蘇寧方面人士透露，本屆 O2O 購物節，蘇寧連鎖門店和蘇寧易購全渠道參與，銷售同比大幅上升。11 月 8 日到 11 月 10 日，蘇寧門店銷售同比增長近 100%，11 日再次刷新單日銷售記錄。11 日晚間，蘇寧決定將 O2O 購物節延期一天，預計四天總訂單量將超過 1,000 萬單。

吸取去年物流爆倉快遞變慢遞的教訓，今年各大電商都在物流配送上發力。菜鳥網絡平臺上的各大快遞公司開足馬力派送包裹。截至 11 日 17 時，處理的包裹數已經過億。京東的倉庫 24 小時滾動生產，15,000 名配送員的服務可以覆蓋全國近 1,300 個行政區縣，覆蓋 90% 的網購人群。

提升客戶體驗也是今年「雙十一」各大電商的一大賣點。11 日起，京東正式推出「退換貨運費險」，保險費商家承擔，受到買家好評。

第一節　促銷與促銷組合

一、促銷的概念及意義

1. 促銷的概念

促銷是指企業通過各種有效的方式向目標市場傳遞有關企業及其產品（品牌）的信息，以啓發、推動或創造目標市場對企業產品和服務的需求，並引起購買慾望和購買行為的一系列綜合性活動。因此，促銷的實質是企業與目標市場之間的信息溝通，促銷的目的是誘發購買行為。

促銷是企業市場營銷組合中的基本策略之一，促銷常見的方式有人員促銷和非人員促銷兩大類，其中，非人員促銷包括廣告、公共關係和營業推廣等方式。

為了有效地與消費者溝通信息，企業可以通過廣告來傳遞有關企業及產品的信息；可以通過各種營業推廣的方式來增加消費者對產品的興趣，進而促使其購買；可通過公共關係的方式來改善企業在公眾心目中的形象；可通過人員、面對面地說服消費者購買產品。在促銷的過程中，消費者又可以通過多種途徑將企業和產品以及競爭的信息反饋給企業，使企業能及時準確地掌握市場信息，為下一步的生產經營提供有益的參考。由上可見，促銷是信息的雙向溝通過程，而且是不斷循環的雙

第十一章　促銷策略

向溝通。

2. 促銷的作用

促銷在企業經營中的重要性日益顯現，具體來講有以下幾方面：

（1）提供信息，疏通渠道

產品在進入市場前後，企業要通過有效的方式向消費者和中間商及時提供有關產品的信息，以引起他們的注意，激發他們的購買慾望，促使其購買。同時，企業要及時瞭解中間商和消費者對產品的意見，迅速解決中間商銷售中遇到的問題，從而密切生產者、中間商和消費者之間的關係，暢通銷售渠道，加強產品流通。

（2）誘導消費，擴大銷售

企業針對消費者和中間商的購買心理來從事促銷活動，不但可以誘導需求，使無需求變成有需求，而且可以創造新的慾望和需求。當某種產品的銷量下降時，企業還可以通過適當的促銷活動，促使需求得到某種程度的恢復，延長產品生命週期。

（3）突出特點，強化優勢

隨著市場經濟的迅速發展，市場上同類產品之間的競爭日益激烈。消費者對於不同企業所提供的許多同類產品，在產品的實質和形式上難以覺察和區分。在這種情況下，要使消費者在眾多的同類產品中將本企業的產品區別出來，就要通過促銷活動，宣傳和介紹本企業的產品特點，以及能給消費者帶來的特殊利益，增強消費者對本企業產品的印象和好感，從而促進購買。

（4）提高聲譽，穩定市場

在激烈的市場競爭中，企業的形象和聲譽是影響其產品銷售穩定性的重要因素。通過促銷活動，企業足以塑造自身的市場形象，提高在消費者中的聲譽，使消費者對本企業產生好感，形成偏好，達到實現穩定銷售的目的。

二、促銷組合

1. 促銷組合的概念

促銷組合是指企業根據產品的特點和營銷目標，綜合各種影響因素，對人員推銷、廣告、公共關係和營業推廣四種促銷方式的選擇、編配和綜合運用，形成整體促銷的策略或技巧。

促銷組合的運用，使得促銷被作為一個系統性的策略，四種促銷方式則構成了促銷組合的四個子系統策略，每一個子系統都包含了一些可變的因素，即具體的促銷手段或工具，某一因素的改變意味著組合關係的變化，也就產生了一個新的促銷策略。促銷組合是一個重要的概念，它體現了現代市場營銷理論的核心思想——整體營銷。這一概念的提出，反應了促銷實踐對整體營銷理論的需要。

2. 促銷組合的影響因素

影響促銷組合的因素很多，企業在制定促銷組合策略時，主要考慮以下幾方面

的因素：

(1) 促銷目標

促銷目標是企業從事促銷活動所要達到的目的。促銷目標取決於企業的總體營銷目標，但在不同時期及不同的營銷策略下，企業進行的促銷活動都有其特定的促銷目標。企業的促銷目標可以分為兩類：一是增強企業獲利能力的長期目標；二是提高企業的銷售和利潤的目標。促銷目標不同，對促銷方式選擇的側重點也就不同。前者注意企業良好形象的樹立，處理好企業與社會、企業與政府、企業與公眾等之間的關係，借以創造良好的外部環境，在促銷的四種手段中，公共關係是實現這一目標的主要手段。后者則比較依賴於廣告、營業推廣和人員推銷。

(2) 產品因素

①產品的性質。對不同性質的產品必須採用不同的促銷組合。一般來講，對消費品促銷時，因市場範圍廣，應較多地採用廣告宣傳，以起到宣傳面廣和傳播速度快的作用；對工業品促銷時，因購買者的購買量較大，市場相對集中，應以人員推銷為主，利用人員推銷具有直接性和針對性的特點。

②產品的生命週期。產品在不同的生命週期，根據不同的促銷目標，應採用不同的促銷組合策略。產品在投入期，促銷的目的在於提高產品的知名度，使消費者或用戶認識產品，產生購買慾望，從而促使中間商進貨和消費者試用。廣告起到了向消費者、中間商宣傳介紹產品的功效。因此，這一階段應以廣告為主要的促銷方式，以公共關係、人員推銷和營業推廣為輔助的促銷方式。產品在成長期，銷售量迅速增長，同時出現了競爭者，這時企業的促銷目標是增進消費者或用戶對本企業產品的購買興趣，進一步激發其購買行為，因此應注重宣傳產品的特點，以改變消費者使用產品的習慣，逐漸對產品產生偏好。在這一階段，廣告仍然是促銷的重要手段，但此時的重點已經不是介紹產品了，而是增進消費者的好感與偏好，樹立產品的特色，因而需要不斷地改變廣告形式，以爭取更多的消費者和用戶，特別是購買量大和購買頻率高的購買者，如集團購買者。產品在成熟期，企業的競爭對手日益增多，企業的促銷目標應是鞏固老顧客，增加消費者對本企業產品的信任感。這一階段為了與競爭對手競爭，保持已有的市場地位，企業在保持一定廣告宣傳的前提下，注重營業推廣手段的採用，加強在終端的銷售競爭力，同時採用公共關係宣傳，以提高和保持企業和產品的市場美譽度。產品在衰退期，由於有關信息已經被消費者熟知，產品的銷售開始下降，企業的任務不再是擴大知名度，而是在延遲產品退出市場時間的同時，盡量採用成本較低的促銷手段將現有的產品銷售完畢，準備轉產。這一階段，企業可以做一些提示性的廣告，主要是有效地利用營業推廣手段，刺激產品的銷售，加速資金的週轉。在產品的整個生命週期裡，企業可以根據不同的生命週期階段採用不同的促銷方式和促銷組合，具體如表11-1所示。

第十一章　促銷策略

表 11-1　　　產品生命週期不同階段促銷組合與目標重點

產品生命週期	促銷目標與重點	促銷組合
投入期	建立產品知曉	介紹性廣告、人員推銷
成長期	提高市場知名度和佔有率	形象建立型廣告等
成熟期	提高產品的美譽度，維持和擴大市場佔有率	形象建立和強調型廣告、公共關係、輔以營業推廣
衰退期	維持信任和偏好、大量銷售	營業推廣、提示性廣告

（3）促銷策略

促銷策略從總的思想上可以分為推式策略和拉式策略兩種，如圖 11-1 所示。

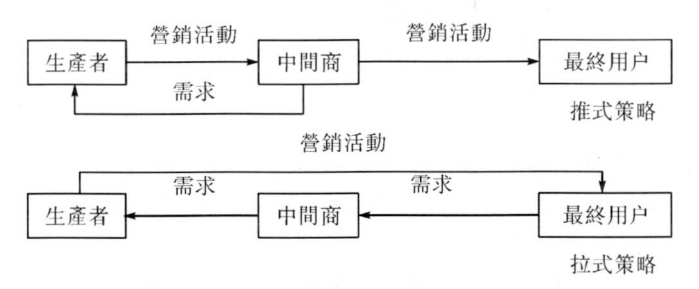

圖 11-1　促銷策略

推式策略是指企業運用人員推銷的方式，將產品推向市場，即從生產企業推向中間商，再由中間商推給消費者，故稱人員推銷策略。推式策略一般適合於單位價值較高的產品、性能複雜、需要做示範的產品，根據用戶需求特點設計的產品，流通環節較少、流通渠道較短的產品，市場比較集中的產品等。推式策略中企業主要面向的推銷對象是批發商或零售商，主要採取人員推銷和利益誘導的營業推廣方式。

拉式策略是指企業運用非人員推銷方式將消費者拉過來，使其對本企業的產品產生需求，以擴大銷售，也稱非人員推銷策略。拉式策略一般適合於價值較低的消費品，流通環節較多、流通渠道較長的產品，市場範圍較廣、市場需求較大的產品。拉式策略中企業主要面向的推銷對象是消費者，主要採取大量的廣告方式。

（4）市場特點

不同的市場，由於其規模、類型、顧客等條件的不同，促銷組合和促銷策略也有所不同。首先，市場規模的大小決定了促銷方式的不同，如果企業的目標市場具有地理位置狹小、規模小、購買者比較集中的特點，應以人員推銷為主。如果企業的目標市場具有地理位置廣闊、規模大、購買者分散、交易額小、購買頻率高的特點時，應以廣告方式為主。其次，市場的類型不同，促銷方式也不盡相同。消費者市場因消費者人數多而分散，多採用廣告等非人員推銷方式。生產者市場因用戶少、購買批量大、成交額大，則主要採用人員推銷方式。再者，在存在競爭的市場條件

下，企業的促銷組合和促銷策略還應考慮競爭者的促銷方式和策略，要有針對性地不斷變換自己的促銷組合及促銷策略。

(5) 促銷預算

企業開展促銷活動，必然要支付一定的費用。費用是企業十分關心的問題，並且企業能夠用於促銷活動的費用總是有限的。因此，在滿足促銷目標的前提下，要做到效果好而費用省，企業確定的促銷預算額應該是企業有能力負擔的，並且是能夠適應競爭需要的。為了避免盲目性，企業在確定促銷預算時，除了考慮銷售額，還要考慮到促銷目標的要求、產品生命週期等其他影響促銷的因素。

第二節　人員推銷策略

一、人員推銷的概念及特點

(一) 人員推銷的概念

人員推銷是指企業運用推銷人員通過直接向顧客介紹、說服以及解答工作，促使顧客瞭解、偏愛本企業的產品，進而採取購買行為的一種促銷方式。在人員推銷活動中，推銷人員、推銷對象和推銷品是三個基本要素，前兩者是推銷活動的主體，后者是推銷活動的客體。通過推銷人員與推銷對象之間的接觸、洽談，使推銷對象購買推銷品，達成交易，實現既銷售產品、又滿足顧客需要的目的。

(二) 人員推銷的特點

人員推銷與非人員推銷相比，既有優點又有缺點，其優點表現在以下四個方面：

1. 信息傳遞的雙向性

人員推銷作為一種信息傳遞方式，具有雙向性。在人員推銷過程中，一方面，推銷人員通過向顧客宣傳介紹推銷品的有關信息，如產品的質量、功能、使用、安裝、維修、技術服務、價格以及同類產品競爭者的有關情況等，以此來達到招徠顧客、促進產品銷售之目的。另一方面，推銷人員通過向顧客接觸，能及時瞭解顧客對本企業產品或推銷品的評價；通過觀察和有意識地調查研究，能掌握推銷品的生命週期及市場佔有率等情況。這樣不斷地收集信息、反饋信息，為企業制定合理的營銷策略提供依據。

2. 推銷目的的雙重性

一重目的是激發需求與市場調研相結合，另一重目的是推銷產品與提供服務相結合。就后者而言，一方面，推銷人員施展各種推銷技巧，目的是推銷產品；另一方面，推銷人員與顧客直接接觸，向顧客提供各種服務，是為了幫助顧客解決問題，滿足顧客的需求。雙重目的相互聯繫、相輔相成。推銷人員只有做好顧客的參謀，更好地實現滿足顧客需求這一目的，才能誘發顧客的購買慾望，促成購買，使產品

第十一章 促銷策略

推銷效果達到最大化。

3. 推銷過程的靈活性

由於推銷人員與顧客直接接觸，當面洽談，可以通過交談和觀察，瞭解顧客，進而根據不同顧客的態度和反應，有針對性地改進推銷方式，以適應每個顧客的行為和需要，最終促成顧客購買。此外，還可以及時發現、答復和解決顧客提出的問題，消除顧客的疑慮和不滿意感。

4. 協作的長期性

推銷人員在推銷過程中，需要與顧客面對面交流，在交流中如果能夠把握好方式方法，可以取得顧客的理解和支持，把雙方單一的買賣關係發展成深厚的個人友誼。而感情的培養和深化，可以使顧客對企業產生信任和依賴感，從而為企業培養一批忠實的顧客，有利於企業與顧客建立長期的買賣協作關係，保持企業產品銷售的穩定。

人員推銷的缺點主要表現在兩個方面：

一是支出較大，成本較高。由於每個推銷人員直接接觸的顧客有限，銷售面窄，特別是在市場範圍較大的情況下，人員推銷的開支較多，這就增大了產品的銷售成本，並在一定程度上減弱了產品的競爭力。

二是對推銷人員的要求較高。人員推銷的效果直接取決於推銷人員的素質高低，並且隨著科學技術的發展，新產品層出不窮，對推銷人員的素質要求越來越高。推銷人員除了應具備營銷才能外，還必須熟悉新產品的特點、功能、使用、保養和維修等知識與技術。因此，對於很多企業來說，要甄別和造就出理想的、勝任其職的推銷人員比較困難，而且耗費也較大。

二、人員推銷的形式、對象、策略與步驟

（一）人員推銷的基本形式

一般來說，人員推銷有以下三種基本形式：

1. 上門推銷

上門推銷是最常見的人員推銷形式。它是由推銷人員攜帶產品的樣品、說明書和訂單等走訪顧客，推銷產品。這種推銷形式可以針對顧客的需要提供有效的服務，並方便顧客，故為顧客所廣泛認可和接受。這種形式是一種積極主動的、名副其實的「正宗」推銷形式。

2. 櫃臺推銷

櫃臺推銷又稱門市推銷，是指企業在適當地點設置固定的門市，由營業員接待進入門市的顧客，推銷其產品。門市的營業員是廣義的推銷人員。櫃臺推銷與上門推銷正好相反，它是等客上門式的推銷方式。由於門市裡的產品種類齊全，能滿足顧客多方面的購買要求，為顧客提供較多的購買方便，並且可以保證商品安全無損，

因而顧客比較樂於接受這種方式。櫃臺推銷適合於零星小商品、貴重產品和容易損壞產品的推銷。

　　3. 會議推銷

　　會議推銷是指企業利用各種會議向與會人員宣傳和介紹產品，開展推銷活動。例如，在訂貨會、交易會、展覽會、物資交流會等會議上推銷產品均屬會議推銷。這種推銷形式接觸面廣、推銷集中，可以同時向多個推銷對象推銷產品，成交額較大，推銷效果較好。

　　（二）人員推銷的推銷對象

　　推銷對象是人員推銷活動中接受推銷的主體，是推銷人員說服的對象。推銷對象有消費者、生產者和中間商三類。

　　1. 向消費者推銷

　　推銷人員向消費者推銷產品，必須對消費者有所瞭解。為此，要掌握消費者的年齡、性別、民族、職業、宗教信仰等基本情況，進而瞭解消費者的購買慾望、購買能力、購買特點和習慣等，並且要注意消費者的心理反應。對不同的消費者，施以不同的推銷技巧。

　　2. 向生產者推銷

　　推銷人員將產品推向生產者的必備條件是要熟悉生產者的有關情況，包括生產者的生產規模、人員構成、經營管理水平、產品設計與製作過程以及資金情況等。在此前提下，推銷人員還要善於準確而恰當地說明自己產品的優點；能對生產者使用該產品后所得到的效益做簡要分析，以滿足其需要；同時，推銷人員還應幫助生產者解決疑難問題，以取得其信任。

　　3. 向中間商推銷

　　與生產者一樣，中間商也對其所購產品具有豐富的專門知識，其購買行為也屬於理智型。這就需要推銷人員具備相當的業務知識和較高的推銷技巧。推銷人員在向中間商推銷產品時，首先要瞭解中間商的類型、業務特點、經營規模、經濟實力以及他們在整個分銷渠道中的地位；其次，應向中間商提供有關信息，給中間商提供幫助，建立友誼，擴大銷售。

　　（三）人員推銷的基本策略

　　在人員推銷活動中，一般採用以下三種基本策略：

　　1. 試探性策略

　　試探性策略也稱為「刺激—反應」策略。這種策略是在不瞭解顧客的情況下，推銷人員運用刺激性手段引發顧客產生購買行為的策略。推銷人員事先設計好能引起顧客興趣、能刺激顧客購買慾望的推銷語言，通過滲透性交談進行刺激，在交談中觀察顧客的反應；然后根據其反應採取相應的對策，並選用得體的語言再對顧客進行刺激，進一步觀察顧客的反應，以瞭解顧客的真實需要，誘發顧客的購買動機，引導顧客產生購買行為。

第十一章　促銷策略

2. 針對性策略

針對性策略是指推銷人員在基本瞭解顧客某些情況的前提下，有針對性地對顧客進行宣傳、介紹，以引起顧客的興趣和好感，從而達到成交的目的。因推銷人員常常在事前已根據顧客的有關情況設計好推銷語言，這與醫生對患者診斷後開處方類似，故針對性策略又稱為「配方—成交」策略。

3. 誘導性策略

誘導性策略是指推銷人員運用能激起顧客某種需求的說服方法，誘導顧客產生購買行為。這種策略是一種創造性的推銷策略，它對推銷人員要求較高，要求推銷人員能因勢利導，誘發、喚起顧客的需求，並能不失時機地宣傳介紹和推薦所推銷的產品，以滿足顧客對產品的需求。因此，從這個意義上說，誘導性策略也可稱「誘發—滿足」策略。

（四）人員推銷的步驟

不同的推銷方式可能會有不同的推銷工作步驟，通常情況下，人員推銷一般包括以下七個相互關聯又有一定獨立性的工作步驟：

1. 尋找顧客

尋找潛在顧客可以通過現有顧客的介紹以及其他銷售人員介紹，查找工商名錄和電話號碼簿等多種途徑來尋找潛在顧客。

2. 事前準備

在走出去推銷之前，推銷人員必須掌握產品知識、顧客知識和競爭者知識等三方面的知識。產品知識主要是關於本企業情況及本企業產品的特點、用途、功能等各方面情況。消費者知識主要包括潛在消費者的個人情況，具體用戶的生產、技術、資金情況，用戶的需要，購買決策者的性格特點等。競爭者知識主要包括競爭者的能力、地位和它們的產品特點等。同時，還要準備好樣品、說明材料，選定接近顧客的方式、訪問時間、應變語言等。

3. 接近

接近即推銷人員開始登門訪問，與潛在顧客開始面對面交談，要注意給顧客一個好印象，並引起顧客的注意。這一階段推銷人員要注意：

（1）給顧客一個好印象，並引起顧客的注意。因而，穿著得體、舉止優雅、言談文明、自信而友好的態度都是必不可少的。

（2）驗證在準備階段所準備的全部情況。

（3）為后面的談話做好準備。在接近時，注意使自己有一個正確的心態：即友好和自信。友好：自己與對方是進行利益交換，是互惠互利的交換；自信：你不是低人一等求別人，你的企業產品是能經得起考驗的。

4. 介紹

這是推銷過程中的重要一步。介紹要注意通過顧客的視、聽、觸摸等感官向顧客傳遞信息，其中視覺是最重要的。在介紹產品時，要特別注意說明該產品可能給

顧客帶來的利益，要注意傾聽對方的發言，以判斷顧客的真實意圖。

5. 處理異議

顧客在聽取介紹的過程中，總會提出一些異議，推銷人員應當具有與持不同意見買方洽談的語言能力和技巧，能解釋、協商，並隨時有應對否定意見的措施和論據，但不要爭辯。

6. 成交

在洽談、協商的過程中，推銷人員要隨時給予對方能夠成交的機會。介紹過程中如發現顧客表現出願意購買的意圖，應立即抓住時機成交。

7. 售後追蹤

售後追蹤的直接目的是瞭解顧客是否滿意已購買的產品，發現可能產生的各種問題，表示推銷人員的誠意和關心，並聽取顧客對企業產品提出的改進意見。

（五）人員推銷的任務

1. 溝通

與現實的和潛在的顧客保持聯繫，及時將企業的產品及其他相關信息介紹給顧客，同時瞭解他們的需求，溝通產銷信息，成為企業與顧客聯繫的橋樑。

2. 開拓

企業除了熟悉現有顧客的需求動向，還要盡力尋找新的目標市場，發現潛在顧客。

3. 銷售

推銷人員通過與顧客的直接接觸，運用推銷的藝術和技巧，達成交易。

4. 服務

推銷人員代表企業向顧客提供其他服務，如業務諮詢、技術性協助等服務。

三、人員推銷的管理

（一）推銷人員的素質

人員推銷是一個綜合的複雜過程。它既是信息溝通過程，也是商品交換過程，又是技術服務過程。推銷人員的素質決定了人員推銷活動的成敗。推銷人員一般應具備以下素質：

1. 態度熱忱，勇於進取

推銷人員是企業的代表，有為企業推銷產品的職責；同時，他又是顧客的顧問，有為顧客的購買活動當好參謀的義務。企業促銷和顧客購買都離不開推銷人員。因此，推銷人員要具有高度的責任心和使命感，熱愛本職工作，不辭辛苦，任勞任怨，敢於探索，積極進取，耐心服務，同顧客建立友誼，這樣才能使推銷工作獲得成功。

2. 求知慾強，知識廣博

廣博的知識是推銷人員做好推銷工作的前提條件。較高素質的推銷人員必須有

第十一章　促銷策略

較強的上進心和求知欲，樂於學習各種必備的知識。一般來說，推銷人員應具備的知識有以下幾個方面：①企業知識。推銷人員要熟悉企業的歷史及現狀，包括本企業的規模及其在同行業中的地位、企業的經營特點、經營方針、服務項目、定價方法、交貨方式、付款條件和產品的保管方法等，還要瞭解企業的發展方向。②產品知識。推銷人員要知曉產品的性能、用途、價格、使用知識、保養方法，換代產品比原產品新增的功能和利益以及競爭者的產品情況等。③市場知識。推銷人員要瞭解目標市場的供求狀況及競爭者的有關情況，熟悉目標市場的環境，包括國家的有關政策、條例等。④心理學知識。推銷人員要瞭解並適時適地運用心理學知識來研究顧客的心理變化和需求，以便採取相應的方法和技巧。⑤財務知識。推銷人員瞭解財務知識是保證銷售收入順利回收的重要前提。此外，推銷人員還應瞭解政策法規的最新變化及影響等知識。

3. 文明禮貌，善於表達

在人員推銷活動中，推銷人員推銷產品的同時也是在推銷自己。這就要求推銷人員要注意推銷禮儀、講究文明禮貌，儀表端莊、熱情待人、舉止適度、謙恭有禮，談吐文雅、口齒伶俐；在說明主題的前提下，語言要詼諧、幽默，給顧客留下良好的印象，為推銷獲得成功創造條件。

4. 富於應變，技巧嫻熟

市場環境因素多樣且複雜多變，市場狀況很不平穩。為實現促銷目標，推銷人員必須有嫻熟的推銷技巧、反應靈敏，能針對不同的市場環境採用恰當的推銷方式。推銷人員要能恰當地選定推銷對象並能準確地瞭解顧客的有關情況，能為顧客著想，盡可能解答顧客的疑難問題；要善於說服顧客（對不同的顧客採取不同的技巧）；要善於選擇適當的洽談時機，掌握良好的成交機會，並善於把握易被他人忽視或不易發現的推銷機會。

（二）推銷人員的甄選與培訓

由於推銷人員素質高低直接關係到企業促銷活動的成功與失敗，所以推銷人員的甄選與培訓十分重要。

1. 推銷人員的甄選

甄選推銷人員，不僅要對未從事過推銷工作的人員進行甄選，使其中品德端正、作風正派、工作責任心強且能勝任推銷工作的人走入推銷人員的行列，還要對在崗的推銷人員進行甄選，淘汰那些不適合推銷工作的推銷人員。

企業甄選推銷人員的基本標準主要有以下幾種：一是感召力，即善於從顧客角度考慮問題，並使顧客接受自己；二是自信力，即讓顧客感到自己的購買決策是正確的；三是挑戰力，即具有視各種疑義、拒絕或障礙為挑戰的心理；四是自我驅動力，即具有完成銷售任務的強烈願望。

企業甄選推銷人員的途徑有兩種：一是從企業內部選拔，即把本企業內部德才兼備、熱愛並適合做推銷工作的人選拔到推銷部門工作；二是從企業外部招聘，即

企業從大專院校的應屆畢業生、其他企業或單位等群體中物色合格人選。無論哪種選拔途徑，都應經過嚴格的考核，擇優錄用。

2. 推銷人員的培訓

對甄選合格的推銷人員，還需經過培訓才能上崗，使他們學習和掌握有關知識與技能。同時，還要對在崗推銷人員每隔一段時間進行培訓，使其瞭解企業的新產品、新的經營計劃和新的市場營銷策略，進一步提高素質。

推銷人員培訓的內容通常包括企業知識、產品知識、市場知識、心理學知識和政策法規知識等內容。

培訓推銷人員的方法很多，常採用的方法有三種：一是講授培訓。這是一種課堂教學培訓方法。一般是通過舉辦短期培訓班或進修等形式，由專家、教授和有豐富推銷經驗的優秀推銷員來講授基礎理論和專業知識，介紹推銷方法和技巧。二是模擬培訓。它是受訓人員親自參與的、有一定實戰感的培訓方法，具體做法有實例研究法、角色扮演法和業務模擬法等。比如，由受訓人員扮演推銷人員向由專家教授或有經驗的優秀推銷員扮演的顧客進行推銷，或由受訓人員分析推銷實例等。三是實踐培訓。實際上，這是一種崗位練兵。讓甄選的推銷人員直接上崗，與有經驗的推銷人員建立師徒關係，通過傳、幫、帶，使受訓者較快地熟悉業務，成為合格的推銷人員。

（三）推銷人員的考核與評價

為了對推銷人員進行有效的管理，企業必須對推銷人員的工作業績建立科學而合理的考核與評估制度，並以此作為分配報酬的依據和企業人事決策的重要參考指標。

1. 考評資料的收集

收集推銷人員的資料是考評推銷人員的基礎性工作。全面、準確地收集考評所需資料是做好考評工作的客觀要求。考評資料的獲得主要有四個途徑：

（1）推銷人員的銷售工作報告

銷售工作報告一般包括銷售活動計劃和銷售績效報告兩個部分。銷售活動計劃報告作為推銷人員合理安排推銷活動日程的指導，可展示推銷人員的地區年度推銷計劃和日常工作計劃的科學性、合理性。銷售績效報告反應了推銷人員的工作實績，從中可以瞭解銷售情況、費用開支情況、業務流失情況、新業務拓展情況等許多推銷績效。

（2）企業銷售記錄

因企業的銷售記錄包括顧客記錄、區域銷售記錄、銷售費用支出的時間和數額等信息，從而使其成為考評推銷業績的重要基礎性資料。通過對這些資料進行加工、計算和分析，可以得出適宜的評價指標，如某一推銷人員一定時期內所接訂單的毛利等。

第十一章 促銷策略

（3）顧客及社會公眾的評價

推銷人員面向顧客和社會公眾開展推銷活動，決定了顧客和社會公眾是鑑別推銷人員服務質量最好的見證人。因此，評估推銷人員理應聽取顧客及社會公眾的意見。通過對顧客投訴和定期顧客調查結果的分析，可以透視出不同的推銷人員在完成推銷產品這一工作任務的同時，其言行對企業整體形象的影響。

（4）企業內部員工的意見

企業內部員工的意見主要是指銷售經理、營銷經理和其他非銷售部門有關人員的意見。此外，銷售人員之間的意見也可作為考評時的參考。依據這些資料可以瞭解有關推銷人員的合作態度和領導才干等方面的信息。

2. 考評標準的建立

在評估推銷人員的績效時，科學而合理的標準是不可缺少的。績效考評標準的確定，既要遵循與基本標準的一致性，又要堅持推銷人員在工作環境、區域市場拓展潛力等方面的差異性，不能一概而論。當然，績效考核的總標準應與銷售增長、利潤增加和企業發展目標相一致。

制定公平而富有激勵作用的績效考評標準，客觀上需要企業管理人員根據過去的經驗，結合推銷人員的個人行為來綜合制定，並需要在實踐中不斷加以修訂與完善。常用的推銷人員績效考核指標主要有以下兩類：

（1）基於成果的考核

基於成果的考核是定量考核，主要考核以下一些指標：一是銷售量，是最常用的指標，是用於衡量銷售增長狀況的指標；二是毛利，是用於衡量利潤潛量的指標；三是訪問率（每天的訪問次數），是衡量推銷人員努力程度的指標；四是訪問成功率，是衡量推銷人員工作效率的指標；五是平均訂單數目，是用來衡量、說明訂單規模與推銷效率的指標；六是銷售費用及費用率，是用於衡量每次訪問的成本及直接銷售費用占銷售額比重的指標；七是新客戶數目，是衡量推銷人員推銷績效的主要指標。

（2）基於行為的考核

基於行為的考核是定性考核，主要考核銷售技巧（包括傾聽技巧、獲得參與、克服異議等）、銷售計劃的管理（有無記錄、時間利用等）、收集信息、客戶服務、團隊精神、企業規章制度的執行情況、外表舉止、自我管理等。

3. 考評的方法

（1）橫向比較法

橫向比較法是將各推銷人員之間的工作業績進行比較。這種比較必須建立在各區域市場的銷售潛力、工作量、競爭環境、企業促銷組合等方面大致相同的基礎上。應注意的是，銷售量不是衡量推銷人員工作業績的唯一標準，還要對能反應推銷人員工作績效的其他指標進行衡量，如顧客的滿意度、成本的耗費、產品的銷售結構、資金的週轉速度等。

(2）縱向比較法

縱向比較法是將同一個推銷人員現在的業績和以前的業績進行比較，包括銷售額、毛利率、銷售費用、顧客變更情況等。這種考評方式可以衡量推銷人員工作的改善情況，以把握推銷人員的業務能力和思想動態的變化情況。

（四）推銷人員的獎勵

對推銷人員的獎勵，實際上是推銷人員通過在促銷活動中從事推銷工作而獲得的利益回報，一般包括工資、津貼、福利、保險、佣金和分紅獎金等。可以說，公平合理的獎勵既是對推銷人員辛勤勞動的補償，也是激勵推銷人員努力工作實現銷售目標的最有效工具之一。獎勵推銷人員既有利於激勵推銷人員積極努力，保證企業銷售目標的順利實現，也有利於建設（吸收和維持）高素質的銷售團隊。

獎勵推銷人員的方式主要有單純薪金制、單純佣金制和混合獎勵制三種。

1. 單純薪金制

單純薪金制亦稱固定薪金制，是指在一定時間內，無論推銷人員的銷售業績是多少，推銷人員獲得固定數額報酬的形式。具體說來就是「職務工資+崗位工資+工齡工資」。

單純薪金制的優點主要有：①易於操作，計算簡單，易於管理；②推銷人員的收入有保障，有安全感；③在調整銷售區域或客戶時，遇到的阻力較小。

單純薪金制的缺點也顯而易見，主要表現在：①對銷售效率和銷售利潤最大化缺乏直接的激勵作用；②由於不按業績獲得報酬，故容易厚待業績差的人而薄待業績優秀的人；③薪金屬固定費用，在企業困難時難以進行調整。

2. 單純佣金制

單純佣金制是指與一定期間的銷售業績直接相關的報酬形式，即按銷售基準的一定比率獲得佣金。單純佣金制的具體形式又有單一佣金和多重佣金（累退制和累進制）、直接佣金和預提佣金之分。

單純佣金制的優點主要表現在：①推銷人員的報酬是其銷售行為的直接結果，富有激勵作用；②業績越大報酬越大，推銷人員的努力可獲得較高的報酬；③推銷人員清楚瞭解自己薪酬（佣金）的計算方式，容易使行為與收入掛鉤；④佣金屬變動成本，公司易於控製銷售成本；⑤獎勤罰懶的效果非常直接，業績差的推銷員通常會自動離職。

單純佣金制的缺點主要有：①推銷人員收入不穩定，精神壓力大，甚至容易焦慮；②推銷人員對企業的忠誠度較差，可能為了分散風險多處兼職；③推銷人員採用高壓式推銷，不關心客戶的服務需求；④推銷人員不願意調整自己的銷售領域，造成管理困難；⑤在企業業務低潮時，優秀的銷售人員離職率高。

3. 混合獎勵制

混合獎勵制兼顧激勵性和安全性的特點。當然，混合獎勵制有效的關鍵在於薪金、佣金和分紅的比率。一般來說，混合獎勵中的薪金部分應大到足以吸引有潛力

第十一章　促銷策略

的推銷人員；同時，佣金和分紅部分足以大到刺激他們努力工作。

混合獎勵的常用形式有：薪金+佣金；薪金+分紅獎勵；佣金+分紅獎勵；薪金+佣金+分紅獎勵；薪金+佣金+分紅獎勵+期權。

除了上述三種獎勵形式以外，還有特別獎勵，就是在正常獎勵之外所給予的額外獎勵，包括經濟獎勵和非經濟獎勵。非經濟獎勵包括給予榮譽、表揚記功、頒發獎章等。特別獎勵的具體形式有業績特別獎、銷售競賽獎等。

第三節　營業推廣策略

營業推廣是與人員推銷、廣告、公共關係相並列的四種促銷方式之一，是構成促銷組合的一個重要方面。

一、營業推廣的概念與特點

1. 營業推廣的概念

營業推廣又稱銷售促進（Sales Promotion），是指企業在短期內刺激消費者或中間商對某種或幾種產品或服務產生大量購買的促銷活動。典型的營業推廣活動一般用於短期的促銷工作，其目的在於解決目前某一具體的問題，採用的手段往往帶有強烈的刺激性，因而營業推廣活動的短期效果明顯。營業推廣活動可以幫助企業渡過暫時的困境。

2. 營業推廣的特點

營業推廣是能強烈刺激需求、擴大銷售的一種促銷活動。與人員推銷、廣告和公共關係相比，營業推廣是一種輔助性質的、非正規性的促銷方式，雖能在短期內取得明顯的效果，但它不能單獨使用，常常需要與其他促銷方式配合使用。營業推廣這種促銷方式的優點在於短期效果明顯。一般來說，只要能選擇合理的營業推廣方式，就會很快地收到明顯增加銷售的效果，而不像廣告和公共關係那樣需要一個較長的時期才能見效。因此，營業推廣適合於在一定時期、一定任務的短期性促銷活動中使用。

營業推廣有貶低產品或品牌之意的缺點。採用營業推廣方式促銷，似乎迫使消費者產生「機會難得、時不再來」之感，進而能打破消費者需求動機的衰變和購買行為的惰性。不過，營業推廣的一些做法也常使消費者認為企業有急於拋售的意圖。若頻繁使用或使用不當，往往會引起消費者對產品質量、價格產生懷疑。因此，企業在開展營業推廣活動時，要注意選擇恰當的方式和時機。

二、營業推廣的種類和具體形式

營業推廣的方式多種多樣,一個企業不可能全部使用。這就需要企業根據各種方式的特點、促銷目標、目標市場的類型及市場環境等因素選擇適合本企業的營業推廣方式。

1. 針對消費者的營業推廣形式

向消費者推廣,是為了鼓勵老顧客繼續購買、使用本企業產品,激發新顧客試用本企業產品。其方法主要有以下幾種:

(1) 派發樣品

派發樣品是指企業向消費者提供一定量的服務或產品,供其免費試用。這種形式可以鼓勵消費者認購,也可以獲取消費者對產品的反應。樣品贈送可以有選擇地贈送,也可在商店或鬧市地區或附在其他商品和廣告中無選擇地贈送。這是介紹、推銷新產品的一種方式,但費用較高,對高價值產品不宜採用。

(2) 送贈品

送贈品是指企業以免費產品為誘因,以此來縮短或拉近與消費者的距離,從而促使消費者採取購買行為。贈品根據是否以購買為條件可以分為無償贈品和有條件贈品。前者是可以無條件獲得的,如有些商店在開業時對光顧的每一位顧客都贈送一份禮品;后者需要消費者購買一定量的產品方可獲得贈品,這種方式是最為常見的。

(3) 優惠券

優惠券是指企業授權持有者在指定商店購物或購買指定產品時可以免付一定金額的單據。優惠券適用的場合很多,可以用來扭轉產品或服務銷售下滑的局面,也可以在新產品上市時用以吸引消費者的購買興趣,按照發行的主體不同,可以分為廠商優惠型和零售型優惠。

(4) 減價優惠

減價優惠是指企業在特定的時間和特定的範圍內調低產品的銷售價格,此種方式因最能與競爭者進行價格競爭而深受消費者的青睞。

(5) 退款優惠

退款優惠是指企業在消費者提供了產品的購買證明后就可以退還其購買產品的全部或部分款項的促銷方式。這種方式可以維護消費者的消費忠誠,收集消費者的有關資料,對於較高價位的產品具有較好的促銷效果。

(6) 趣味類促銷

趣味類促銷是指企業利用人們的好勝、僥幸和追求刺激等心理,舉辦競賽、抽獎、游戲等富有趣味性的促銷活動,吸引消費者的參與興趣,推動銷售。

(7) 以舊換新

以舊換新是指消費者憑使用過的產品,或者使用過的特定產品的證明,在購買

第十一章　促銷策略

特定產品時，可以享受一定抵價優惠的促銷活動，這類方式一般由生產企業使用。

（8）示範表演

示範表演是指企業在銷售場所對特定產品的使用方法進行演示，以吸引消費者的注意。這種方式適用於操作相對複雜或該種產品比以前產品有重大改進，其目的是消除消費者的使用顧慮或樹立產品獨特的性能。

2. 針對中間商的營業推廣方式

向中間商推廣，是為了促使中間商積極經銷本企業產品；同時能有效地協助中間商開展銷售，加強與中間商的關係，達到共存共營的目的。其推廣方式主要有：

（1）折扣鼓勵

折扣鼓勵包括現金折扣和數量折扣。現金折扣是指生產企業對及時或提前支付貨款的經銷商給予一定的貨款優惠；數量折扣是指生產企業對大量進貨的經銷商給予一定額外進貨量的優惠。

（2）經銷津貼

為促進中間商增購本企業產品，鼓勵其對購進產品開展促銷活動，生產企業給予中間商一定的津貼，主要包括新產品的津貼、清貨津貼、降價津貼等。

（3）宣傳補貼

有的生產企業需要借助經銷商進行一定的廣告宣傳，為了促進經銷商進行宣傳的積極性，經銷商可以憑藉進行了宣傳的有關單據獲得廠家一定數額的補貼。

（4）陳列補貼

隨著終端競爭的激烈，生產企業為了給產品在終端獲得一個較好的銷售位置，往往給予中間商一定的陳列補貼，希望經銷商維護產品在終端競爭中的位置優勢。

（5）銷售競賽

銷售競賽是指生產企業為業績優秀的中間商進行特殊鼓勵，包括貨款返還、旅遊度假、參觀學習等。

（6）展覽會

展覽會是指企業利用有關機構組織的展覽和會議，進行產品和企業的演示，通過這種形式，可以讓經銷商獲知本行業的市場發展和行業發展情況，有利於增加其業務能力和市場信息。

3. 針對銷售人員的營業推廣形式

（1）銷售獎金

銷售獎金是企業為了刺激銷售人員的工作積極性，對於能夠完成任務的銷售人員給予一定的物質獎勵。

（2）培訓進修

培訓進修是企業為了提高銷售人員的業績，對其進行業務技能和技巧方面的培訓。

市場營銷學

(3) 會議交流

會議交流是企業定期或不定期召集銷售人員對工作經驗和工作方法以及工作中的得失開展交流，促進銷售人員的共同提高。

(4) 旅遊度假

旅遊度假是企業為了表彰先進，增強企業內部凝聚力，對銷售業績和素質表現良好的銷售人員給予國內外旅遊度假的獎勵。

【案例】屈臣氏的促銷

在幫助提高銷售方面，屈臣氏採取了非常多的措施，除了門店的商品促銷外，還包括非常多的事件營銷活動，在此僅僅介紹門店日常的商品促銷活動。

2004年6月，中國區屈臣氏個人護理商店常務董事艾華頓先生（Mr. IvorMorton）帶領所有屈臣氏員工們舉起右手鄭重承諾：「我敢發誓保證低價！」，並承諾「差額雙倍奉還」。一夜之間，屈臣氏中國所有門店均在最顯眼的地方標示「我敢發誓」字樣。採取如此標新立異的促銷方式，並採用「發誓」這個相對比較「通俗」的字眼，無疑是一個重磅炸彈，在零售業界引起非常大的轟動。很多專家認為，屈臣氏採取低價策略這種低級的促銷競爭方式無疑是與原來定位相違背的，這將讓屈臣氏進入一個低端的市場，甚至徹底毀了屈臣氏品牌。時至今日，對消費的調研反饋，「我敢發誓保證低價」已經深入人心，站在消費者的層面，他們認為屈臣氏的促銷讓他們實實在在享受到了來自於促銷的實惠。「我敢發誓保證低價」並在最后調整為「我敢發誓真貨真低價」。

除了「我敢發誓」的促銷主題，屈臣氏的促銷活動可謂豐富多彩。每15天為一次促銷週期，在屈臣氏內部叫「轉銷」，在「轉銷」的前一天晚上，為了讓顧客感受到整個賣場濃烈的主題促銷氛圍，店鋪的員工要加班到凌晨，按照總部發布的促銷指導書更換所有的促銷商品、促銷主題宣傳畫、更換新價格標籤、調整商品陳列位置等，直至第二天顧客光臨后感覺面目一新。

在屈臣氏的應季促銷中，情人節、萬聖節、聖誕節、春節是非常重要的，都會舉行大型的主題促銷活動，促銷主題多式多樣，譬如「說吧說我愛你吧」的情人節促銷，「聖誕全攻略」「真情聖誕真低價」的聖誕節促銷，「勁爆禮鬧新春」的春節促銷。

在其他促銷活動中，屈臣氏享有盛名的「健與美」大賞會得到非常多的忠誠顧客與生產廠商的支持與贊助。「冬日減價」針對冬季推出系列冬天產品進行促銷；「10元促銷」推出「大量10元、20元、30元」特價促銷商品；還有「SALE周年慶」「加1元多一件」「全線八折」「買一送一」「自有品牌商品免費加量33%不加價」等讓人感覺非常實惠的促銷活動。

在屈臣氏的促銷活動中經常都會包含如下幾項內容，多年來重複的進行，很多顧客已經非常熟悉他的游戲規則。如在宣傳海報的封面右下角的「剪角抵用券」活

第十一章 促銷策略

動,在活動中,顧客剪下此券可以優惠購買指定商品;「滿50元超值10元換購」在每次促銷活動中都會有三種非常優惠的商品,顧客在一次性購買滿50元后,就可以10元購買指定商品任一件,讓顧客感覺非常實惠,對提高銷售業績有非常大的幫助;「本期震撼低價」推出9個超值震撼低價商品,陳列在店鋪最顯眼貨架上。

「銷售比賽」也是屈臣氏一項非常成功的促銷活動,每期指定一些比賽商品,分各級別店鋪(屈臣氏的店鋪根據面積、地點等因素分為A、B、C三個級別)之間進行推銷比賽,銷售排名在前三名的店鋪都將獲得獎勵,每次參加銷售比賽的指定商品的銷售業績都會以奇跡般的速度增長,供貨廠家非常樂意參與這樣有助於銷售的活動。

三、營業推廣的決策過程

1. 建立營業推廣的目標

營業推廣活動的決策一般是從目標的確立開始的。營業推廣目標是在企業總營銷目標的前提下,根據企業的具體需要確定的。

從產品所處的生命週期看,在產品投入期,營業推廣的目標主要是為了縮短產品與顧客之間的距離,誘使目標消費者試用新產品,認知新產品。在產品成長期,營業推廣的目標主要是鼓勵消費者重複購買,刺激潛在購買者和增強中間商的接受程度。在產品成熟期,營業推廣的目標在於刺激大量購買,吸引競爭品牌的消費者,保持原有的市場佔有率。在產品衰退期,營業推廣的目標是快速大量銷售,盡可能地處理積壓庫存產品,加速資金週轉。

從營業推廣的對象看,對於消費者來講,營業推廣的目標在於鼓勵現有消費者大量、重複、及時購買,同時吸引和培養新的消費群體。對中間商來講,營業推廣的目標是保證現有渠道的穩定,促使中間商維持較高的存貨水平,刺激中間商積極銷售產品。對於銷售人員來講,營業推廣的目標是鼓勵在維持現有產品銷售的基礎上,積極銷售新產品,同時尋找更多的新顧客。

以上是營業推廣的基本目標,作為一個企業來講,不可能同時完成這些目標。企業應該在長遠營銷目標的基礎上,根據自身經營特點,充分考慮企業面臨的問題與機遇,做出營業推廣目標的選擇。

2. 選擇營業推廣形式

選擇營業推廣的具體形式,就是企業為了實現營業推廣的目標而選擇合適的營業推廣方式。前面已經對營業推廣的形式進行了基本的介紹,不同的形式其效果是不同的,同時,一個特定的營業推廣目標可以採用多種形式來實現。企業在選用營業推廣形式時應考慮以下幾點:

(1) 營業推廣的目標

不同的促銷目標決定了需要採用不同的營業推廣工具,在選擇營業推廣工具時,

首先要考慮企業在該時期的營業推廣目標。如果企業是為了增加購買量，可以採用贈品和優惠券等方式，如果是為了改變消費者的購買習慣，可以採用折扣和酬謝包裝的形式。

（2）產品的類型

在市場上銷售的產品，可以按其用途分為生產資料和消費品兩大類。對於生產資料來講，可以採用樣品贈送、展示會、銷售獎勵、宣傳手冊等方式；對於消費品來講，可以採用優惠券、贈送、店內廣告、降價、陳列、消費者組織等方式。

（3）企業的競爭地位

對於在競爭中處於優勢地位的企業，在選擇營業推廣工具時應該偏重於長期效果的工具，如消費者的教育、消費者組織化等。對於在競爭中處於劣勢的企業，應選擇能為消費者和中間商提供更多實惠的工具，比如交易折扣、樣品派送、附贈銷售等，此外還應考慮選擇差異化的營業推廣工具。

（4）營業推廣的預算

每一種營業推廣的發生都要耗費一定費用，這些費用是開展營業推廣活動的硬約束，企業應該根據自己的經濟情況考慮使用不同的營業推廣工具。

在為營業推廣活動確定了目標和具體的工具後，還需要對營業推廣活動制訂具體的行動方案。在一個完整的營業推廣方案中應該包括以下幾個方面的內容：

（1）營業推廣範圍

企業要確定本次營業推廣活動的產品範圍和市場範圍，即是決定針對單項產品進行促銷還是對系列產品促銷，是對新產品促銷還是對老產品進行促銷，是在所有的銷售區域進行促銷還是在特定的市場內促銷。

（2）誘因量的大小

誘因量是指活動期間的產品優惠程度與平時沒有優惠時進行比較的差異，它直接關係到促銷的成本。誘因量的大小與促銷效果密切相關，因為誘因量的大小直接決定了消費者是否購買。

（3）傳播媒體的類型

傳播媒體的類型是企業選擇何種媒體作為促銷信息的發布載體。不同的媒體有不同的信息傳遞對象和成本，其效果必然不同，這是企業在營業推廣方案中應明確的問題。

（4）參與的條件

不同的營業推廣目標和工具有不同的參與對象，在方案中對參與活動的對象應有一定的條件限制，以降低成本、提高效率。

（5）營業推廣時間

營業推廣時間的確定包括三個方面的內容：舉行活動的時機、活動的持續時間和舉辦活動的頻率。

第十一章　促銷策略

(6) 營業推廣費用的預算

企業科學合理地制定預算，對於活動的順利開展提供了有力的保障。營業推廣的費用通常包括兩項：一是管理費用，如組織費用、印刷費用、郵寄費用、培訓教育費用等；二是誘因成本，如贈品費用、優惠或減價費用等。

此外，在方案中還要有其他內容，如獎品兌換的具體時間和方法、優惠券的有效期限、營業推廣活動的具體規則等。

第四節　廣告

廣告作為信息的一種傳遞方式，伴隨著商品和商品的交換而產生了。在當今通信技術高度發達的社會，廣告作為一種社會活動，不僅貫穿於人類經濟生活的方方面面，而且波及人類的社會生活、道德生活、文化生活、政治生活；在很大程度上影響著人們的消費觀念、消費方式、消費文化、社會觀、價值觀、生活觀等。在信息社會中，作為現代市場營銷重要手段的廣告讓人們眼花繚亂，應接不暇：打開電視，各類廣告撲面而來；翻開雜誌、報紙，廣告鋪天蓋地。可以說廣告已經與大眾的生活緊密地結合在了一起。各企業在廣告宣傳上的投入有增無減，各類媒體的廣告招標會辦得紅紅火火，廣告的作用可見一斑。人類生活的各個方面都在不同程度上表現著廣告文明，展示廣告文化。廣告作為一項知識密集、技術密集、人才密集、智能密集的高科技術產業，日益受到社會的重視，成為市場經濟的先導產業。在市場經濟中，廣告的經濟功能、社會功效、文化效用日趨突顯。因此，系統地掌握現代廣告的運作知識就顯得十分重要。

一、廣告的概念和構成要素

1. 廣告的概念

廣告（Advertising）一詞源於拉丁語「Advertere」，有「注意」「誘導」「大喊大叫」和「廣而告之」之意。廣告作為一種傳遞信息的活動，是企業在促銷中應用最廣的促銷方式。市場營銷學中探討的廣告，是一種經濟廣告。也就是說，市場營銷學中的廣告是廣告主以促進銷售為目的，付出一定的費用，通過特定的媒體傳播商品或勞務等有關經濟信息的大眾傳播活動。由此，我們可以從四個方面來理解廣告的內涵：廣告是以廣大消費者為廣告對象的大眾傳播活動；廣告以傳播產品或勞務等有關經濟信息為其內容；廣告是通過特定的媒體來實現的，並且廣告主需對使用的媒體支付一定的費用；廣告的目的是為了促進產品銷售，進而獲得較好的經濟效益。

2. 廣告的構成要素

一個典型的廣告活動由五個要素構成：

（1）廣告主，是指發布廣告的單位和個人。

（2）廣告媒體，是指傳遞信息的載體。

（3）廣告費用，是指廣告主開展廣告活動所必須支付的各種費用，包括廣告調研費、設計製作費、廣告媒體費、廣告機構辦公費以及工作人員的相關支出等。

（4）廣告受眾，是廣告的對象，即接受廣告信息的人。

（5）廣告信息，是指廣告的具體內容。

二、廣告的特點

1. 傳播面廣

廣告是借助大眾媒體傳播信息的，它的公眾性和普及性賦予廣告突出的「廣而告之」的優點。廣告主可以通過電視、報紙、廣播、雜誌等大眾傳媒在短期內迅速地將其信息告之眾多的目標消費者和社會公眾，這是人員推銷等其他促銷方式方法無法與之比擬的。

2. 傳遞速度快

廣告是利用大眾媒體傳遞信息的，大眾傳媒是一種迅捷的信息傳播途徑。它能使廣告主發行的信息在很短的時間內傳達給目標消費者。因此，在現代信息化社會，它是一種富有效率的促銷方式。

3. 表現力強

廣告是一種富有表現力的信息傳遞方式。它可以借助各種藝術形式、手段與技巧，提供將一個企業及其產品感情化、性格化、戲劇化的表現機會，增大其說服力與吸引力。

三、廣告目標的確定

廣告決策的第一步是確定廣告的目標。廣告目標是指在一定的期限內，針對既定的目標受眾要實現的特定的溝通任務。企業的廣告目標，取決於企業市場營銷組合的整體戰略要求，企業營銷管理階段的不同，其廣告目標也隨之不同。企業的廣告目標歸納起來有以下幾種：

1. 告知性目標

告知性目標也稱開拓性目標或介紹性目標，廣告的目的主要是向市場介紹新產品，使潛在顧客瞭解新產品，提高顧客對新產品的認知率。介紹的內容包括新產品的用途、性能、特點、使用方法以及給消費者帶來的利益等情況，以促使消費者建立對該產品的初步印象和需求。這類目標的定量化指標通常有知名度、記憶率、理解度等。該目標一般在產品上市初期應該完成。

第十一章 促銷策略

2. 說服性目標

說服性目標又稱競爭性目標，即強調本企業產品的優勢以及和競爭對手的明顯差異，以確保顧客對產品有足夠的關注和購買慾望，說服消費者購買本企業的產品。這類目標的定量化指標通常有市場佔有率、品牌偏好度、產品的銷售增長率等。該目標一般在產品的成長期和成熟期使用。

3. 產品銷售目標

在某些情況下，企業可以根據產品的銷售情況確定廣告目標。這種方式的採用必須建立在廣告是促進產品銷售額增加的唯一因素或至少是主要因素的基礎上。因此，以產品銷售額作為廣告目標往往只適用少數產品，對於大多數以普通方式銷售的產品，這種方式並不適用。

4. 提示性目標

提示性目標也稱提醒性目標，其目的不是介紹新產品，而是以提醒老顧客繼續購買本企業產品或使之確信自己的選擇是十分正確為目標；不是勸說顧客購買本企業的產品，而是要讓顧客保持對產品的記憶。這類目標的定量化指標通常有滿意度、重複購買率等。該目標一般在產品的成熟期和衰退初期使用。

四、廣告媒體策略

1. 報紙廣告策略

（1）體現新聞性特點，引起受眾注目

報紙是一種專門傳達新聞的大型媒體，由於發行渠道普遍和通暢，具有極高的新聞性、時效性特徵。在大眾傳媒中，新聞總是對讀者具有極大的吸引性。報紙廣告一般都具有發行及時、傳播面廣的特點，因此，報紙廣告適宜於訴求最新信息。在表達中，應突出媒體的這一特點，尤其在標題中加以表現，可以造成很大影響。新聞性可以在正題中加以體現。但由於報紙廣告的圖像視覺效果因紙質及印刷的原因，不可能達到最精美的表現，因此許多正題著力於藝術性表達。在這種情況下，新聞性既可以通過正題來體現，也可以另設引題，專門突出新聞性。

（2）文案第一，圖像第二

儘管現代印刷業為報紙的印刷質量提供了足夠的保證，並由此帶來版式的靈活、圖文並茂的新特點，實現了從黑白到套紅再到彩版的飛躍。但從報紙媒體本身的特徵來看，文字仍是其首要的傳播元素。這一點，將對報紙廣告的創意，表現的內容、重點、主次、版面結構都有相應的指導意義。標題應醒目、富有新意，最好能強調產品的利益，充分吸引消費者的注意；正文應精簡、準確、有針對性，能誘發消費者的購買慾望。

（3）重視報紙廣告的圖像

在報紙廣告中，圖像的配合也很重要。隨著印刷技術的升級換代和大眾欣賞要

求的不斷提高，報紙也在高新技術的支持下，不斷拓展新的表現空間。報紙從原來的純文字傳播到加入黑白插圖、套紅印刷，從黑白攝影到現在的彩版技術，呈梯級演變，這也直接為報紙廣告的表現帶來了新的突破。圖像的滲透與豐富，一方面為信息的傳達提供了更多的表現渠道；另一方面，增添了報紙的表現元素，提高了觀賞性，圖文並茂，讀者更易於接收和理解信息。但是，歸根到底，報紙仍是以文字為主要傳播元素，圖像只是起輔助和配合的作用。

（4）採用懸念與系列性表達，增強吸引力

在報紙廣告中適當運用懸念，可以有效刺激讀者的閱讀興趣，並會借著懸念把這種興趣和熱情延續到下一輪廣告；系列性廣告則可以分解產品的信息，使每一則廣告主題鮮明，訴求單一，並維持消費者對品牌的關心度。一般而言，懸念式廣告通常都是通過兩則以上系列形式出現，同樣，系列廣告中也常常借助懸念這種技法。系列廣告可運用形式多樣的提示語、一致而又略有變化的標題，使每則廣告的內容既各有側重，又呈現出整體和諧性，具有形式美。

如沈陽金龍保健品有限公司出品的保齡參，廣告有「親情篇」「節日篇」，惠泉啤酒系列廣告則分「策略篇」「技術篇」「人才篇」等。標題強調產品名稱、同一產品的共性，不同的標題各有側重地道出其產品的特性等內容。如江蘇天寶藥業有限公司的「中脈蓯克」系列廣告，以「戒菸是愛」為主題，另有標題「一切為了孩子」「一切為了妻子」「一切為了父母」，分別以愛心、愛情、孝心的名義，重申「戒菸是愛」的主旨，勸導吸菸者加入戒菸行列。

（5）創造特殊版面，產生特殊效果

報紙廣告以在報紙裡所在位置來分類，可分為新聞下、新聞中、報眼、插排（散播在新聞標題中，旁白小型廣告）、中縫、分類等。正常情況下，報紙以版面來計數，報紙廣告也是常以整版的幾何對分來確定規格，全版、半版、四分之一版、八分一版……但報紙廣告的版面也不完全是固定不變的，有時候，可通過智慧、構思和公關策略，創造一些特殊版面。在位置、規格上突破傳統，另闢蹊徑，將能產生意想不到的特殊效果。

①跨版。跨版廣告指的是廣告內容跨越報紙的版面區分，從一個版面直接延伸到另一個版面，通常有兩種情況，一種是兩個全版之間的跨版，這種情況一般是在特定的時期展示企業實力和形象的。另一種多是版面之間八分之一、四分之一兩個通欄的連接，一氣呵成。這種情況，一方面是借用超長空間展現有氣度或寬度特質的產品及說明個性；另一方面，由於跨版這種形式本身在閱讀情況下蘊含一定的懸念，能有效激發讀者的興趣。

②L形版面。L形版面是指兩個同等規格的版面相互連接，拼成正九十度的排列，形成一個「L」形。這種版式安排得當，將會在工整規範的其他廣告版面中脫穎而出，十分引人注目。另外，這種特殊的L形版面，在排版設計、廣告內容的安排、文字與圖像的配合方面都為廣告創作人員提供了較為靈活的表現空間。形式與

第十一章　促銷策略

內容的搭配，將大大提高產品的特別性。

③不規則版。也就是說，廣告是不規則地撒布在報紙的整個版面上，造成視覺上的不協調，形成不規則美，從而吸引觀眾的注意力。

④反白。這也是一種對比方式，是在色彩上故意顛倒排列以引起視覺上的衝擊力。正常情況下，報紙印刷都是白底黑字，但有的廣告為了突出所要強調的內容，將背景轉換成黑色，而讓文字（或圖像）呈現白色。這樣能夠充分地體現主體信息，吸引更多消費者的目光。

⑤裝飾與留白。這是有效引起讀者閱讀興趣和保持閱讀方向的較好方法。裝飾，有時候是為整個廣告版面而裝飾，有時候則是為廣告所要強調的信息進行裝飾，目的都是為了讓消費者更注意廣告要讓他們注意的內容。比如在廣告四周加上邊飾，就可以使所有要素聚集在一定範圍之內，有利於區分其他版面；如在主信息上加註箭頭、陰影、色塊，就可以使相應的文字、圖像醒目、突出，同時也美化版面，豐富了視覺效果。留白就是報紙廣告中不編排任何要素的部分（甚至也可以以黑色或其他顏色為背景而非白色）。留白可以利用於對一個孤立的要素集中注意力，若能在文案周圍大量留白，看起來它如同位於舞臺中央，十分搶眼。

2. 雜誌廣告策略

（1）注重圖像視覺藝術

由於現代造紙和印刷技術的快速發展為雜誌廣告提供了品質精良的紙質和精密度極高的印刷效果，使印刷品越來越美，魅力無窮。現代雜誌廣告首當其衝地以視覺圖像藝術獲得了廣大讀者的青睞。但是，隨著市場激烈競爭，雜誌廣告視覺圖像的競爭力也越來越加劇。這就要求這類廣告首先要有一個具有較強衝擊力的視覺圖像，將廣告意圖通過視覺語言表達出來。彩色印刷是一項製作過程複雜、眾多人員參與的行業，從對原稿的照相、分色、制版、打樣以至印刷、裝訂，無不需要精密的儀器設備以及豐富的經驗和技術，特別是廣告，講求彩色、技巧、特殊效果的質量印刷。

（2）注重創意新穎性

正因為雜誌媒體視覺效果顯著，因此作者很容易將創作精力只集中於圖像的視覺藝術本身，而忽視圖像的內涵，這是不符合現代受眾的審美心理的。現代廣告受眾對廣告所表現的智慧美非常敏感，很關注廣告全新的、巧妙的創意，這要求雜誌廣告必須將具有獨創性的創意與精美的視覺圖像結合起來，通過不同凡響的創意來表達內含豐富的視覺形象。雜誌廣告的藝術欣賞性很高，有許多成功廣告是人們長久珍藏的藝術品。只有從創意內含和視覺效果兩方面配合表現，才能大幅度地提高其藝術價值。

（3）注意版面選擇策略

一般來說，雜誌廣告都是一版一則，具有很大的獨占性，很少受到其他廣告的影響。但就版面種類來說則有好幾種：封面、封底、封二、封三、插頁、跨版雙頁

等。版面類別不同，受眾對其注意率也有較大差異。選擇版面要根據廣告目標和經濟支持力來決定。注意率越大，廣告有效率越高，特別對那些開拓市場和塑造形象的廣告，效果尤佳。當然也需要較強的經濟支持力。另雜誌媒體具有較強的專業性，即使是大眾雜誌，其讀者群也較大眾性報紙小，而且比較固定，有一定的文化層次，因此，雜誌的選擇要注意廣告目標與讀者的對位。

(4) 發揮形式多樣的製作技巧

企業要開拓思維，充分運用現代技術手段製作雜誌廣告的新形式。例如插頁廣告、跨頁廣告與雜誌裝訂結構的巧妙結合，折頁廣告（從一折到多折）、聯券廣告（可撕下的禮品券、優待券、競賽券等）、有聲廣告、立體廣告、香味廣告等。

(5) 文案要有藝術性

在雜誌廣告中，標題常常和圖像相得益彰，是藝術性很高的兩個因素。因此，一定要創作出一個具有震撼力感染力的標題來。廣告正文是雜誌廣告中一項重要內容，可以寫出一定的篇幅，讀者的閱讀率較高。但在必須表達的範圍內也要簡明扼要，惜墨如金。

3. 廣播廣告策略

(1) 內容必須一聽就明白

文字是有聲語言的符號，但又不完全等同於有聲語言。中國文字中有許多字音同字不同，寫出來清清楚楚，但是只聽讀音卻常常會引起誤解，發生歧義，有時候甚至一點兒也聽不懂。例「××商店出售食油」，是食用油還是工業用石油？「有75%的兒童缺鋅」，以及「每到3月，桑事繁忙」。聽起來都極容易鬧笑話。

(2) 必須整體規劃三要素

一般說來，每一條廣播廣告都是用三種聲音即人聲、效果聲和音樂來傳達訊息的，所以在廣播廣告創作中要特別注意這三者的整體規劃與把握。否則就可能成為一條廣告三張皮，破壞廣告效果。

(3) 要有一個好的開頭

廣告一開始就要抓住人，因為大多數聽眾都是在無意注意狀態下收聽廣播廣告的。一般說來聽眾只會準時收聽自己喜愛的節目而不會專門等待收聽廣告的，所以廣告的開頭就很重要，如果開頭不能引起人的注意，之后聽眾就很難再進入情境，廣告的效力也就損失了大半，所以優秀的廣告都是在如何開個好頭上狠下功夫。

(4) 要親切感人

老舍先生說過：「世界上最好的文字就是最親切的文字。所謂親切就是普通話，別人這麼說，我也這麼說，不是用了一大車大家不瞭解的詞彙。」所以說廣播廣告中的話要讓人聽著順耳、順心，必須以情感人。要像與朋友談心聊天，和藹可親，不能教訓人，要多用商量的口吻。只有這樣才能貼近聽眾，而只有貼近聽眾，廣告才有可能起作用。創作廣播廣告要盡量少用書面語言，少用華麗的語言，少用修飾的語言，相反要多用生活中的口語，多用短句。

第十一章　促銷策略

（5）盡量簡潔單一

廣播廣告的聽眾較其他任何媒介的受眾更多地處於一種隨意狀態下，又沒有視覺的參與，所以越是簡潔單一的概念，越容易鑽入聽眾的腦海，也越容易使其記住。在信息爆炸的今天，只有單純的東西、簡潔的東西才不會給疲憊的聽眾加重記憶的負擔。廣播廣告最忌諱冗長、複雜，越是說得多，越是面面俱到，其效果則越是適得其反。

（6）充分調動人的想像力

廣播廣告只靠聲音傳播，因此它可以激發起人們豐富的聯想，從而產生無窮的魅力。它那親昵的話語、迷人的音樂、悅耳的音響，讓人心曠神怡。借助聽眾的想像，廣播可以完成其他任何媒體所不能完成的使命。難怪人說，「描述天下第一美女，最好用廣播！」所以美國營銷學家曼爾瑪・赫伊拉說過，「不是賣牛排，而是賣煎牛排的吱吱聲！」善於充分調動聽眾的想像力在廣播廣告創作中是極其重要的。

（7）努力塑造聲音的個性

在五光十色的廣告海洋裡，沒有個性的廣告、沒有特徵的廣告是難以讓人記住的，廣播廣告也是如此。在創作中一定要注意努力塑造一個與眾不同的聲音，令人難以忘懷的音樂形象，並注意始終保持統一。力爭讓聽眾一聽到你的語音或旋律，就知道你來了，而不與其他任何品牌形象混淆。當然，這是一個長期的戰略任務。

4. 電視廣告策略

（1）把握動態演示，注重情感訴求

電視廣告媒介是諸多廣告媒介中唯一能夠進行動態演示的感情型媒體。它以視聽結合的方式刺激人的感官和心理，從而具備一種特殊的感染力。所以，電視廣告應著重情感訴求而不是邏輯訴求，在實際運作中，電視廣告應該特別注意情緒的渲染，注意動態形象的塑造，盡量避免靜態畫面。在視聽語言的運用上，應該在允許的範圍內盡可能加大視覺與聽覺的刺激度，力求最迅速、最大限度地撩撥起受眾的情緒，便之產生強烈而深刻的印象。

（2）信息要簡潔、單一

電視廣告的時間極為短暫，不可能承載過多的或複雜的信息。電視廣告一定要使人易認、易記，盡量減輕觀眾的認知與記憶負擔，否則觀眾是不會買帳的。在當今「信息爆炸」的時代裡，只有單純、簡潔、明確的信息才有可能被受眾記住。

（3）適時對準目標對象

慎重地選擇目標對象，是電視廣告成功的關鍵。在策劃電視廣告之初，務必確切地把握住你的目標對象究竟是什麼樣的人，他們關心什麼，喜歡什麼，心理趨向如何，什麼時候會坐在電視機前。否則，短短幾十秒的電視廣告是難以擊中目標受眾的。

（4）創意要有震撼力

電視廣告在眾多廣告接二連三快速演播和受眾厭倦的情況下，要靠創意的出奇

制勝和震撼力給觀眾留下深刻印象。創意要充分發揮獨創性和非凡的想像力。例如美國著名的 DDB 廣告公司總裁威廉・伯恩巴克指出：「要使觀眾在一瞬間發生驚嘆，立即明白商品的優點，而且永不忘記。」這才是傑出的銷售創意。銷售創意要有個性，要靠有力、明確以及乾淨利落的構思來體現。

（5）技法綜合運用

電視廣告表現技法十分複雜，例如不同景別（遠景、全景、中景、近景、特寫）的鏡頭語言，具有不同的表現力；不同的鏡頭運動方法（推鏡頭、拉鏡頭、搖鏡頭、跟鏡頭）具有不同的表現力；蒙太奇技巧等更是變幻豐富，「三維」和「特技合成」的合理應用能實現常理上不能實現的東西，包括物的創造以及時空的自由穿梭轉換等，增強廣告的表現力。電視廣告要綜合運用其特點，克服單一化的呆板傾向。

5. 戶外廣告策略

（1）具有很強的視覺衝擊力

現代城市是戶外廣告的海洋，但能給受眾留下深刻印象的只是極少數。這就要求戶外廣告必須以視覺衝擊力引起受眾的注意和興趣。因此，廣告必須首先巨大醒目，在視覺閾限佔有一定位置。在內容設計上應有刺激性和震撼力，尤其是創意的內涵要足以誘發人們的注意和興趣。否則，戶外廣告只能美化城市，對廣告主不會帶來實際價值。

（2）簡潔單純

戶外廣告常常是以行進中的受眾為對象的。這樣的受眾對廣告的視覺注意力和持久力都很小。因此，戶外廣告設計絕不能太繁雜，而要力求簡明單純。文案要簡化到最少，有時甚至可以減少到只有一個品牌名稱。必不可少的文案和圖像，都要突出產品或企業形象的主要信息，減少信息量，擴大可視度。標題是戶外廣告的眼睛，要下功夫寫作好，既能引起受眾的注意和興趣，又能對理解廣告起到提示作用。

（3）開拓創意思路

戶外廣告一定要克服路牌告知的老程式，開拓思維，不拘一格，在創意上下功夫。例如一則國外戶外廣告，創意很新奇：一塊航空公司廣告只是一個立在機場邊上的巨型邊框，人們通過邊框看到正在起飛的飛機。中國深圳機場的「新鮮粒粒橙」廣告，是以切開的巨型橙瓣模型做成的路牌廣告。這些廣告以新奇的構思，給人一種首創的啓迪。

（4）不拘一格，因地制宜

現代科技手段的發展，給戶外廣告開發創造了有利的條件。戶外廣告應充分利用現代科技手段，因地因勢創造出新的形式，如福建漳州廣告公司曾做過一塊可口可樂廣告，是利用路旁山勢鑿出一片山岩，又鑿出可口可樂品牌標誌，氣勢磅礴，蔚為壯觀。日本利用一個三岔路口將麥當勞的 M 標誌做成一個巨大的不銹鋼立體拱門，車來人往，穿行其中，既樹立了企業形象，又成為人人讚嘆的城市美麗景觀。

第十一章　促銷策略

6. 網絡廣告策略

(1) 網絡廣告盡可能與電子商務相結合

網絡廣告與電子商務是一對孿生姐妹，是網絡經濟的兩大支柱產業。這也是跟網絡廣告的獨有的特徵聯繫在一起的。因為網絡是唯一一個有機會能夠把廣告 AIDA 四個步驟一氣呵成的媒體。所以網絡廣告的一個趨勢就是，純粹的形象廣告會越來越少，都帶有產品銷售的性質，都與電子商務相結合。

另外，消費者對購買方便性的需求也決定了網絡廣告要與電子商務相結合。一部分工作壓力較大、高度緊張的消費者會以購物的方便性為目標，追求時間、精力、勞動成本的盡量節省，特別是對於需求和品牌選擇都相對穩定的日常消費，這一點尤為突出。如果這些人在網上看到自己喜歡的產品廣告後，能立即購買的話，就會大大方便消費者，大大提高廣告的宣傳效果。

(2) 賦予網絡廣告更多的趣味性，增強其吸引力

在現代生活中，由於勞動生產率的提高，人們可供自由支配的時間增加，一些自由職業者或家庭主婦希望通過購物消遣時間，尋找生活樂趣，保持與社會的聯繫，減少心理孤獨感。因此他們願意多花時間和精力去購物，而前提是購物能給他們帶來樂趣。而網絡的無限性及網絡廣告的趣味性，就可使這一部分消費者在暢遊網絡天地間，在網絡廣告的指引下，點擊鼠標，充分享受購物的樂趣。

網絡廣告含有比傳統媒體廣告更多的技術成分，特別是自網絡技術問世以來，新技術不斷湧現，網絡成了即時、動態、交互的多媒體世界，呈現出一幅豐富多彩的畫面，使得網上廣告具有文字、聲音、圖片、色彩、動畫、音樂、電影、三維空間、虛擬視覺等所有廣告媒體的功能，滿足人們求新、求變的心理，因而可以充分引起消費者的興趣，吸引消費者。

(3) 注重網絡廣告更深頁面的設計

目前，我們國內的一些廣告主在選擇網絡廣告的版位的時候有很大的盲目性，他們還沿用在傳統媒體投放廣告時的方式、方法。比如我們知道報紙、雜誌封面、封底的廣告價格最貴，因為最容易被看到，只要有錢，就可以去買這個位置。因此，在各網站就出現一種情況，在流量非常大的首頁，廣告非常集中，而越往深處，廣告越少。其實，從廣告效果來看恰恰相反。從許多網站的經驗來，除了一些適合做在首頁的大眾消費品外，特別是對一些比較專業的產品來說，流量越大的頁面，點擊率越低，流量越小的頁面，點擊率越高。因為，越往深處，內容越專業，雖然暴露次數少，但是都是有價值的暴露。前不久，一家經營攝影器材的客戶在新浪網上投放廣告，開始在首頁上做，結果點擊率為 0.5%，最后換到深處的專業頁面去做，結果點擊率只有 20%，比在首頁上增加了 40 倍。

(4) 建立全面的資訊平臺

在進行網絡廣告策劃時，第一步要的工作便是構建策劃的資訊平臺，主要包括以下幾個方面的內容：

市場營銷學

第一，明確廣告目標資訊。廣告目標指引著廣告的方向，這一點對網絡廣告同樣成立。只有明確了這次廣告活動的總體目標之後，廣告策劃者才能決定網絡廣告的內容、形式、創意，甚至包括網站的選擇、廣告對象的確定。網絡廣告傳播能達到的廣告目標大體可分為兩種：一種是推銷品牌，像傳統媒體廣告一樣實現的是以信息傳播為手段來達到影響受眾的目的。第二種目標是獲得受眾的直接反應，這是網絡廣告與傳統媒體廣告所能達到目標的最大不同。

第二，準確性的目標對象資訊。廣告目標對象決定著網絡廣告的表現形式、廣告的內容、具體站點選擇，也就影響著最終的廣告效果。不同的目標對象都有各自特有的生活習慣，如上網時間、所感興趣的網頁內容、對信息的反應速度等。針對不同的廣告對象就要採取不同的廣告策略。

第三，競爭對手的隨時資訊。俗話說：「知己知彼，百戰不殆」。在網絡社會中，它同樣是廣告商戰必要的前提考慮。你的競爭對象在網上做沒有做廣告？他們在哪些網站做廣告？做什麼類型的廣告？廣告主的訴求點是什麼？投入量大不大？只有與競爭對手對應起來考慮，在網絡廣告策劃中才會做到有的放矢、突顯個性。否則，可能會導致廣告行為的盲目性。

五、廣告的設計原則

廣告效果不僅取決於廣告媒體的選擇，還取決於廣告設計的質量。高質量的廣告必須遵循下列設計原則：

1. 真實性

廣告的生命在於真實。虛偽、欺騙性的廣告，必然會使企業的信譽喪失。廣告的真實性體現在兩方面：一方面，廣告的內容要真實，即廣告的語言文字要真實，不宜使用含糊、模棱兩可的言詞；畫面也要真實，並且兩者要統一起來；藝術手法修飾要得當，以免使廣告內容與實際情況不相符合。另一方面，廣告主與廣告商品也必須是真實的，不應是虛構的。企業必須依據真實性原則設計廣告，這也是一種商業道德和社會責任。

2. 社會性

廣告是一種信息傳遞，在傳播經濟信息的同時，也傳播了一定的思想意識，必然會潛移默化地影響社會文化、社會風氣。從一定意義上說，廣告不僅是一種促銷形式，而且是一種具有鮮明思想性的社會意識形態。廣告的社會性體現在：廣告必須符合社會文化、思想道德的客觀要求。具體說來，廣告要遵循黨和國家的有關方針、政策，不違背國家的法律、法令和制度，有利於社會主義精神文明，有利於培養人民的高尚情操，嚴禁出現帶有中國國旗、國徽、國歌標誌、國歌音響的廣告內容和形式，杜絕損害中國民族尊嚴的，甚至有反動、淫穢、迷信、荒誕內容的廣告。

3. 針對性

廣告的內容和形式要富有針對性，即對不同的商品、不同的目標市場要有不同

的內容，採取不同的表現手法。由於各個消費者群體都有自己的喜好、厭惡和風俗習慣，為適應不同消費者群體的不同特點和要求，廣告要根據不同的廣告對象來決定廣告的內容與形式。

4. 感召性

廣告是否具有感召力，最關鍵的因素是訴求主題。廣告的重要原則之一，就是廣告的訴求點必須與產品的優勢點、與目標顧客購買產品的關注點一致。產品有很多屬性，有的是實體方面的（如性能、形狀、成分、構造等），有的是精神感受方面的（如豪華、樸素、時髦、典雅等），但目標顧客對產品各種屬性的重視程度並不一樣。這就要求企業在從事廣告宣傳時，應突出宣傳目標顧客最重視的產品屬性或購買該種產品的主要關注點，否則，就難以激發顧客的購買慾望。

5. 簡明性

廣告的受眾是廣大消費者及社會公眾，因為廣告量增多，而消費者接受和處理信息量的能力有限，廣告不應給受眾帶來太大的視覺與聽覺上的辨識壓力。簡短、清晰明瞭地點明品牌個性是品牌廣告設計的客觀要求。例如，寶潔公司的海飛絲宣傳的是「頭屑去無蹤，秀髮更出眾」，飄柔則是「頭髮更飄、更柔」，潘婷是「擁有健康，當然亮澤」。顯然，注重了簡明性的廣告，使廣告接受者能夠在較短的時間內理解廣告主的傳播意圖，瞭解品牌個性，有利於提高廣告傳播效果。

還需說明的是，互聯網廣告（尤其是旗幟型網絡廣告）更應注意簡明性。廣告內容的句子要簡短，盡可能採用目標受眾熟悉的習語，直截了當，避免長句，也不宜過於文縐縐等。

6. 藝術性

廣告是一門科學，也是一門藝術。廣告把真實性、思想性、針對性寓於藝術性之中。廣告利用科學技術，吸收文學、戲劇、音樂、美術等各學科的藝術特點，把真實的、富有思想性、針對性的廣告內容通過完善的藝術形式表現出來。只有這樣，才能使廣告像優美的詩歌，像美麗的圖畫，成為精美的藝術作品，使人受到感染，增強廣告的效果。這就要求廣告設計要構思新穎，語言生動、有趣、詼諧，圖案美觀大方，色彩鮮豔和諧，廣告形式要不斷創新。

六、廣告效果的測定

廣告效果是指廣告信息通過廣告媒體傳播后對社會和企業所能產生的影響。廣告效果包括兩個方面：一是信息溝通效果；二是銷售效果。對這兩種效果進行評價和測定有利於企業有效地制定廣告策略，提高廣告的經濟效益。

1. 廣告溝通效果的測定

溝通效果的測定主要是針對廣告對消費者的知曉、認知和偏好所產生的影響的測定。其目的在於確定廣告是否正在產生有效的溝通。其內容一般包括：

（1）對廣告注意度的測定，是指各種廣告媒體吸引人的程度和範圍，主要測定讀者比率、收聽率、收看率、點擊率等。

（2）對廣告記憶度的測定，是指消費者對於廣告的主要內容，如企業名稱、產品名稱、廣告語等記憶度的測定，從中檢查廣告主題是否鮮明、突出。

（3）對廣告理解度的測定，是指消費者對於廣告內容、形式理解度的測定，從中可以檢查廣告的設計和製作中存在的問題並加以解決。

（4）對購買動機形成的測定，指企業瞭解廣告與消費者購買動機形成之間的關係，進而研究廣告在促銷中的作用，為企業調整營銷策略提供依據。

2. 廣告銷售效果的測定

廣告溝通的效果不等於廣告的銷售效果，溝通效果良好不意味著就能提高銷量。因此，越來越多的企業在關注廣告溝通效果的同時，開始關注廣告對企業銷售的直接促進作用。在對廣告的銷售效果進行測定時，企業經常會將廣告費用的增加與銷售額的增加進行比較，其計算公式是：

$$廣告效果比率＝銷售額增加率÷廣告費用增加率$$

由於影響銷售增加的因素複雜，因此企業在對廣告銷售效果進行評價時，要對影響銷售增加的因素進行充分分析。

第五節　公共關係策略

一、公共關係的概念和特徵

1. 公共關係的概念

「公共關係」又稱公眾關係，它譯自英文 Public Relations，簡稱「公關」或 PR。按照美國公共關係協會的理解，「公共關係有助於組織（企業）和公眾相適應」，包括設計用來推廣或保護一個企業形象及其品牌產品的各種計劃。也就是說，公共關係是指企業在從事市場營銷活動中正確處理企業與社會公眾的關係，以便樹立品牌及企業的良好形象，從而促進產品銷售的一種活動。

公共關係不是廣告。不可否認，廣告可以是特定的公共關係計劃的一部分內容，或者說，公共關係能夠支持廣告傳播活動。但是，公共關係並不等同於廣告。首先，廣告需要購買媒體的時間或空間並使用其傳遞企業想傳遞的品牌、產品等信息；而公共關係則無須為媒體的報導支付酬金。其次，企業公關活動是通過新聞發布等手段來吸引媒體給予報導，至於媒體報導什麼內容將由媒體決定。也就是說，廣告要支付費用、控製廣告傳播內容；而公共關係不支付費用，也不能控製媒體報導內容。

公共關係不以具體產品（或服務）為導向。一般而言，公共關係關注的是企業及品牌形象，公關活動的目的是力圖為企業營造對企業信任的公共環境（包括輿論

第十一章 促銷策略

氛圍等），而不是為具體的企業產品或服務創造需求。當然，這並不意味著企業的公共關係活動就不能激活或創造產品（或服務）的需求。事實上，成功的公關活動為激活需求、擴大產品（或服務）銷售累積了人脈資源。

2. 公共關係的特徵

公共關係是一種社會關係，但又不同於一般社會關係，也不同於人際關係。公共關係的基本特徵表現在以下幾個方面：

（1）公共關係是一定社會組織與其相關的社會公眾之間的相互關係

這裡包括三層含義：①公關活動的主體是一定的組織，如企業、機關、團體等。②公關活動的對象包括企業外部的顧客、競爭者、新聞界、金融界、政府各有關部門及其他社會公眾，又包括企業內部職工、股東。因此，公關有內部公關與外部公關之分（內部公關對象是企業內部職工、股東等；外部公關對象是顧客、社會公眾、政府等）。這些公關對象構成了企業公關活動的客體。企業與公關對象關係的好壞直接或間接地影響企業的發展。③公關活動的媒介是各種信息溝通工具和大眾傳播渠道。作為公關主體的企業，借此與客體進行聯繫、溝通、交往。

（2）公共關係的目標是為企業廣結良緣，在社會公眾中創造良好的企業形象和聲譽

企業的形象和聲譽是無形財富。良好的形象和聲譽是企業富有生命力的表現，也是公關的真正目的所在。企業以公共關係為促銷手段，利用一切可能的方式和途徑，讓社會公眾熟悉企業的經營宗旨，瞭解企業的產品種類、規格以及服務的方式和內容等有關情況，使企業在社會上享有較高的聲譽和樹立較好的形象，以促進產品銷售的順利進行。

（3）公共關係的活動以真誠合作、平等互利、共同發展為基本原則

公共關係以一定的利益關係為基礎，這就決定了主客雙方必須有誠意、平等互利，並且要協調、兼顧企業利益和公眾利益。這樣才能滿足雙方需求，維護和發展良好的關係。否則，只顧企業利益而忽視公眾利益，在交往中損人利己，不考慮企業信譽和形象，就不能構成良好的關係，也毫無公共關係可言。

（4）公共關係是一種信息溝通，是創造「人和」的藝術

公共關係是企業與其相關的社會公眾之間的一種信息交流活動。企業從事公關活動，能溝通企業上下、內外的信息，建議相互間的理解、信任與支持，協調和改善企業的社會關係環境。公共關係追求的是企業內部和企業外部人際關係的和諧統一。

（5）公共關係是一種長期活動

公共關係著手於平時努力，著眼於長遠打算。公共關係的效果不是急功近利的短期行為所能達到的，需要連續地、有計劃地努力。企業要樹立良好的社會形象和信譽，不能拘泥於一時一地的得失，而要追求長期穩定的戰略性關係。

二、公共關係的活動方式和工作程序

公共關係在企業營銷管理中佔有重要地位。在企業內部，公關部門介於決策者與各職能部門之間或介於職能部門與基層人員之間，負責溝通和協調決策者與職能部門之間、各職能部門之間以及職能部門與成員之間的相互關係；在企業外部，公關部門介於企業與公眾之間，對內代表公眾，對外代表企業，溝通、協調企業與公眾之間的相互關係。公共關係部門無論是獨立的職能部門，還是隸屬於某一職能部門，它都具有相同的活動方式和工作程序。

1. 公共關係的活動方式

公共關係的活動方式是指以一定的公關目標和任務為核心，將若干種公關媒介與方法有機地結合起來，形成一套具有特定公關職能的工作方法系統。按照公共關係的功能不同，公共關係的活動方式可分為五種：

（1）宣傳性公關

宣傳性公關是指企業運用報紙、雜誌、廣播、電視等各種傳播媒介，採用撰寫新聞稿、演講稿、報告等形式，向社會各界傳播企業有關信息，以形成有利於企業形象的社會輿論導向。這種方式傳播面廣，對推廣企業形象效果較好。

（2）徵詢性公關

這種公關方式主要是企業通過開辦各種諮詢業務、制定調查問卷、進行民意測驗、設立熱線電話、聘請兼職信息人員、舉辦信息交流會等各種形式，逐步形成效果良好的信息網絡，再將獲取的信息進行分析研究，為經營管理決策提供依據，為社會公眾服務。

（3）交際性公關

這種方式是通過語言、文字的溝通，為企業廣結良緣，鞏固傳播效果，可採用宴會、座談會、招待會、談判、專訪、慰問、電話、信函等形式。交際性公關具有直接、靈活、親密、富有人情味等特點，能深化交往層次。

（4）服務性公關

服務性公關就是指企業通過各種實惠性服務，以行動去獲取公眾的瞭解、信任和好評，以實現既有利於促銷又有利於樹立和維護企業形象與聲譽的活動。企業可以各種方式為公眾提供服務，如消費指導、消費培訓、免費修理等。事實上，只有把服務提到公關這一層面上來，才能真正做好服務工作，也才能真正把公關轉化為企業全員行為。

（5）贊助性公關

贊助性公關是企業通過贊助文化、教育、體育、衛生等事業，支持社區福利事業，參與國家、社區重大社會活動等形式來塑造企業的社會形象，提高企業的社會

知名度和美譽度的活動。這種公關方式的公益性強，影響力大，但成本較高。企業的贊助活動可以是獨家贊助（或稱單一品牌贊助），也可以是聯合贊助。

2. 公共關係的工作程序

開展公共關係活動，其基本程序包括調查、計劃、實施、檢測四個步驟：

（1）公共關係調查

公共關係調查是公共關係工作的一項重要內容，是開展公共關係工作的基礎和起點。通過調查，企業能瞭解和掌握社會公眾對企業決策與行為的意見。據此，可以基本確定企業的形象和地位，可以為企業監測環境提供判斷條件，為企業制定合理決策提供科學依據等。公關調查內容廣泛，主要包括企業基本狀況、公眾意見及社會環境三方面內容。

（2）公共關係計劃

公共關係是一項長期性工作，合理的計劃是公關工作持續高效的重要保證。在制訂公關計劃時，要以公關調查為前提，依據一定的原則來確定公關工作的目標，並制訂科學、合理、可行的工作方案，如具體的公關項目、公關策略等。

（3）公共關係的實施

公關計劃的實施是整個公關活動的「高潮」。為確保公共關係實施的效果最佳，正確地選擇公共關係媒介和確定公共關係的活動方式是十分必要的。公關媒介應依據公共關係工作的目標、要求、對象和傳播內容以及經濟條件來選擇；確定公關的活動方式，宜根據企業的自身特點、不同發展階段、不同的公眾對象和不同的公關任務來選擇最適合、最有效的活動方式。

（4）公共關係的檢測

公關計劃實施效果的檢測，主要依據社會公眾的評價來進行。通過檢測，能衡量和評估公關活動的效果，在肯定成績的同時，發現新問題，為制定和不斷調整企業的公關目標、公關策略提供重要依據，也為確保企業的公共關係成為有計劃的持續性工作提供必要的保證。

公共關係是促銷組合中的一個重要組成部分，企業公共關係的好壞直接影響著企業在公眾心目中的形象，影響著企業營銷目標的實現，如何利用公共關係促進產品的銷售，是現代企業必須重視的問題。

三、企業營銷活動中的危機公關

2008年年初，從中國南方大範圍冰雪災害到中國出口日本的毒餃子事件以及前不久出現的「牛奶危機」……危機事件當頭，企業該怎麼辦？有的企業就此倒下，而有的企業利用危機的轟動效應，採取積極有效的危機公關策略，轉危為安，從「危機」嬗變到新的發展「契機」。

(一) 公關危機的概念和分類

1. 公關危機的概念

公關危機是指企業因產品質量不合格、勞資糾紛、法律糾紛、重大事故等被媒體曝光給企業帶來的危機，它會令企業美譽度遭受嚴重考驗。

關於企業危機公關的解釋：由於企業的變化或許是社會上特殊事件引發的，對於一個企業或一個品牌產生的不良影響，並且在很短時間內涉及很廣的社會層面，這種不良影響對於企業或品牌來講就是一種危機。危機公關是衡量現代企業公關綜合實力的標準，也是現代企業的立足之基、發展之本。國內外有許許多多的案例，企業在瞬間遭到危機毀滅，這就給企業的公關部門提出了更高的要求。但現今很多企業的公關部門（策劃部、市場部、新聞部、宣傳部）並不具備處理危機的能力，其還停留在發布企業新聞通稿、接待媒體採訪等簡單繁瑣的事務工作上。沒有良好的公關策劃能力、沒有對企業的全局把握和對外界的洞察能力，當危機來臨的時候，企業的公關部門往往只能花錢去買通個別記者和花大價錢做廣告來彌補。而這種做法延續下去，最終會為企業的失敗埋下伏筆。

2. 公關危機的種類

(1) 意外災難危機——不可抗力引起的自然災害、意外事故引起的人為災害。

(2) 經營危機——決策失誤或管理不善，導致企業無法正常運行的危機。

(3) 信譽危機——商業信譽下降而使企業形象嚴重受損的危機。如不能完成訂單、產品出現嚴重的質量問題。

(4) 信貸危機——企業失去銀行的信任，得不到必要的生產資金，導致企業運行處於惡性循環。

(5) 素質危機——由於企業素質過低，競爭力下降而形成的經營危機和商譽危機。企業素質過低主要表現在以下方面：決策能力低、企業管理及生產管理人員能力低、職工技術水平低、設備效率低、產品質量低、成本高、消耗大。

此外還有環境危機、政策性危機、反面宣傳引起的危機等。

(二) 公關危機的預防與處理

1. 公關危機的預防

危機的出現一害企業、二害公眾、三害國家，應引起企業高度的重視，除了不可抗力引發的危機無法避免，其他方面預防得當是可以避免的。

(1) 樹立全員防範危機的意識。經常開展有關生產、安全、企業、經濟、競爭等方面的教育活動，使全員產生一種危機感。完善規章制度和責任制度，完善基礎管理工作，制定企業行為準則和職工守則。

(2) 建立完善的報警系統。公眾對企業的不滿情緒、反對意見、迫切要求，是構成公共關係危機的前兆，因此，企業要建立完善的報警系統及時收集和捕捉這些徵兆。加強公共信息與企業經營信息的收集、整理、分析工作，及時掌握公眾對企業的反應和評價。瞭解和關注國家有關的政策，經濟政治體制改革的動向、趨勢，

第十一章　促銷策略

使企業能和社會大氣候相協調。加強和客戶的溝通工作，穩定企業與客戶的關係，及時瞭解和掌握客戶的要求變化情況。分析競爭對手和市場需求，做到知己知彼。定期不定期對企業進行自我診斷，對企業生產經營狀況、公共關係狀況、企業形象進行客觀的分析和評價，對薄弱環節採取必要的措施。開展多種形式的調研活動，研究和預測可能引發的危機和突發事件，將危機消滅在萌芽狀態。

（3）強化公共關係意識。通過有效的公共關係活動，增強公眾對企業的理解和支持，保持企業與公眾的良好關係是防止危機的重要條件。

（4）提高企業素質。提高領導者的決策水平，避免決策失誤，克服企業中的短期行為，按客觀規律組織生產和經營活動。突出以「人」為本的核心管理思想，重點抓好企業全體員工素質的改善和提高。

2. 公關危機的處理

任何企業、單位都無法避免隨時可能發生的危機公關。1996 年聞名世界的可口可樂危機公關事件，由於可口可樂公司總部異常冷靜的表現，迅速制訂了處理危機的方案，同時，以極富人情味、積極主動的道歉方式，勇於承擔對消費者負責的企業文化精神，再次獲得了市場的認同。所以危機出現，企業應該採用科學的方法及時處理化解危機。

（1）危機發生時，以最快的速度成立危機公關辦公室或工作小組，調配訓練有素的、經過系統培訓的專業人員，以最快的速度制訂危機公關處理方案。

（2）企業高層要高度重視危機公關的處理。出現危機公關后，高層領導必須有「新聞發言代表」或「企業代表」出現，在第一時間以坦誠的態度出現在媒體和公眾面前。

（3）企業應該使自己成為危機信息的權威渠道。企業發生危機公關時，要以坦誠的、解決問題的態度直面媒體和公眾，而不是關起大門，一言不發。在危機公關時期，正確引導媒體和公眾對企業的看法是解決危機公關的致命的關鍵。

（4）如果企業有不當行為，經確認后，企業盡快將其公布於眾並採取積極的糾正措施。

（5）如果新聞報導與事實不符，應及時予以指正，並要求更正和道歉。

在企業公關危機中，最重要最關鍵的部分是如何面對媒體。如果公司管理人員不能對外提供很好的信息和充足的信息，媒體就會通過其他渠道尋求消息。媒體總是堅持不懈地尋求適於報導的消息，追求危機的新聞製造點和製造者。在這種情況下，一個聲明，一個完整的說明足以滿足媒體的需求。

一方面，大部分情況下，媒體的新聞報導是產生危機公關的重要源頭，而另一方面，有效的傳播溝通工作可以在控製危機方面發揮積極的作用。作為企業來說，當危機發生時，企業必須面對危機，更為重要的是，我們也必須面對媒體。

本章小结

促銷是市場營銷策略中重要的策略之一，其實質與核心就是加強與消費者的信息溝通、刺激消費者產生購買慾望，從而促進銷量的提升。促銷的主要方式有人員推銷、營業推廣、廣告和公共關係等四種形式。

人員推銷具有信息傳遞的雙向性、推銷目的的雙重性、推銷過程的靈活性和推銷活動的高成本性等特點。為了提高銷售人員的效率，企業有必要對人員推銷進行管理。

營業推廣能對銷量的提升能起到立竿見影的作用，但不能長期使用。針對不同的營業推廣對象，營業推廣的方式多種多樣，需要正確選擇合適的營業推廣方式。

廣告是重要的、影響最廣泛的促銷方式。由於不同廣告媒體有不同的特性，所以企業從事廣告活動時必須對廣告媒體進行正確選擇。企業可以根據產品的特點、消費者接觸媒體的習慣、媒體的傳播範圍、媒體的影響力和媒體的費用等因素選擇具體的廣告媒體。廣告設計應遵循真實性、社會性、針對性、感召性、簡明性、藝術性等原則。

公共關係是一門與公眾建立良好關係的促銷方式，也是一種長期活動。

思考与练习

1. 試述促銷及促銷組合的含義。促銷組合的基本形式有哪些？
2. 在通信科技發達的今天，人員推銷有沒有存在的意義？
3. 今年聖誕節是某酒店成立十周年的日子，請以此為公司策劃一個促銷活動方案。
4. 廣告媒體有哪幾種，如何選擇廣告媒體？
5. 公共關係活動方式有哪幾種？

國家圖書館出版品預行編目(CIP)資料

市場營銷學 / 黃浩 主編. -- 第二版.
-- 臺北市：崧博出版：財經錢線文化發行，2018.10
　面；　公分
ISBN 978-957-735-563-8(平裝)
1.行銷學
496　　107017076

書　　名：市場營銷學
作　　者：黃浩 主編
發行人：黃振庭
出版者：崧博出版事業有限公司
發行者：財經錢線文化事業有限公司
E-mail：sonbookservice@gmail.com
粉絲頁　　　　　　網　址：
地　　址：台北市中正區延平南路六十一號五樓一室
8F.-815, No.61, Sec. 1, Chongqing S. Rd., Zhongzheng Dist., Taipei City 100, Taiwan (R.O.C.)
電　　話：(02)2370-3310　傳　真：(02) 2370-3210
總經銷：紅螞蟻圖書有限公司
地　　址：台北市內湖區舊宗路二段 121 巷 19 號
電　　話：02-2795-3656　傳真：02-2795-4100　網址：
印　　刷：京峯彩色印刷有限公司（京峰數位）

　　本書版權為西南財經大學出版社所有授權崧博出版事業有限公司獨家發行電子書及繁體書繁體版。若有其他相關權利及授權需求請與本公司聯繫。

定價：500元
發行日期：2018 年 10 月第二版
◎ 本書以POD印製發行